“十二五”职业教育国家规划教材
经全国职业教育教材审定委员会审定

21世纪职业教育规划教材·装备制造系列

机械加工质量控制与检测

（第二版）

主　编　张秀珍　晋其纯
参　编　冯　伟　干杭生　曾　荣
　　　　陈劲峰　彭　伟

北京大学出版社
PEKING UNIVERSITY PRESS

内 容 简 介

本书第二版是根据机械加工行业的产品零件加工质量控制和质量过程管理这两个大类专业的需要而修订编写的。

全书共7章，绪论概略介绍加工质量控制与检测；第1章简单介绍了加工过程质量的影响因素和质量控制措施；第2章为检测技术基础，主要介绍检验误差及检验误差消除方法、检测用具的使用常识等；第3章主要说明在企业中几何量误差的分项检测实用方法；第4章列出了型材、铸、锻、焊件四类毛坯的检测内容、项目和方法；第5章是生产中的几种典型零件加工质量控制与检测示例；第6章为装配质量控制与检测内容，数控机床的验收检测项目等；第7章为综合练习题库——典型任务和零件图，供读者练习。

本书不仅可以供高等职业院校机电专业师生使用，同时也可作为企业质检人员的岗位培训用书，还可作为高等院校机械类专业、质量过程管理专业的教材。对于机械制造业工程技术人员、计量检测人员及质量管理相关人员，本书也是一份实用方便的参考资料。

图书在版编目(CIP)数据

机械加工质量控制与检测/张秀珍，晋其纯主编. —2版. —北京：北京大学出版社，2016.1
（全国职业教育规划教材·装备制造系列）
ISBN 978-7-301-26691-5

Ⅰ.①机… Ⅱ.①张…②晋… Ⅲ.①金属切削—质量控制—高等职业教育—教材 ②金属切削—质量检验—高等职业教育—教材 Ⅳ.①TG506

中国版本图书馆CIP数据核字（2015）第314999号

书　　名	机械加工质量控制与检测（第二版）
著作责任者	张秀珍　晋其纯　主编
策划编辑	周　伟
责任编辑	郗泽潇　傅　莉
标准书号	ISBN 978-7-301-26691-5
出版发行	北京大学出版社
地　　址	北京市海淀区成府路205号　100871
网　　址	http://www.pup.cn　新浪微博：@北京大学出版社
电子邮箱	编辑部 zyjy@pup.cn　总编室 zpup@pup.cn
电　　话	邮购部 010-62752015　发行部 010-62750672　编辑部 010-62765126
印 刷 者	北京溢漾印刷有限公司
经 销 者	新华书店
	787毫米×1092毫米　16开本　17.25印张　400千字
	2008年9月第1版
	2016年1月第2版　2024年1月第6次印刷（总第12次印刷）
定　　价	37.00元

第二版前言

在第一版教材的使用过程中，本书得到了许多企业同行和院校相关专业的老师们的大力支持与帮助，他们对本书的教学应用提出了独特的见解和增补修改的建议。对此，编者进行了收集整理，并成为再版修改的主要变动部分。

第二版主要修改部分在第 2 章、第 3 章、第 4 章和第 6 章。第 2 章主要增加检测仪器设备的操作和使用讲解（如增加检测仪器的操作步骤、使用注意事项等），特别增加了针对现代检测仪器设备（三坐标测量机）的应用说明；第 3 章主要增加特殊结构尺寸的检测示例；第 4 章主要在 4.1 节中增添和修改完善原材料的检测；第 6 章增加了装配检验内容、主要检测项目和数控机床的安装验收检测。此外，第 7 章中也补充了几个典型零件训练题。

本书具有以下特点。

（1）本书旨在解决实际生产问题，避开复杂的理论分析，以实际运用为主旨进行编写，因此，书内有较多的图表可供读者查阅，对生产有一定指导意义。

（2）本书内容的编写不以知识的相互关联为纽带，而是以“质量控制”和“检测”所需的知识板块为线索，需要什么讲什么，需要多少讲多少，做到了“教学做合一”和“少而精”。

（3）本书以六分之一的篇幅进行举例，对机械加工中常见的典型零件进行解剖，设计出这些典型零件的工艺方案、质量控制方案和检测方案。这部分内容具有较高的参考价值，也可作为正规教学的范本。

（4）本书所附习题集完全超越常规习题的概念，不以巩固所学知识点为目的，而以解决工艺问题为宗旨，有助于培养学生的学习能力和解决实际问题的综合能力。

（5）全书各章节配图对应说明，力图简洁清晰、浅显适用、便于分析理解和应用选择。

本书由贵州航天职业技术学院的张秀珍、晋其纯任主编，贵州航天职业技术学院的冯伟、干杭生、曾荣，航天部凯天科技有限责任公司高级技师陈劲峰、贵州航天天马机电科技有限公司高级工程师彭伟等参加了编写。

本书的编写得到了山东临沂金星机床有限公司的大力支持，为我们提供了大量翔实而宝贵的生产一线资料，在此对该公司深表谢意，同时也对其他参考资料作者表示衷心的感谢。

由于作者自身知识和阅历所限，书中谬误在所难免，敬请读者不吝赐教。

编　者

2015 年 9 月

目　　录

绪　论

一、加工质量控制

机械加工质量控制既是一个非常复杂的理论问题，同时也是一个非常复杂的实践问题。加工质量的内容非常广泛，影响加工质量的变量项目繁多，因此，必须用综合的、全面的观点思考问题，同时，还要有抓主要矛盾的辩证思想。

在加工质量控制过程中，往往每一个质量指标的控制都会有“牵一发而动全身”的感觉，因此要学会全面地思考问题。根据工艺系统的概念，质量问题出在工艺系统，控制质量也就是要解决工艺问题（严格地讲，质量控制只解决了工艺问题的三分之一，即“优质”，此外还有“高产”和“低耗”的工艺问题）。质量问题是“一发”，而“全身”就是工艺系统。

工艺系统由机床、夹具、刀具和工件共 4 个子系统组成，任何一个子系统出了问题，加工质量都无法保证。然而，并非所有子系统都与一个具体的质量问题相关，或者极度相关。这就需要具体问题具体分析，不能胡子眉毛一把抓。因此，读者应运用所学的其他学科的知识和自己的经验判断得出结论。

在着手解决工艺问题时，往往可以从最简单的方法入手。也就是说，能用简单方法解决的，不用复杂方法；能从外部解决问题的，不深入内部；能用调整方法解决的，不更换配件。

例如，加工有色金属右旋梯形螺纹螺母时，表面粗糙度达不到要求的工艺分析如下：“表面粗糙度达不到要求”—并非刀具几何参数和切削用量的原因（经多次重磨刀具和改变切削用量未能解决问题：这是一个认识过程，遵循了由简单到复杂的思维过程）—肯定是由于工艺系统刚性较差引起振动所致—机床、夹具和刀架有足够的刚性（加工其他零件未出现类似质量问题）—问题出在刀杆—刀杆的刚性一定很差吗—也未见得—什么原因呢—分析刀杆的受力—运用材料力学的知识—刀杆所受轴向分力是压力—细长杆件受压时会产生失稳—失稳的细长杆件产生振动—思考解决方法—将刀杆受压改为受拉—先把刀杆装进工件，车刀反向安装，工件反向旋转，从左向右进行“拉削”—质量问题得到圆满解决。类似的质量问题也可以模仿此法。

质量是加工出来的，而不是检测出来的。因此，学习质量控制的关键，是学习如何在加工过程中实施质量“控制”。

在一般正常情况下（即机床和夹具符合质量要求时），质量控制的能动环节在于工艺过程的正确性以及操作者的技能和经验。因此，这两方面是质量控制的重点，即要重点考虑相关度较高的因素。

二、检测

检测的目的是利用量具、仪器或专用检具对加工好的零件进行检测、比较，得到误差值或判断其是否符合质量要求的过程。由此可见，检测是“死尸检验”，它不能直接控制加工质量。尽管如此，检测还是可以让我们知道加工的零件出了什么质量问题，可以让我们知道解决工艺问题、控制加工质量的大方向。

检测要运用一定的检测原理和复杂的计算。我们可以避开复杂的计算，采用查表或经验公式计算的方法直接获得相关数据，因为查表或经验公式计算所得的精度就一般工程问题来讲已经足够高了。然而检测原理则是非常重要的，具有不可替代性，有时甚至是唯一的。例如，圆柱素线直线度的检测就只能用理论直线与之比较才能获得检测误差或判断加工质量是否合格，这是唯一的检测原理。由于检测原理的唯一性和不可替代性，也就确定了一定的检测方法和检测工具。

要想正确地运用检测，真正发挥出检测的作用，必须：掌握各种精度指标项目的定义—通过掌握精度指标定义获得检测原理—由检测原理确定相应的检测方法—选取相应的量具及辅助工具—获取正确的误差值—进行数据分析处理—得出检测结论—对工艺过程进行指导。

检测如果离开了对工艺过程的指导，就显得毫无意义，最多只能使不合格品不流向下道工序，起到“把关”的作用，而丧失了控制的作用。因此，一名优秀的机床操作者，应掌握一定的检测技能，运用检测结果对自己的加工实施控制；而一名优秀的检验员，则应通过观察操作者的操作过程（工艺过程和操作方法）正确与否，初步判断加工出来的零件质量状况，并对操作者实施指导。

由此，加工与检测相辅相成，构成一个和谐的统一体，促使机械加工工艺过程得以顺利进行，确保“优质、高产、低耗”的工艺目标的实现。

第 1 章　加工质量控制基础

1.1　零件的使用性能与加工质量

1.1.1　零件的使用性能

零件、组件、部件、机构等组成机器，机器的性能、寿命、可靠度等取决于零件的加工质量和机器的装配调试质量。零件的相互配合性能、耐磨损性、抗腐蚀性和抗疲劳破坏能力等，都直接与零件的加工质量有关。

在高速、高温、高应力工作环境下，零件表层的任何缺陷都会直接影响零件的耐磨性、疲劳强度、抗腐蚀性、配合精度等使用性能，还会引起应力集中、应力腐蚀，从而加速零件的失效。因此，零件加工过程的质量控制与检测，是机械制造业必须关注的重要问题，也是一线操作人员必须掌握的基本技能。

1.1.2　零件的加工质量

1. 质量的含义

质量的含义至少包含两个方面的内容。

(1) 产品质量。

产品质量即产品满足用户要求的程度，或按其用途在使用中应取得的功效。功效是反映产品结构特征、材质的工作特性和物理力学特性的总和，是评价热处理质量水平和技术水平的基本指标。

(2) 过程质量。

过程质量是指生产过程各个工序环节对产品质量的保证程度。

在机械制造中，为了保证从零件的加工、部件组装到机器的装配调试成功，实现机器的使用功能和正常运行，就必须对零件的加工工艺过程进行控制，同时对制造过程和调试结果进行检验测量。

2. 质量的内容

零件的加工质量包括零件的加工精度和表面质量两个方面的内容。

- 加工质量
  - 加工精度
    - 尺寸精度
    - 形状精度
    - 位置精度
  - 表面质量
    - 表面几何形状特征（表面粗糙度和表面波度）
    - 表面物理力学状态（表面加工硬化、表面金相组织和表面残余应力）

加工精度是指零件加工后的尺寸、形状、位置等实际几何参数与理想几何参数相符合的程度。实际参数与理想参数之间的偏离程度称为误差。误差越大，精度越低，零件的加工质量越差。

生产操作人员对加工零件的质量控制内容包括：在零件加工过程中的质量控制工艺措

施和加工内容完成后的检验测量。

3. 质量的检测要素

为了保证产品质量，就必须对机械加工全过程进行全面的质量控制，并使检验测量工作各项要素处于全面受控状态。

检测要素包括：人员素质与资格；检测仪器设备和计量校准；辅助材料与消耗材料；检测标准和有关文件；检测环境条件。即通常所说的“人、机、料、法、环”五大要素。

1.1.3 检测标准

法典、标准、规范和规程

（1）法典。

国家立法机关颁布的决定、指示、命令等总称法令；由立法机关制定或认可、由国家政权保证执行的行为规则是法律；法律、法令等法律文件的总称是法规；将同一性质或同一种类的法规加以整理成为某种系统的法律是法典。

（2）标准。

各国对标准的定义不尽相同，我国的定义是：标准是对重复性事物和概念所做的统一规定，它以科学、技术和实际经验的综合成果为基础，经有关方面协调一致，由主管机构批准，以特定形式发布，作为共同遵守的准则和依据。可见，标准是一种特定的文件，在一定的范围和一定的时期被采用，以指导人们的实践，产生良好的社会效益和经济效益。

我国的检测标准有国家标准、国家军用标准、行业标准和企业标准。

（3）规范。

规范是指对阐述产品必须遵守的要求所做的一系列统一规定，并规定确定是否符合这些要求所采用的必要检验程序、规则和方法，以确定产品的实用性。例如，产品规范、材料规范等。规范是标准的特定形式。

（4）规程。

规程是指对工艺、操作、检定等具体技术要求的实施程序所做的统一规定。

① 检测规程。检测规程是指叙述某一检测方法（或该方法的一种技术）对某类产品实施检测的最低要求的程序性文件；又称检验规程或检验卡片，是产品生产制造过程中，用以指导检验人员正确实施产品和工序检查、测量、试验的技术文件。

② 检测规程内容。检测规程的内容至少应包括：范围；引用文件；人员资格要求；设备和材料要求；校准和验证要求；制件检测前的准备要求；检测顺序要求；结果解释与评价要求；标记、报告和其他文件要求；对检测工艺卡的要求；检测后处理要求等。

1.2 零件加工过程质量控制的影响因素

在机床、工件、夹具和刀具组成的一个完整加工工艺系统中，加工精度涉及整个工艺系统的精度。工艺系统的各种误差在加工过程中会在不同的情况下，以不同的形式反映为加工误差，这些误差统称为原始误差。原始误差的分类如图 1-1 所示。

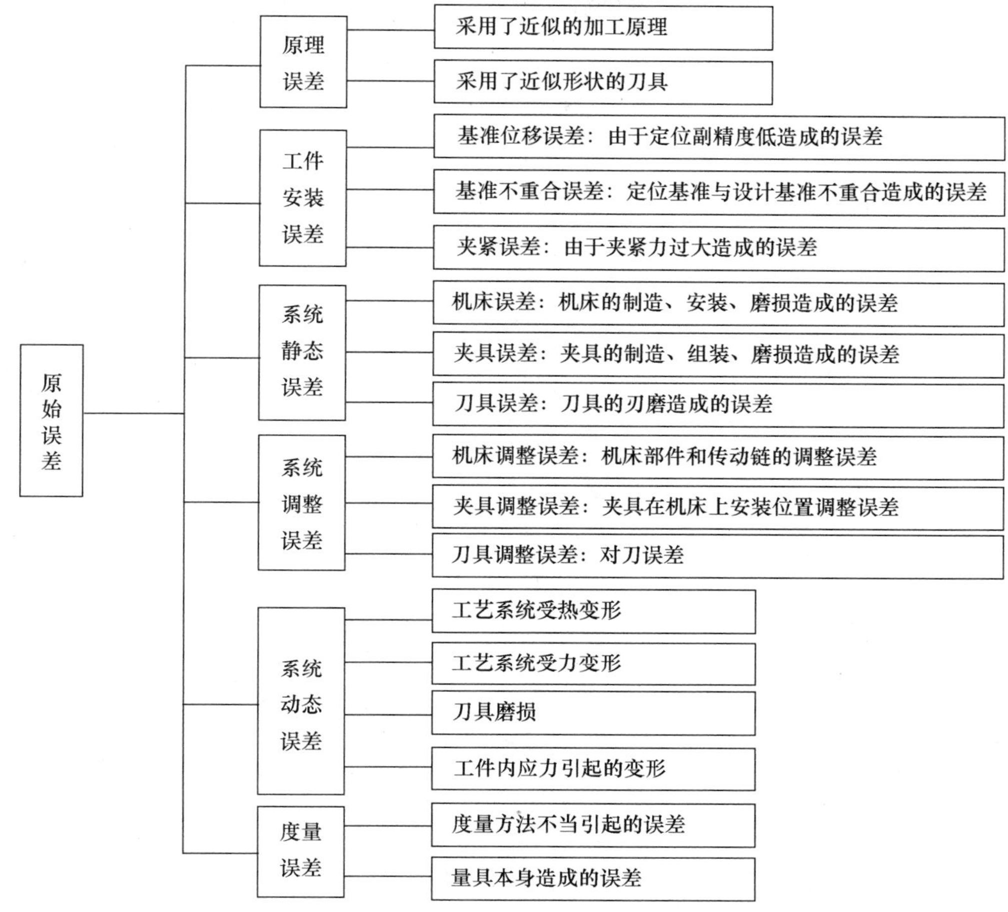

图 1-1　原始误差分类

在机械加工的过程中，要控制加工质量，必须了解和分析加工质量不能满足要求的各种影响因素，并采取有效的工艺措施进行克服，从而保证加工质量。

1.3　加工过程质量控制措施

机械加工质量的控制就是对加工精度和表面质量的控制。下面就尺寸精度、形状精度、位置精度和表面质量指标的影响因素及其控制措施，分别列表分析。

1. 尺寸精度

尺寸精度相关的质量问题分析与控制措施参见表 1-1。

2. 形状精度和位置精度

形状精度、位置精度相关的质量问题分析与控制措施详见表 1-2 和表 1-3。

使用万能对刀尺对刀时，应按图 1-2(a) 所示的方法进行测量，然后记下游标卡尺读数；将游标卡尺旋转 180°，角铁接触铣刀右侧，游标卡尺接触工件左侧，又得一读数；两次读数差的 1/2 则为工作台移动数。此对刀尺既可测三面刃铣刀，也可测立铣刀。

表 1-1 尺寸精度相关质量问题与控制措施

项 目	质量不合格原因	控制措施
径向尺寸精度	① 看错图样、刻度盘使用不当、进刀量不准确等	看清图纸要求，正确使用刻度盘，消除中拖板丝杆间隙，在接近图纸尺寸时，采用公差带宽度切深法进刀（即每次进刀量为直径公差带宽度）等
	② 没有进行试切	正确计算背吃刀量，进行反复试切
	③ 量具有误差或测量不正确	检查或调整量具，掌握正确的测量方法
	④ 由于切削温度过高，使工件尺寸发生变化	减少切削热的产生，降低切削区温度，使用冷却效果好的切削液，掌握温度与尺寸变化规律
	⑤ 径向切削分力过大，使刀架产生位移	加大车刀主偏角，减小刀尖圆弧半径，尽量使用零度刃倾角的车刀；减小背吃刀量，减小中拖板燕尾槽间隙；及时换刀，磨削时及时修整砂轮
	⑥ 因积屑瘤产生过切量	抑制积屑瘤产生：避免中速切削；加强润滑；使用较大前角的车刀；降低刀具前刀面表面粗糙度等
	⑦ 由于切屑缠绕产生让刀	注意断屑和排屑
	⑧ 钻孔时钻头主切削刃刃磨不对称造成孔径偏大	修磨钻头
	⑨ 铰孔时铰刀尺寸偏大、尾座偏移	检测铰刀尺寸，研磨铰刀后进行试切；调整尾座，采用浮动套筒连接铰刀等
	⑩ 磨孔时砂轮杆产生弹性变形	使用刚性较好的磨杆，减少砂轮与工件的接触面积，保持砂轮锋利，减少磨削用量等
轴向尺寸精度	① 刀具磨损严重	减少刀具磨损，及时换刀，调整切削用量等
	② 机床纵向移动刻度精度低、刻度盘间隙大	刻度盘数字只作参考，采用试切或改用死挡铁确定刀架的轴向位置
	③ 车床小刀架拖板松动，使车刀位移	减小小刀架拖板燕尾槽间隙
	④ 死挡铁接触处有异物	清除死挡铁处异物，并使之保持清洁
	⑤ 轴类零件台阶处不平整或不垂直	车削时车刀主切削刃应平直，安装要正确，台阶较大时应进行横向进给，修整砂轮侧面时应垂直砂轮轴线或改用端面外圆磨床，退刀不应太快等
	⑥ 测量不便或测量方法不正确	改进测量方法，选用适合的测量工具

表 1-2 形状精度相关质量问题与控制措施

项 目	质量不合格原因	控制措施
圆度	① 机床主轴间隙过大	加工前检查主轴间隙并予以调整，根据机床使用年限确定是否更换主轴轴承等
	② 毛坯余量不均匀产生的复映误差	粗精加工分开，控制好精加工时的加工余量
	③ 中心孔质量不高或接触不良，顶尖孔圆度超差，顶尖工作表面质量差	两顶尖松紧得当，检查顶尖工作表面质量，进行重磨、重车或更换，重打或研磨中心孔，提高中心孔质量，精度要求较高时尽量使用死顶尖
	④ 薄壁工件装夹时产生变形	紧力大小应适当，避免工件径向受力，增大夹紧元件工作面与工件接触面积，精加工时适当松开夹紧机构
	⑤ 镗床夹具的镗套圆度超差，镗套与镗杆配合间隙过大	提高夹具精度，及时更换镗套
	⑥ 无心磨削时因前道工序形状精度超差	提高上道工序形状精度，多次走刀使误差减小

续表

项 目	质量不合格原因	控制措施
圆柱度	① 用两顶尖或一顶一夹装夹工件时，后顶尖轴线不在主轴轴线上	车床移动尾座、磨床转动工作台，用试切法找正锥度，合格后锁定尾座和工作台，在加工同批工件时，机床尾座不宜移动
	② 用车床小刀架滑板加工外圆时产生锥度	严格使车床小刀架滑板“对零”并进行试切
	③ 用卡盘装夹工件时产生锥度是由于车床主轴轴线与床身导轨不平行	调整主轴箱，使主轴箱轴线与床身导轨平行，或修磨严重磨损的床身
	④ 装夹工件悬臂过长，在径向切削分力作用下工件前端偏离主轴线	尽量缩短工件伸出长度 $L=(1\sim1.5)d$ (d：工件直径)，或使用后顶尖以增加工艺系统刚性
	⑤ 由于切削路程较长，使车刀或砂轮逐渐磨损	选用较硬的刀具材料，减小切削速度，增大进给量，选用润滑效果较好的切削液
直线度	① 细长圆柱体工件受切削力、自重和旋转时离心力的作用而产生弯曲和鼓形	降低工件转速，减少背吃刀量；使用较大主偏角的车刀，减小刀尖圆弧半径，不使用负刃倾角的刀具；使用中心架或跟刀架；改变进刀方向使刀杆或工件从受压状态变为受拉；避免失稳
	② 由于机床导轨磨损直线度超差，使刀具轨迹不是一条直线	修复不合格导轨
	③ 由于温度过高或过低，引起机床导轨变形，使机床导轨在水平或垂直方向产生变形、机床导轨外力变形	减少切削热的产生，加快切削热的传导，降低机床主轴箱和液压系统的温升，定期更换润滑油和液压油，控制环境温度，定期调整机床导轨和主轴轴承间隙；大型机床在重要加工前应先检查或调整机床导轨
	④ 浮动镗时，前道工序的直线度超差	提高上一道工序的直线精度
平面度	① 周铣时铣刀圆柱度超差	重磨或更换铣刀
	② 端铣时铣床主轴轴线与进给运动方向不垂直	重新安装刀盘或调整铣床主轴轴线与进给运动方向的垂直度
	③ 铣刀宽度或直径不够大，产生接刀刀痕	选择尺寸足够大的铣刀，避免接刀或接刀痕迹均匀，精加工时应尽量避免接刀
	④ 因切削力、夹紧力大小不当产生夹紧变形	尽量减小切削力，夹紧力要适当，夹紧力作用点要选择合理；施加夹紧力先后顺序要正确；精加工前适当松开工件，使变形得以恢复；粗精加工分开；改善夹具结构，增设辅助支承等
	⑤ 加工时产生热变形	减少切削热，加速切削热传导，粗精加工分开
	⑥ 加工过程中由于工艺系统刚性不足，产生让刀	增加工艺系统刚性，改善刀具结构，调整切削用量；减小切削力，选择合适的机床型号，避免“小马拉大车”
	⑦ 车削大平面时，车刀磨损或让刀	降低切削用量，改善车刀结构；使用切削液，使车刀耐磨；锁紧大小拖板防止让刀；有时可利用平面上的沟槽变更切削速度，以减小刀具磨损

续表

项　目	质量不合格原因	控制措施
轮廓度	① 成型刀具的制造精度和缺陷造成轮廓精度不合格	提高成型刀具制造精度或作局部修复，要正确安装成型刀具，保证合理的径向前角
	② 使用靠模加工时由于靠模制造精度、缺陷或使用不当引起的质量不合格	提高靠模制造精度或作局部修复；正确计算靠模滚轮直径；正确使用靠模，保持靠模与滚轮之间的良好接触，减小靠模磨损；及时更换相关零部件
	③ 铣刀圆弧半径大于工件圆弧半径、铣刀安装有误	正确选择和安装铣刀
	④ 因数控程序错误或刀具磨损导致轮廓度超差	复查数控程序，减少刀具磨损，及时更换刀具
	⑤ 成型刀或砂轮轮廓形状磨损	修复成型刀具或砂轮轮廓形状，正确选择砂轮要素

表 1-3　位置精度相关质量问题与控制措施

项　目	质量不合格原因	控制措施
平行度	① 工件定位时，定位基面有毛刺或损伤，定位副间有异物	仔细检查定位副，清理工件毛刺
	② 定位元件磨损不均匀	更换定位元件或改进夹具结构
	③ 机用虎钳固定钳口工作面与机床工作台不垂直	修磨固定钳口工作面或钳口安装面
	④ 机用虎钳导轨面与机床工作台不平行	拆卸、清洗、重新装配、检查并调整虎钳
	⑤ 设计基准与定位基准不重合且误差较大	使基准重合或提高设计基准与定位基准之间的位置精度
	⑥ 切削力过大，使定位副脱离接触	减小切削力，设计夹具时应三力（重力、夹紧力、切削力）同向
	⑦ 镗孔时，孔的轴线与设计基准不平行	提高镗套同轴度精度，镗模支架孔座采用配镗，尽量用较粗的镗杆，减少镗杆悬臂，减小切削用量，使用较大主偏角镗刀
	⑧ 平面磨削时因精磨余量大，砂轮钝化	尽量减小精磨余量，保持砂轮锋利，增加轴向走刀次数直至无火花
	⑨ 按画线找正时，画线和找正精度不高造成平行度超差	提高画线和找正精度
垂直度	① 机用虎钳固定钳口与机床工作台不垂直	修磨固定钳口或钳口安装面
	② 工件定位时，定位基面有毛刺或损伤，定位副间有异物	仔细检查定位副，清理毛刺
	③ 周铣时铣刀外圆有锥度	重磨或更换铣刀，改用端铣
	④ 横向铣削时，主轴轴线与横向走刀不垂直	调整铣床主轴或改变走刀方向
	⑤ 精加工大平面时，刀具磨损	改善刀具结构，减小切削用量，选择适合的切削液以减少刀具磨损
	⑥ 按画线找正时，画线或找正精度低	提高画线，找正精度
	⑦ 铣削时立柱导轨与工件安装基面不垂直	检查铣床立柱，校正机床，检查工件定位是否可靠

续表

项　目	质量不合格原因	控制措施
对称度	① 铣沟槽时对刀不准确	准确对刀或使用专用对刀工具（参见图 1-2），试切获得准确尺寸
	② 铣沟槽时因走刀与度量基准不平行	校正测量基准使其与走刀方向平行，或用测量基准做定位基准
	③ 批量生产使用调整法加工零件时，定位尺寸公差大于对称度公差	改用试切法，使用自动定心方法装夹工件
	④ 加工过程中产生让刀	重磨或更换刀具，改善刀具几何参数，减小切削用量
位置度	① 钻头刃磨质量差：横刃过长；两主切削刃不对称	修磨钻头主切削刃和横刃
	② 镗孔时镗杆挠度过大	减小切削用量，增大镗刀主偏角，减少镗杆悬伸或缩短镗杆支承距离
	③ 镗杆与镗套、钻头与钻套的配合间隙偏大	提高配合精度，及时更换镗套和钻套，以减少配合间隙
	④ 画线钻孔时，画线和找正精度低	提高画线和找正精度
	⑤ 浮动镗时，前道工序的位置度超差	提高上一道工序的位置精度
	⑥ 镗孔时，因多次装夹、基准转换引起的装夹误差	减少装夹次数，尽量使基准重合，尽量使相关的工序内容集中
同轴度	① 轴类零件因顶尖孔不同轴	修磨或重打中心孔
	② 调头加工零件时定位精度低	尽量不调头或提高调头定位精度
	③ 铰孔或浮动镗时，前道工序同轴度超差	提高上道工序同轴度精度
	④ 镗床夹具镗套轴线之间的同轴度超差	提高夹具精度，采用配镗、就地加工等方法提高位置精度
跳动	① 顶尖跳动超差	修磨顶尖或使用死顶尖
	② 机床主轴轴向窜动	调整或更换止推轴承
	③ 切削加工时，刀具或磨具在工件端面上停留的时间过短，造成不完全切削	延长刀具或磨具与工件的接触时间，以充分切除金属，使端面平整
	④ 端面与内外圆柱表面未能一次装夹加工	尽量一次装夹加工，如采用镗孔车端面一次完成，减少装夹次数
	⑤ 在万能外圆磨床上靠磨工件端面时，砂轮侧面与工件轴线不垂直	修磨砂轮侧面，端面较大时改用端面外圆磨床加工

在图 1-2(b) 中的对刀装置中，定位块安装在百分表座的适当高度并与工件侧母线贴平，百分表测头与铣刀侧面接触，得一读数并记住；将百分表及表座移至工件另一侧，移动百分表及表座，使定位块与工件母线贴平，百分表得另一读数；两读数差的 1/2 即为工作台移动数，这样铣刀即可对中。

3. 表面质量控制

表面质量控制包含：表面粗糙度控制，积屑瘤、鳞刺、表面硬化及应力状态控制等。表面粗糙度不合格原因及质量控制措施参见表 1-4；积屑瘤、鳞刺、表面硬化及应力状态等不合格原因及质量控制措施参见表 1-5。

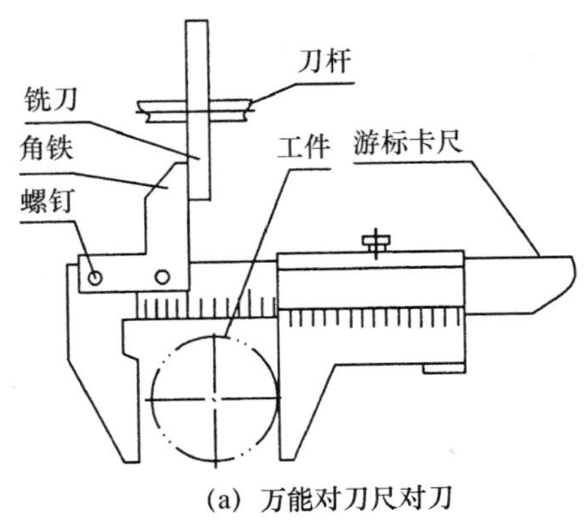

(a) 万能对刀尺对刀

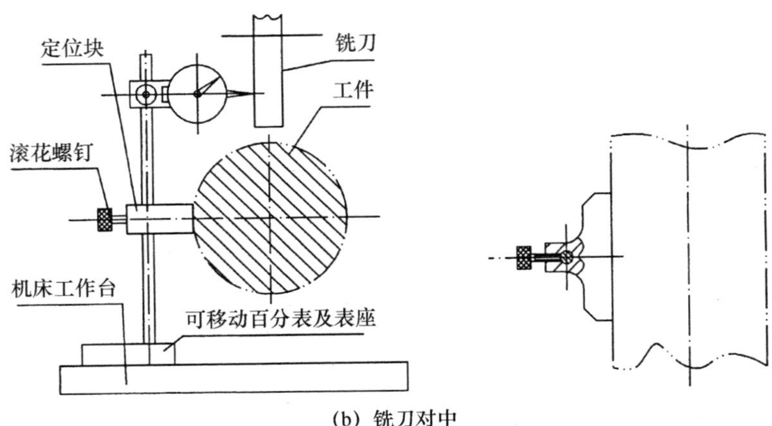

(b) 铣刀对中

图 1-2 使用专用工具准确对刀

表 1-4 表面粗糙度相关质量问题与控制措施

项　目	质量不合格原因	控制措施
刀具	① 主副偏角过大	减小主副偏角
	② 刀尖圆弧半径过小	加大刀尖圆弧半径
	③ 修光刃不平直	重磨修光刃
	④ 采用了负刃倾角刀具，使切屑划伤已加工表面	采用正刃倾角或零度刃倾角的刀具
	⑤ 铣刀或铰刀刀刃有缺陷	修磨、更换铣刀或铰刀
	⑥ 刀具切削部分表面粗糙度数值偏高	提高刀具刃磨质量
	⑦ 刀具磨损严重	重磨或更换刀具
	⑧ 刀杆刚性差或伸出过长，引起振动	增加刀杆刚性或减少刀杆伸出长度
	⑨ 刀具后角过大，引起振动	减小刀具后角或使用负后角刀具
	⑩ 砂轮钝化或粒度号偏小	修整砂轮或选择粒度号较大的砂轮
切削用量	① 进给量过大或与刀具参数不匹配	减小进给量或改进刀具几何参数
	② 背吃刀量过大或与刀具参数不匹配	减小背吃刀量或改进刀具几何参数
	③ 切削速度与背吃刀量、进给量不匹配	调整切削用量的配搭关系
	④ 产生了积屑瘤	免使用中等切削速度，加强润滑消除积屑瘤

续表

项　目	质量不合格原因	控制措施
机床	① 机床刚性差，引起振动	调整、清洗机床刀架及拖板，机床增大刚性
	② 两顶尖装夹工件时，顶尖或尾架主轴伸出过长，产生振动	减少顶尖和尾架伸出量
	③ 加工刚性差的工件产生振动	增加工艺系统刚性，使用中心架或跟刀架
	④ 回转部件不平衡造成振动	降低转速，校正平衡
工件	① 工件材质过硬或过软	在许可的情况下改善工件材料的物理机械性能
	② 工件韧性好，不易断屑，致使切屑划伤工件已加工表面	在许可的情况下改善工件材料的物理机械性能，增强刀具的断屑能力
	③ 工件材质不均或有铸造缺陷	选用符合质量标准的材料
	④ 磨削有色金属砂轮堵塞	有色金属宜采用高速细车或高速细铣，不宜磨削
其他	① 加工时润滑不良	选用润滑性能较好的切削液
	② 使用夹具时定位副接触面积过小产生振动	增大定位副接触面积以增大接触刚度
	③ 夹具缺少辅助支承产生振动	增加辅助支承
	④ 使用跟刀架时支承面与工件已加工表面摩擦所致	改滑动摩擦为滚动摩擦，降低支承爪接触面的表面粗糙度，提供良好的润滑，支承不宜过紧

表 1-5　积屑瘤、鳞刺、表面硬化和应力状态相关质量问题与控制措施

项　目	质量不合格原因	控制措施
刀具	① 刀具前后角偏小，挤压严重	加大刀具前后角，使刀具锋利
	② 刀具负倒棱过大，切削阻力大	减小负倒棱，使切削轻快
	③ 刀具前刀面粗糙度过高，摩擦阻力增大	降低刀具前刀面表面粗糙度数值
	④ 选择刀具材料有误	正确选择刀具材料
	⑤ 由于刀具几何参数导致切削热大量产生，使切削温度升高	选择摩擦系数小的刀具材料和加大刀具前角
	⑥ 磨硬度较高的材料时选用了较硬的砂轮，造成表面烧伤	磨硬材料时用软砂轮，磨软材料时用硬砂轮
切削用量	① 切削碳钢时，中等切削速度(80 m/min左右）最易产生积屑瘤	避开中等切削速度
	② 过低的切削速度导致切削变形加剧，功率消耗增多，切削温度上升，从而产生较大残余应力	适当提高切削速度、加大进给速度可以缓解切削变形
	③ 过小的进给速度会加剧后刀面与工件已加工表面的摩擦，从而加剧加工硬化，使表面粗糙度上升	精加工时可以加大刀具的后角，只需在后刀面上磨出较窄的倒棱，以熨平已加工表面并减小加工硬化
	④ 过小的背吃刀量会使刀具瞬时离开工件加工表面，使表面粗糙度上升	确定合理的背吃刀量，选用振动较小的机床
	⑤ 磨削加工中过小的进给速度会导致工件与砂轮的摩擦加剧，导致表面烧伤和残余应力	适当加大进给速度，并使用较软的和树脂结合剂的砂轮

续表

项　目	质量不合格原因	控制措施
工件	① 塑性较好的材料易生成积屑瘤和鳞刺	在许可的情况下改变材料的物理机械性能（如正火处理等）
	② 有些合金材料加工硬化特别严重	减少走刀次数，避免多次走刀
其他	① 切削过程中切削液使用不当	根据要解决的主要矛盾合理选用切削液
	② 粗精加工未能分开	粗精加工分开，使应力得以恢复，或增加恰当的热处理工序

1.4　典型零件的加工质量控制

1.4.1　细长轴的加工质量控制

1. 细长轴的加工特点

工件长度与直径之比大于20（$L/D>20$）的轴类零件称为细长轴。细长轴类工件加工时的显著特点是：由于刚性差，工件会因自重和离心力产生弯曲。

影响细长轴加工的质量因素包括：

（1）在切削过程中，因为热变形使工件伸长从而产生弯曲；

（2）在切削力的作用下产生弯曲变形而引起振动，从而降低精度和表面质量；

（3）采用中心架或跟刀架等辅助工具时，调整困难，技术难度大；

（4）由于工件长，走刀时间长，刀具磨损严重，使工件尺寸难以控制；

（5）工件细长，因刚性差而使切削用量较低，致使生产率也较低。

2. 细长轴的装夹要点

（1）“左夹右顶”时，应在左端工件和卡爪之间安装一开口钢丝圈，以减少夹持接触长度，避免产生“别劲”现象，从而防止工件弯曲变形。钢丝直径为ϕ 4～5 mm，参见图1-3中的开口钢丝圈。

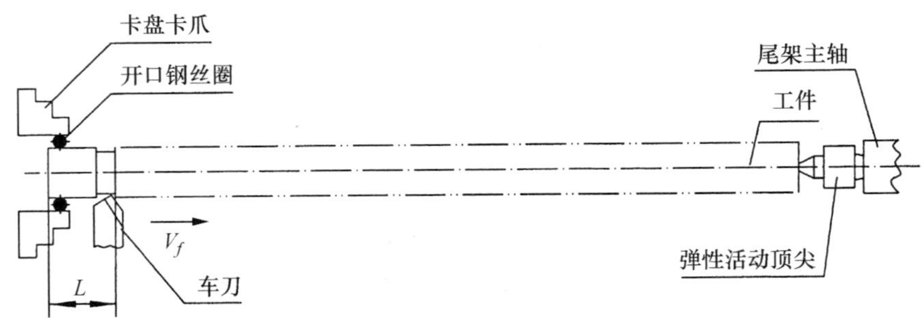

图1-3　反向车削细长轴

（2）为避免因热变形伸长产生弯曲，应使用弹性活动顶尖，尤其在采用由左向右切削时更为需要。如没有弹性顶尖，可用死顶尖，但不宜顶得过紧，而且每次走刀后应检查顶尖的松紧程度，以进行必要调整，保持一定间隙。

（3）顶尖孔是细长轴的定位基准，一般精加工前应对中心孔进行修整，使两端中心孔同轴，中心孔的角度、圆度、表面粗糙度均应符合定位要求。

（4）使用跟刀架是增大细长轴刚性的有效措施。可将传统的两点支承改为三点支承，以增加接触刚度。支承爪的材料可用球墨铸铁（QT600－3），并使用与工件尺寸相同的研磨棒加研磨膏进行仔细研磨，以达到定位需要的表面粗糙度值。

（5）改变加工时的走刀方向，是克服细长轴变形的重要措施。传统的加工方法是由尾座方向向主轴方向车削，这时细长轴所受的力为压力，细长杆件在受压力时易产生“失稳”，导致工件弯曲变形；若改为从主轴方向向尾座方向车削，配合使用弹性顶尖，这时工件所受的力变为拉力，因此不会产生“失稳”弯曲变形。

3. 加工细长轴的刀具角度

车细长轴时将工件“顶弯”的力是切削时分解的径向分力。因此，使用的刀具应使径向分力尽量小，故刃磨刀具角度时应注意以下几个方面。

（1）降低总切削功率，加大前角（16°～20°）、后角（6°～8°）使切削刃锋利，减小切削阻力。

（2）提高刀具刃磨质量，尤其是前刀面的表面粗糙度（$Ra=0.8\sim0.4\ \mu m$），必要时要进行研磨或抛光。

（3）使用较大的主偏角（75°～93°）、副偏角（8°～12°）和正刃倾角（3°～10°），减小径向分力。

（4）使用较小的主切削刃负倒棱（0.1～0.15 mm，$\gamma_{o1}=-5°$）、主后刀面倒棱（0.1～0.5 mm，0°）、较小的刀尖圆弧半径（$\varepsilon_r=0.15\sim0.2$ mm）。

4. 加工细长轴的切削用量

（1）刀片为 YT15、YT30 或 YW 类时的切削用量参见表 1-6。

表 1-6　用硬质合金刀具加工细长轴的切削用量

切削用量	粗　车	精　车
切削速度 v_c /(m/min)	50～60	60～100
进给量 f /(mm/r)	0.3～0.4	0.08～0.12
背吃刀量 a_p/mm	1.5～2	0.5～0.8

（2）刀具为高速钢材料时加工细长轴的切削用量参见表 1-7。

表 1-7　高速钢刀具加工细长轴的切削用量

切削用量	粗　　车	精　　车
切削速度 v_c /(m/min)	18～20	8～12
进给量 f /(mm/r)	0.2～0.3	0.04～0.08
背吃刀量 a_p /mm	1～1.5	0.15～0.05

5. 其他

（1）粗加工时应加强切削液的冷却效果，精加工时应加强切削液的润滑效果。

（2）编制工艺要考虑将粗精加工分开进行。粗加工后应进行适当的热处理。每次加工完毕，都应将工件吊挂在架子上，不宜水平堆放，以防止工件弯曲。重要零件还要经常用木锤进行敲打，以消除加工时产生的内应力。

（3）切削过程中要注意切屑卷曲和断屑，切忌切屑缠绕工件。

1.4.2 车削螺纹的加工质量控制

螺纹是零件中的常见结构，单件小批生产中，回转类零件的螺纹结构一般采用车削加工。车削螺纹时易产生的质量问题分析及控制措施参见表 1-8。

表 1-8 车削螺纹的质量分析及控制措施

不合格项目	不合格原因	控制措施
牙形角和牙形半角超差	① 刀具牙形角刃磨不准确	重新刃磨车刀
	② 车刀安装不正确	正确安装车刀
	③ 车刀磨损严重	及时重磨或更换车刀
	④ 车刀刃磨径向前角	此时车刀对准中心安装，牙形角应适当减小（一般：径向前角每增加 1°，牙形角磨小 0.15°）
螺距超差	① 机床调整手柄位置错误	逐项检查并改正
	② 交换齿轮挂错或计算有误	
螺距周期性误差超差	① 机床主轴或机床丝杆轴向窜动太大	调整机床主轴和丝杆，消除轴向窜动
	② 交换齿轮啮合间隙过大	调整交换齿轮间隙，一般为 0.1～0.15 mm 为宜
	③ 交换齿轮磨损或有毛刺	妥善保管交换齿轮，用前仔细检查清洗、清理毛刺
	④ 主轴、丝杆或挂轮轴轴颈径向跳动太大	按机床说明书调整各部径向跳动
	⑤ 工件中心孔圆度超差、孔深度不够或与顶尖接触不良	研磨中心孔、顶尖尖部磨平
	⑥ 工件弯曲变形	减小切削用量，充分冷却，合理安排工艺
螺距积累误差超差	① 机床导轨与工件轴线平行度超差，或导轨直线度超差	调整机床尾座，修复机床导轨，恢复尾座轴线与工件轴线平行和导轨直线度
	② 丝杆轴线与导轨不平行	调整丝杆，使其与机床导轨平行
	③ 丝杆副磨损严重	更换丝杆副
	④ 环境温度不符合规定	工作地要满足规定的温度
	⑤ 工件热胀冷缩	合理选用切削用量，正确使用切削液
	⑥ 刀具磨损严重	选择耐磨的刀具材料，提高刀具的刃磨质量
	⑦ 顶尖顶力过大，工件弯曲	每次走刀后调整顶尖与工件之间的间隙或使用弹性顶尖
中径几何形状超差	① 中心孔质量低	提高中心孔质量，研磨中心孔，保证两中心孔同轴
	② 机床主轴轴承圆度超差	调整或更换主轴轴承
	③ 工件外圆圆度超差，跟刀架与工件的配合间隙过大	提高工件圆度，减小工件与跟刀架配合间隙，研磨跟刀架配合面
	④ 刀具磨损过大	选用较硬的刀具材料，降低切削用量，正确选用切削液

续表

不合格项目	不合格原因	控制措施
螺纹牙形表面粗糙度超差	① 刀具刃口质量低	提高刀具刃磨质量，研磨刃口
	② 精车时背吃刀量太小，刀具在工件表面滑行	控制合适的背吃刀量，减小刃口圆弧半径
	③ 切削速度选择不当	选择合理的切削速度： 硬质合金车刀 $v=30\sim45$ m/min 高速钢刀具 $v=10\sim20$ m/min
	④ 切削液选择不当	选择润滑性能较好的切削液
	⑤ 机床振动太大	调整机床各部间隙，车刀略高于机床中心
	⑥ 刀具前后角太小	适当增大刀具前后角
	⑦ 工件切削加工性差	在许可的情况下对工件进行调质处理
	⑧ 切屑划伤已加工表面	控制切削流向和断屑
	⑨ 车螺母时刀杆直径较小，产生振动	车右旋螺纹时，可反向装刀和反向旋转工件，由左向右切削，变刀杆受压为受拉，避免刀杆失稳（见图 1-4）
螺纹乱扣	当机床螺距不是工件螺距的整倍数时，返程时提起了开合螺母所致	不能提起开合螺母移动溜板，只能开反车退回切削起点处
多线螺纹出现大小牙	① 分线不准确	提高分头精度
	② 中途改变了车刀位置	中途改变车刀位置时都必须重新将每条螺纹车一遍

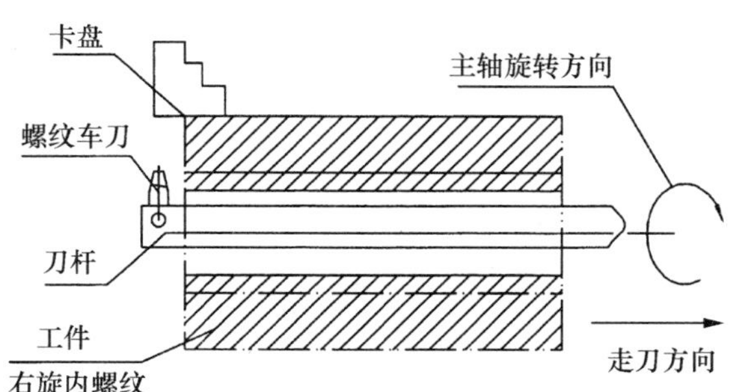

图 1-4　反向车削降低螺纹表面粗糙度值

1.4.3　滚齿的加工质量控制

齿轮的齿形常用滚齿方法加工，滚齿加工的质量原因分析及控制措施参见表 1-9。

表 1-9　滚齿加工的质量原因及控制措施

不合格项目	不合格原因	控制措施
齿数不正确	① 挂轮或分度交换齿轮调整不正确	重新计算、调整分度挂轮，并检查中间轮是否正确
	② 滚刀选用错误	合理选用滚刀
	③ 齿坯尺寸不正确	更换毛坯（齿坯）
齿面加工出棱面	① 滚刀等分性差	控制滚刀刃磨质量
	② 滚刀有制造缺陷	修磨或更换滚刀
	③ 滚刀径向跳动与轴向窜动	注意滚刀安装质量或调整机床
	④ 滚刀磨损严重	重磨或更换滚刀
齿形不对称	① 滚刀安装不对中	用专用工具安装滚刀
	② 重磨滚刀前刀面径向误差增大	控制滚刀的刃磨质量
	③ 滚刀安装的误差较大	重新调整滚刀的安装角
齿形角不对	① 滚刀的齿形角误差太大或磨损严重	合理选择滚刀精度或更换滚刀
	② 重磨滚刀前刀面径向误差增大	控制滚刀的刃磨质量
	③ 滚刀安装的误差较大	重新调整滚刀的安装角
齿形周期性误差	① 滚刀安装径向跳动、轴向窜动大	控制滚刀的安装精度
	② 机床工作台回转不均匀	检查工作台蜗杆是否有轴向窜动
	③ 跨轮或分度交换齿轮安装偏心或齿面损伤	检查跨轮和分度齿轮安装及运转情况
	④ 刀架滑板松动	调整刀架楔铁，减小间隙
	⑤ 工件安装时定位基面不可靠或夹紧力过小	合理确定工件定位方案和确定合适的夹紧力
齿圈径向跳动超差	① 工作台径向跳动大	检查并修复工作台
	② 定位心轴磨损，间隙过大	更换定位心轴或使用可涨心轴
	③ 上下顶尖不同轴或松动	修复或调整顶尖安装
	④ 夹具定位支承面与工作台轴线不垂直	调整定位副，更换不合格元件
	⑤ 定位精度太低	提高定位副精度（见 5.3）
	⑥ 工件孔径超差	控制工件孔的精度
	⑦ 找正安装时找正精度低	精心找正工件
	⑧ 工艺系统刚性差	支承面积尽量大，增加辅助支承

续表

不合格项目	不合格原因	控制措施
齿向误差超差	① 立柱导轨与工作台轴线不平行	修复立柱精度，控制机床热变形
	② 工作台端面跳动大	修复工作台，恢复回转精度
	③ 上下顶尖不同轴	修复或调整两顶尖精度
	④ 工作台蜗轮副间隙过大	合理调整工作台蜗轮副间隙
	⑤ 工作台蜗轮副传动存在周期性误差	修复工作台蜗轮副，恢复精度
	⑥ 垂直进给丝杆螺距误差大	修复或更换垂直进给丝杆
	⑦ 分度、差动挂轮误差大	重新计算分度和差动挂轮
	⑧ 齿坯两端面不平行	控制齿坯精度
	⑨ 工件定位孔与端面不垂直	控制齿坯孔与端面的垂直度
齿距累积误差超差	① 工作台蜗轮副传动精度低	修复工作台回转精度
	② 工作台径向和端面跳动大	修复工作台回转精度
	③ 分度挂轮啮合间隙大或挂轮有缺陷	检查分度挂轮的间隙和运转情况
齿面产生裂纹	① 齿坯材质不均匀	控制齿坯材质质量
	② 齿坯热处理方式不对	正确选择热处理方法，尤其是调质处理后的硬度，建议采用正火处理
	③ 切削用量选择不对，产生了积屑瘤	正确选择切削用量
	④ 切削液选择不当，使用不合理	提高切削液的润滑效能
	⑤ 滚刀磨损严重	更换新刀
加工时发生啃齿	① 立柱三角导轨与拖板配合太松，造成拖板进给突然变大；或者太紧，造成拖板爬行	调整三角导轨松紧程度，松紧适当
	② 刀架斜齿轮啮合间隙过大	调整刀架齿轮间隙或更换斜齿轮
	③ 液压系统油压不稳	清洗液压系统
齿面产生振纹	① 机床传动系统齿轮啮合间隙过大	及时修理机床或更换易损件
	② 工艺系统刚性不足	提高工艺系统刚性：缩短滚刀支承距离；加大工件安装时与工作台的接触面积；缩短两顶尖之间的距离
	③ 切削用量过大	正确选用切削用量
	④ 后托架间隙过大	正确使用后托架
齿轮表面出现鱼鳞	齿坯热处理方法不当，加工调质处理后的工件比较多见	1. 酌情控制调质处理后的硬度 2. 建议以正火处理作为齿坯的预处理，齿面根据需要而定

第2章　检测技术基础

2.1　检测技术相关知识

2.1.1　基本术语

1. 尺寸

用特定单位表示长度值的数字。

(1) 基本尺寸：设计给定的尺寸。

(2) 实际尺寸：通过测量所得的尺寸。由于存在测量误差，所以实际尺寸并非尺寸的真值。

(3) 极限尺寸：允许尺寸变化的两个界限值，它以基本尺寸为基数来确定。两个界限值中较大的一个称为最大极限尺寸，较小的一个称为最小极限尺寸。

(4) 作用尺寸：孔（轴）的在配合面的全长上，与实际孔（轴）内（外）接的最大理想轴（孔）尺寸，称为孔（轴）的作用尺寸。

2. 误差

(1) 尺寸公差：允许尺寸的变动量。

(2) 标准公差：在《公差与配合》国家标准公差数值表中所列的、用以确定公差带大小的任一公差。

(3) 基本偏差：用以确定公差带相对于零线位置的上偏差或下偏差，一般为靠近零线的那个偏差。

(4) 系统误差：相同条件下多次测量同一量时，误差的大小和正、负保持不变，或随条件变化而按某种确定的规律变化的误差。

(5) 随机误差（亦称偶然误差）：相同条件下多次测量同一量时，误差变化无明显规律；且当测量次数无限增大时误差呈正态分布的误差。

(6) 粗大误差：主要由操作者主观原因造成的，或外界环境突变时导致的误差。

(7) 示值误差：测量器具（又称计量器具）上的示值与被测量真值的代数差。一般来说，示值误差越小，测量器具的精度越高。

2.1.2　测量器具的技术指标

(1) 示值范围：测量器具标尺或刻度盘内全部刻度所代表的最大值与最小值的范围。以图2-1所示的计量器具为例，该仪器的示值范围为±20 μm。

(2) 分度值：测量器具标尺上，两相邻刻线所代表的量值之差称为仪器的分度值，一般为0.1 mm、0.01 mm、0.001 mm等。图2-1所示的仪器，其表盘上的分度值为1 μm。分度值是一台仪器所能读出的最小单位量值。一般来说，分度值越小，测量器具的精度越高。

(3) 分辨率：数字式量仪没有标尺或度盘，而与其相对应的为分辨率。分辨率是仪器显示的最末位数字间隔所代表的被测量值。

(4) 量程：测量范围的上限值和下限值之差称为量程。量程大的仪器使用起来比较方便，但仪器的线性误差将随之变大，从而使仪器的准确度下降。图 2-1 所示仪器的测量范围（量程）为 0～180 mm。

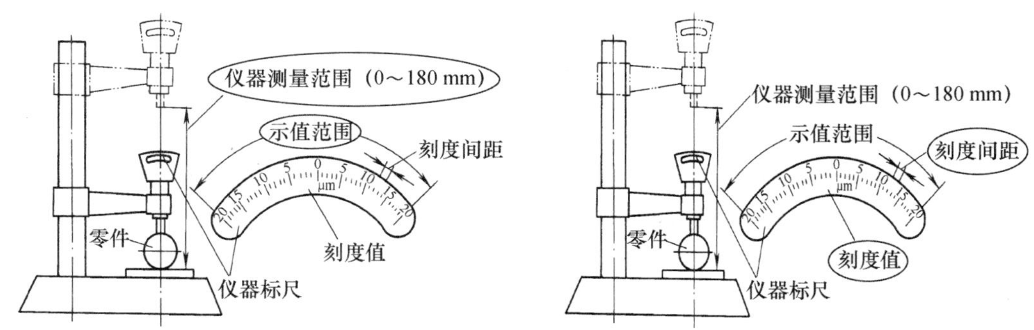

图 2-1　测量器具参数示意

(5) 标尺间距：测量器具刻度标尺或刻度盘上两相邻刻线中心线间的距离，一般为 1～2.5 mm。

(6) 灵敏度：测量器具对被测量值变化的反应能力称为灵敏度。对于一般长度测量器具，灵敏度等于标尺间距 a 与分度值 I 之比，即放大比或放大倍数。

(7) 示值误差：测量器具示值减去被测量的真值所得的差值。例如，用百分尺测量轴的直径得读数值为 31.675 mm，而其真值为 31.678 mm，则百分尺的示值误差等于 31.675 − 31.678 = −0.003 mm。

(8) 测量的重复性误差：在相同的测量条件下，对同一被测量进行连续多次测量时，所有测得值的分散程度即为重复性误差。

(9) 不确定度：表示由于测量误差的存在而对被测几何量不能肯定的程度。

2.1.3　检测相关术语

(1) 被测“量”：指测量对象，包括被测零件的长度、角度、几何形状、相互位置以及表面粗糙度等几何量。

(2) 不确定度。指由于测量误差的存在而使测量结果不能确定的程度。即表征测量结果分散性的极限。一般以测量“标准偏差”σ 表征，其置信区间（测量误差极限）取 $\pm 2\sigma$ 或 $\pm 3\sigma$，其概率分别为 95.45% 和 99.73%。

(3) 最小实体状态（简称 LMC）：孔或轴具有允许的材料量最少时的状态。

(4) 最大实体状态（简称 MMC）：孔或轴具有允许的材料量最多时的状态。

(5) 修正值：为了消除或减少系统误差，用代数法加到未修正测量结果上的数值。其大小与示值误差的绝对值相等，符号相反。

(6) 测量力：采用接触法测量时，测量器具的传感器与被测零件表面之间的接触力。测量力及其变动会影响测量结果的精度。因此，绝大多数采用接触测量法的测量器具，都具有测量力稳定机构。

(7) 精度、分辨率与灵敏度之间的区别：灵敏度就是测量最小值时的反应能力辨率，是一个百分比值；精度是指测量值与真值间的误差范围，是一个长度单位值；分辨率是指最小的读数值（即分度值），也是一个长度单位值。

（8）测量：一般指为确定被测对象的量值而进行的实验过程。即把被测量与具有计量单位的标准量进行比较，从而确定被测量量值的过程。

（9）测量范围：指测量器具所能测出的最小值到最大值的范围。有些测量器具的测量范围和示值范围是相同的。

（10）测量重复性：指在相同的测量条件下，对同一被测“量”进行多次测量时，各测量结果之间的一致性。通常以测量重复性的极限值（正负偏差）来表示。

（11）计量：指以保持量值统一和传递为目的的专门测量。

（12）检验：是指判断被测量是否在规定的极限范围之内（是否合格）的过程。

（13）检测：是测量与检验的总称；是保证产品精度和实现互换性生产的重要前提；是贯彻质量标准的重要技术手段；是生产过程中的重要环节。检测是机械制造的“眼睛”，不仅用于评定产品质量，分析不良产品的原因，及时调整加工工艺，预防次品废品，降低成本，还能为CAD/CAM逆向工程提供数据服务。

（14）检验与测量的区别：“检验”比“测量”的含义更广泛一些。对于零件几何量的检验，通常只判断被测零件是否在合格范围内，确定其是否合格，而不一定要确定其具体的测量值。对于金属内部质量的检验、表面裂纹的检验等，则不能用“测量”这一概念。

2.1.4 检测原则

1. 基本原则

（1）所用验收方法应只适用位于规定的尺寸极限之内的工件。

（2）对于有配合要求的工件，其尺寸检验应符合极限尺寸判断原则——泰勒原则。孔或轴的作用尺寸不允许超过最大实体尺寸。即对于孔，其作用尺寸应不小于最小极限尺寸；对于轴，其作用尺寸应不大于最大极限尺寸。

（3）在任何位置上的实际尺寸都不允许超过最小实体尺寸。即对于孔，其实际尺寸应不大于最大极限尺寸；对于轴，其实际尺寸应不小于最小极限尺寸。

2. 其他原则（量仪设计、确定检测方法应遵循的原则）

（1）阿贝原则：被测线应处在基准线的延长线上。

（2）测量链最短原则：组成测量链环的构件数目应尽量少。

（3）基面统一原则：测量基面应与设计、工艺基面保持一致。

（4）封闭原则：在测量中，如能满足封闭条件，则其间隔偏差的总和为零，此即为封闭原则。

2.1.5 检测方式

需要检测的内容一般取决于工艺控制和产品质量的要求，以及检测方法与施行的可能性。目前，常用的检测方式有以下几种分类方法。

1. 按检验的性质分类

（1）预先检验：包括原材料、工具、模具、设备等投入使用之前的检验。

（2）工艺过程检验：工艺过程是否按规定执行将直接影响产品质量。

（3）成品检验：它具有把关的作用，通过成品检验来判断产品的成、废、优、劣。

2. 按检验对象的数量分类

（1）全部检验：是对检验对象施行100%的检验。

（2）抽样检验：即对检验对象按规定的比例抽取样件进行检验，其结果则代表全部产品的质量。

3. 按对于被检对象的损坏程度分类

（1）破坏性检验：指只有将受检验样品破坏后才能进行的检验，或者在检验过程中受检验的样品被破坏或被消耗的检验。

（2）非破坏性检验：又称无损检验，是指检验时产品不受到破坏，或虽然有损耗但对产品质量不发生实质性影响的检验。非破坏性检验包括外观检验、水压实验、致密性试验、无损检验等。

2.2　检验误差及检验误差消除方法

2.2.1　检测方法选用要求

1. 检测过程四要素

在零件检测的整个测量过程中，包括以下四方面的内容。

（1）检测对象：主要是指被测零件的几何量，包括长度、角度、表面粗糙度及形位误差等。

（2）计量单位：用以度量同类量值的标准量。在我国法定计量单位中，长度单位是米（m），其他常用长度单位有毫米（mm）和微米（μm）；平面角度单位为弧度（rad）及度（°）、分（′）、秒（″）。

（3）检测方法：指检测过程所采用的测量器具、检测原理以及检测条件的综合。

（4）检测精度：指检测结果与理想值的一致程度。任何检验测量都免不了会产生误差，因此，误差和精度是两个相互对应的概念。

2. 检测方法选用要求

检验测量前，应根据被测对象的形状、精度、重量、材质和工件批量等，确定合适的测量用器具，并通过分析被测参数特点及其相互关系，确定最佳的检测方法。具体的操作应遵循以下要求。

（1）所选用检测方法，应只适用位于规定的检测极限范围之内的工件。

（2）对于有配合要求的工件，其尺寸检验应符合极限尺寸判断原则——泰勒原则。孔或轴的作用尺寸不允许超过最大实体尺寸。即对于孔，其作用尺寸应不小于最小极限尺寸；对于轴，其作用尺寸应不大于最大极限尺寸。

（3）在任何位置上的实际尺寸都不允许超过最小实体尺寸。即对于孔，其实际尺寸应不大于最大极限尺寸；对于轴，其实际尺寸应不小于最小极限尺寸。

3. 检测的一般步骤

（1）检测前准备。清理检测环境并检查是否满足检测要求，清洗标准器、被测件及辅助工具，对检测器具进行调整，使之处于正常的工作状态。

（2）采集数据。安装被测件，按照设计预案采集测量数据并规范地做好原始记录。

（3）数据处理。对检测数据进行计算、比较、判定和处理，获得检测结果。

（4）填报检测结果。将检测结果填写在检测报告单及有关的原始记录中，并根据技术要求做出合格性的判定。

从质量检验的定义可知，质量检验的完整过程如图 2-2 所示。

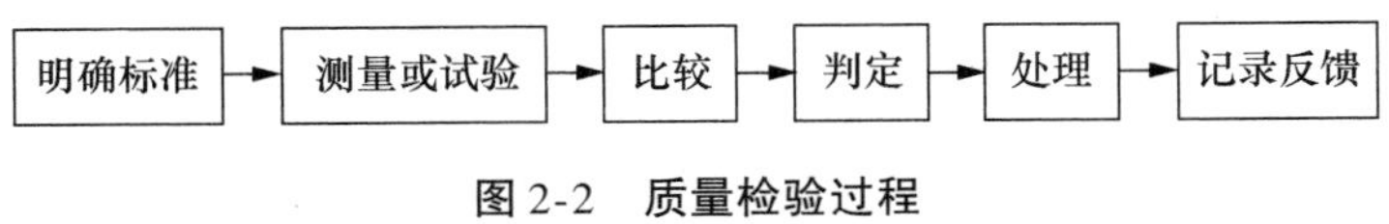

图 2-2　质量检验过程

2.2.2　误差来源及误差消除方法

1. 误差来源

（1）测量器具误差：指量仪设计不完善或制造、调整、校对不精准，或者在使用中磨损造成的误差。主要表现为量仪的“示值误差”（包括标准器和附件的误差）。

（2）基准误差：作为基准的量具，不可避免地存在误差。基准件误差直接影响着测量值，如量块的制造误差。一般基准件的误差应不超过总测量误差的 1/5～1/3。

（3）方法误差：指因检测方法、计量器具选择不当，测量原理与计算公式简化造成的误差，或测量仪、工件定位装夹和受力变形引起的误差。

（4）环境误差：环境条件所引起的测量误差。环境误差包括工作环境偏离标准温度（20℃）较多或其随时间、空间的变化太大，振动、冲击、电流、电压波动大，气压、湿度和清洁度不符合要求等造成的误差。一般情况下，可只考虑温度影响进行修正。

（5）人为误差：指因操作者责任心、技术水平、情绪和生理（如视力）因素等造成操作不当，或者读数、记录、计算错误所造成的误差。

（6）测量力引起的变形误差：指使用测量器具进行接触测量时，测量力使零件与测量头接触部分微小变形而产生的测量误差。测量装置上一般有保持恒力的装置，如千分尺上的棘轮机构、百分表上的弹簧等。

2. 减少误差的方法

（1）系统误差的消除一般采用以下三种方法。

① 修正法：对已知系统误差的量仪可在测量时扣除。例如，已知量块或标准器（千分尺校对棒）或卡尺的游标刻线的零位偏差（如零线偏 1/2、1/3 刻线宽），压力表、电表的刻度校对值（实测值），在使用中可进行修正。

② 反向对准法：用于一些数值无法确知的，但知其测量在对称位置等量反向出现的系统误差。例如，在工具显微镜上测螺杆、螺距由于安装倾斜造成的系统误差；用水平仪检测平面度、直线度，消除水平仪的误差等。

③ 对称读数法、半周期读数法：多用于一些专用仪器，现场较少使用。

（2）随机误差的控制和减少措施如下。

① 正确选择和使用测量器具。检验中选择测量器具时，应使测量器具的不确定度满足所测工件公差的要求。一般粗略评估可以采用三分之一原则，即选择的量仪其最小刻度值应满足 $IT/3$（IT 为所测工件公差值）。

② 正确安排环境条件。检测中环境条件的影响不可低估，尤其是温度和清洁度（包括工件的清洁度）对精测尤为重要，检测中要倍加注意。振动、冲击、电流、电压对使用仪器测量的场合也至关重要，不可忽视。

③ 控制工件形状误差。线性测量（两点法）很难发现形状误差，因此尺寸检测中要充分注意形状误差的影响。例如，全圆止端量规检查不出圆柱度误差、细长轴直线度误差的影响等，所以应在测量时考虑消除。

④ 多次测量取算术平均值。经多次测量（一般3～10次），取算术平均值给出结果。

（3）粗大误差。明显超出规定条件下预期的误差称为粗大误差。粗大误差一般是由某种非正常的原因造成的，如读数错误、温度的突然大幅度变动、记录错误等。粗大误差对测量结果有明显的歪曲，如果存在，应予剔除。

总之，对系统误差应设法消除或减小其对测量结果的影响；对随机误差需经计算确定其对测量结果的影响；对粗大误差则应剔除。

2.2.3 尺寸误差检测依据及规定

1. 检测依据

（1）检测依据。长期以来，机械加工行业对尺寸误差的检测没有统一规定；对于不同精度等级的零件尺寸测量，测量器具（量仪）的选择也没有统一规定；加上测量工具较落后（多数企业工人、检验人员使用的量具仍然是卡尺、千分尺），更进一步造成尺寸误差检测可靠性不高，产品质量稳定性不好。为了提高产品质量，保证零件的互换性，国家颁布了《光滑工件尺寸检验》（GB/T 3177—2009）标准，以便正确地选择测量器具和处理测量结果。

这个标准是贯彻《公差与配合》国家标准的配套标准，是尺寸误差检测的重要依据。

（2）适用范围。传统的检测是将尺寸极限作为验收极限处理，即判断尺寸合格与否是按图纸上给定的公差；用普通（通用）量具，在车间条件下对标准公差等级为IT6～IT18、基本尺寸至500 mm的光滑工件尺寸进行检验测量，以测量的结果判定尺寸合格与否。本标准也适用于对一般公差尺寸工件的检验。

2. 验收条件

影响测量结果准确性的因素很多（如测量器具的内在误差、零件加工的形状误差、温度和测量力等均能影响测量结果的准确性），考虑到车间生产的实际情况，一般采用内缩安全裕度A来确定验收极限。按安全裕度选择量具，用普通测量器具一次测量判断工件合格与否；对于影响较大的温度条件，标准规定测量的标准温度为20℃。

3. 验收极限

（1）验收极限。验收极限是检验工件尺寸时判断合格与否的尺寸界限。为了保证验收工件尺寸不超极限，标准规定按验收极限来验收工件。验收极限为尺寸公差内缩一个安全裕度A，如图2-3所示。

测量结果在验收极限内为合格，安全裕度及测量器具不确定度允许值参见表2-1。

（2）验收极限方式的选择。

① 对遵循包容要求的尺寸、公差等级高的尺寸，其验收极限方式要选内缩方式。

② 对非配合和一般公差的尺寸，其验收极限方式则选不内缩方式。

③ 当过程能力指数$C_p \geqslant 1$时，其验收极限可以按不内缩方式；但对遵循包容要求的尺寸，其最大实体尺寸一边的验收极限仍应按内缩方式。

④ 对非配合和一般公差的尺寸，其验收极限按不内缩方式。

示例：确定尺寸为$\phi 250h12(-0.46)$的验收极限。

查表得知，其公差值 0.46 mm 处在 0.32～0.58 mm，因此安全裕度 $A=0.032$ mm。

上验收极限 = 最大实体尺寸(MMS) $-A=(250-0.032)$ mm $=249.968$ mm

下验收极限 = 最小实体尺寸(LMS) $+A$ = 最大实体尺寸 $-$ 公差 $+A=(250-0.46+0.032)$ mm $=249.572$ mm

最大极限尺寸为 249.968 mm。

最小极限尺寸为 249.572 mm。

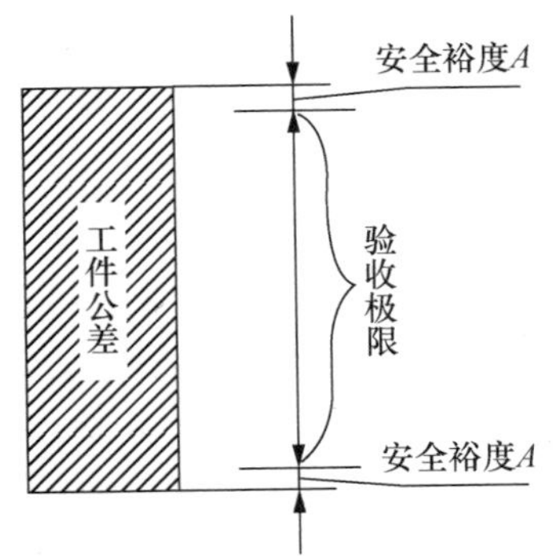

图 2-3 验收极限与安全裕度

表 2-1 安全裕度对应数据

工件公差/mm		安全裕度	不确定度
>	≤	A/mm	允许值/mm
0.009	0.018	0.001	0.000 9
0.018	0.032	0.002	0.001 8
0.032	0.058	0.003	0.002 7
0.058	0.100	0.006	0.005 4
0.100	0.180	0.010	0.009
0.180	0.320	0.018	0.016
0.320	0.580	0.032	0.029
0.580	1.000	0.060	0.054
1.000	1.800	0.100	0.090
1.800	3.200	0.180	0.160

2.3 常用测量器具及选用

2.3.1 测量器具的基本类型

测量器具是测量仪器和测量工具的总称，按其结构特点可分为量具、量规、量仪（测量仪器）和计量装置四类。

（1）量具：通常是指结构比较简单的工具，包括单值量具、多值量具和标准量具等。

① 单值量具：是指体现单一量值的量具，如量块、角度块等，通常成套使用。

② 多值量具：是指体现一定范围内的一系列不同量值的量具，如线纹尺、90°角尺等。

③ 标准量具：是指用作计量标准，供量值传递用的量具，如量块、基准米尺等。

（2）量规：是指没有刻度的，用以检验零件尺寸或形状、相互位置的专用检验工具。量规的检验结果只能判断被测几何量是否合格，而不能获得具体数值。如光滑极限量规、螺纹量规等。

（3）量仪：即测量仪器，是指能将被测的量值转换成可直接观测的指示值或等效信息的测量器具。按工作原理和结构特征，量仪可分为机械式、电动式、光学式、气动式，以及它们的组合形式——光机电一体的现代量仪。

（4）计量装置：是一种专用检验工具，可迅速检验更多、更复杂的参数，易于实现检测自动化和半自动化。如自动分选机、检验用夹具、主动测量装置等。

2.3.2 常用测量方法的分类

每一批零件的加工，均需完成包括夹具的找正对定、零件定位测定、首件零件加工的三检（自检、互检、专检）、工序间检测和加工完成后的检测等大量工作。完成这些检测工作的主要手段有手工检测、离线检测和在线实时检测。

检测过程所使用的测量方法是指在实现测量时所使用的检测器具、依据的原理和检测条件的综合。根据测量目的不同，常见的各测量项目也有多种不同的测量方法。测量方法有以下几种分类方法。

1. 直接测量和间接测量

按是否能直接测量出所需要的量值，可将测量方法分为直接测量和间接测量。

（1）直接测量。指可直接得到被测量值的测量。直接测量又可分为绝对测量和相对测量。

若测量读数可直接表示出被测量的全值，则这种测量方法就称为绝对测量法。例如，用游标卡尺测量外圆直径。

若测量读数仅表示被测量相对于已知标准量的偏差值，则这种方法称为相对测量法。例如，使用千分表测量孔径、用比较仪测量长度尺寸等。

（2）间接测量。对无法直接测出的量或直接测量达不到精度的量，采用测量有关量，并通过一定的函数关系，求得被测量的量值的方法。例如，用正弦规测量工件角度，用卡尺的弓高弧长法测量得圆弧半径等，以及第 5 章中深度尺测量弧形支架圆弧尺寸等。

2. 静态测量和动态测量

按所测物理量是否随时间快速变化，可将测量方法分为静态测量和动态测量。

例如，每一批零件加工完成后的检测一般为静态测量；而数控加工中的在线检测（也称实时检测）则为动态测量。

3. 接触测量和非接触测量

按被测零件的表面与测量头是否有机械接触，可将测量方法分为接触测量和非接触测量。

（1）接触测量。指被测零件表面与测量头有机械接触，并有机械作用的测量力存在。由于有接触变形的影响，故存在测量误差。如用外径千分尺、游标卡尺测量零件尺寸等。

（2）非接触测量。指被测零件表面与测量头没有机械接触。非接触测量一般利用光、气、磁等物理量关系，使敏感元件与工件建立起联系，从而获得准确度较高的测量值。如光学投影测量、激光测量、气动测量等。显微镜非接触测量参见图 2-4。

受测量力的影响，接触测量的测量精度比非接触测量低。

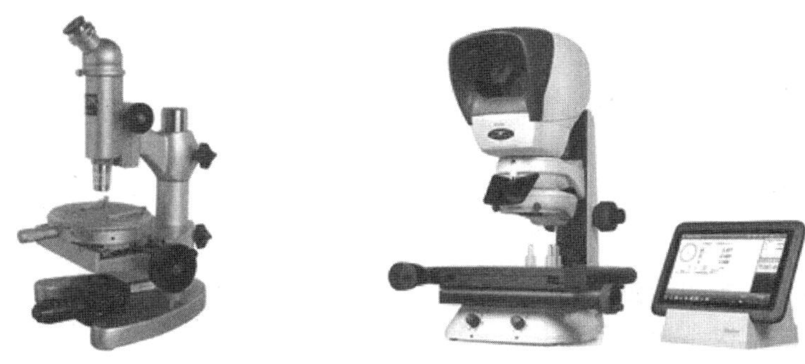

图 2-4　显微镜非接触测量

4. 绝对测量和相对测量

按示值是否为被测几何量的整个量值，可将测量方法分为绝对测量和相对测量。

（1）绝对测量。指测量读数可直接表示出被测量的全值。如用千分尺测量轴径尺寸等称为绝对测量。

（2）相对测量。指测量读数仪表示被测量相对于已知标准量的偏差值，故又称比较测量。相对测量的测量精度比绝对测量高。

5. 单项测量和综合测量

按零件被测部位参数的多少，可将测量方法分为单项测量和综合测量。

（1）单项测量。指分别测量零件的各个参数。例如，分别测量齿轮的齿厚、齿距偏差、螺纹中径测量等。

（2）综合测量。指同时测量零件几个相关参数的综合效应或综合参数。例如，光滑极限量规（通规止规）、螺纹量规、检验样板等的综合测量。综合测量方法详见第3章。

6. 主动测量和被动测量

按技术测量在生产加工工艺中所起的作用，可将测量方法分为主动测量和被动测量。

（1）主动测量。指在加工过程中进行的测量，又称为在线测量。主动测量可以直接用来控制零件的加工过程，能及时防止废品的产生。

（2）被动测量。又称“死尸检验”，用于加工完成后的合格性测量。此方法不能防止废品的产生，只能发现和剔除废品进入下一道工序。

7. 等精度测量和不等精度测量

按决定测量结果的全部因素或条件是否改变，可将测量方法分为等精度测量和不等精度测量。一般情况下大多采用等精度测量，不等精度测量只用于重要的高精度测量。

（1）等精度测量。是指在测量条件（包括测量仪器、测量人员、测量方法及环境条件等）不变的情况下，对某一被测几何量进行的多次测量。

（2）不等精度测量。指在测量过程中，全部或部分因素和条件发生改变。

对具体的一个测量过程，可能同时兼有几种测量方法的特征。例如，用机械接触式三坐标测量机测量工件的轮廓度，则同属于直接测量、接触测量、在线测量、动态测量等。因此，测量方法的选用应考虑被测对象的结构特点、被测部位的精度要求及生产批量、技术条件、经济效益等。目前，测量技术正朝向加工和测量紧密结合的动态测量和在线测量发展。

2.3.3 测量器具的选择

1. 选择依据

不能毫无道理地在测量中拔高选用昂贵的或精密的量具量仪，而应使用容易操作、精度适当、经济适用的测量器具来满足具体生产中检验所要求的精度。例：长度尺寸为（50 ±0.15）mm 时，使用游标卡尺测量比用千分尺更合适，一般不会麻烦到去使用坐标测量机。

选择测量器具的主要依据：一般来说，器具的选择主要取决于被测工件的精度要求，在保证精度要求的前提下，也要考虑尺寸大小、结构形状、材料与被测表面的位置，同时也要考虑工件批量、生产方式和生产成本等因素。

对批量大的工件，多用专用测量器具；对单件小批工件，则多用通用测量器具。

2. 绝对测量中的测量器具选用

对于绝对测量来说，要求测量器具的测量范围要大于被测量的量的大小，但不能相差太大。如果用测量范围大的测量器具测量小型工件，不仅不经济，操作也不方便，而且测量精度难以保证。用于进行绝对测量的万分尺外观参见图 2-5。

3. 比较测量中的测量器具选用

对于比较测量来说，测量器具的示值范围一定要大于被测件的参数公差值。

（1）在测量形状误差时，测量器具的测量头要做往复运动，因此要考虑回程误差的影响。当工件的精度要求高时，应当选择灵敏度高、回程误差小的高精度测量器具。

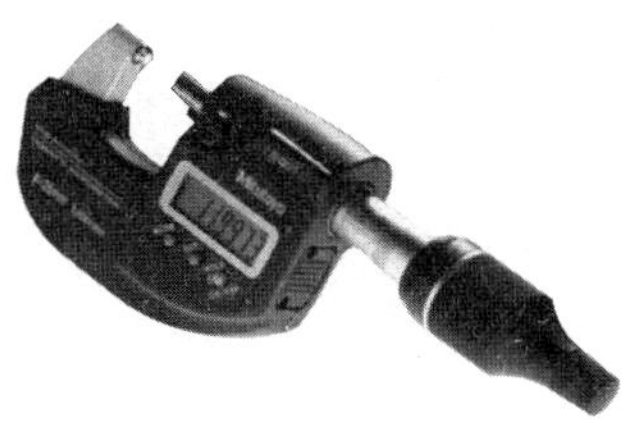

图 2-5　万分尺

（2）对于薄型、软质、易变形的工件，应当选用测量力小的测量器具。

（3）对于粗糙的表面，尽量不使用精密的测量器具去测量。被测表面的表面粗糙度值要小于或等于测量器具测量面的表面粗糙度值。

（4）在单件或小批量生产中应选用通用（万能）测量器具，而大批量生产则应优先考虑各种极限量规等专用测量器具。

2.4　检测用具的使用常识

2.4.1　测量器具的精度保持

1. 测量器具的基本要求

测量器具的精度保持性和使用寿命，与计量检修、操作者的正确使用维护密切相关。

（1）测量器具的选用要求。参见 2.3.3 测量器具的选用。

（2）测量器具的计量要求。测量器具的正确使用，应遵循测量器具的保养、检修、鉴定等计量计划要求，定期送计量部门检验鉴定，确保所用量具检具的精度、灵敏度和准确度。

（3）测量器具的维护要求。测量器具在使用过程中应轻拿轻放、保持清洁，应注意防锈、防磁、防震，使用完毕后擦拭干净并涂防护油，按各器具的规范要求摆放，做到合理存放保管，保持使用寿命。

2. 测量器具的维护保养

正确地使用精密量具是保证产品质量的重要条件之一。要保持量具的精度和它工作的可靠性，除了在使用中要按照合理的使用方法进行操作以外，还必须做好量具的维护和保养工作。

（1）测量前应把量具的测量面和零件的被测量表面都揩拭干净，以免因有脏物存在而影响测量精度。用精密量具（如游标卡尺、百分尺和百分表等）去测量锻铸件毛坯，或带有研磨剂（如金刚砂等）的表面是错误的，这样易使测量面很快磨损而失去精度。

（2）量具在使用过程中，不要和工具、刀具（如锉刀、榔头、车刀和钻头等）堆放在一起，以免碰伤量具；也不要随便放在机床上，以免因机床振动而使量具掉下来损坏。尤其是游标卡尺等，应平放在专用盒子里，免使尺身变形。

（3）量具是测量工具，绝对不能作为其他工具的代用品。例如，拿游标卡尺画线，拿百分尺当榔头，拿钢直尺当起子旋螺钉，以及用钢直尺清理切屑等都是错误的。把量具当玩具，如把百分尺等拿在手中任意挥动或摇转等也是错误的，易使量具失去精度。

（4）温度对测量结果影响很大，零件的精密测量一定要使零件和量具都在 20℃ 的情况下进行测量。一般可在室温下进行测量，但必须使工件与量具的温度一致，否则会由于金属材料的热胀冷缩的特性，而使测量结果不准确。

（5）温度对量具精度的影响亦很大，量具不应放在阳光下或床头箱上，因为量具温度升高后，也量不出正确尺寸。更不要把精密量具放在热源（如电炉、热交换器等）附近，以免使量具受热变形而失去精度。

（6）不能把精密量具放在磁场附近，如磨床的磁性工作台上，以免使量具感磁。

（7）发现精密量具有不正常现象，如量具表面不平、有毛刺、有锈斑以及刻度不准、尺身弯曲变形、活动不灵活等等时，使用者不能自行拆修，更不允许自行用榔头敲、锉刀锉、砂布打光等粗糙办法修理，以免反而增大量具误差。使用者应当主动送计量站检修，并经检定量具精度后才能继续使用。

（8）量具使用后，应及时揩拭干净，除不锈钢量具或有保护镀层者外，金属表面应涂上一层防锈油，并放在专用的盒子里，保存在干燥的地方，以免生锈。

（9）精密量具应实行定期检定和保养，长期使用的精密量具要定期送计量站进行保养和检定精度，以免因量具的示值误差超差而造成产品质量事故。

以下简单介绍常见检测用具的使用基本常识（详细使用方法请参照相关使用说明书）。

2.4.2 测量用基础（基准）工具

1. 平板

（1）平板的类型。

按材质不同，平板有钢制、铸铁和石材三类平板。

① 钢制平板。其韧性好，一般用于冷作放样或样板修整。

② 铸铁平板。其精度稳定性好，除具有钢制平板用途外，经压砂后可作研磨工具。

③ 石材平台类。其工作表面在使用中保养维护简便，材质稳定，受温度影响较小，机械精度高（防锈、防磁、绝缘），但湿度高时易变形。石材平板适用于直角检测、平面检测、高度测量、机床机械检验测量及画线基准等各种检验工作精度测量。例如，花岗石平台适用于检查零件的尺寸精度或形位偏差，并作精密画线及一般画线等各种检验工作的精度测量用基准平面。

（2）平板的精度。

大理石平板共有（000，00，0，1）四个精度等级，铸铁平板共有（000，00，0，1，2，3）六个精度等级。在机械加工制造中多用铸铁平板。

一般的机械加工常用平板的级别为0，1，2，3四个精度等级，其中0，1，2级平板一般做检验用，3级平板多作画线使用。

检验用工作平板（平台）适合于各种检验工作和精密测量，基础平面常与平尺、方箱、V形架（铁）、弯板、直角尺、圆柱角尺等工具配合使用。

几种不同用途的平板（平台）外观形状见图2-6。

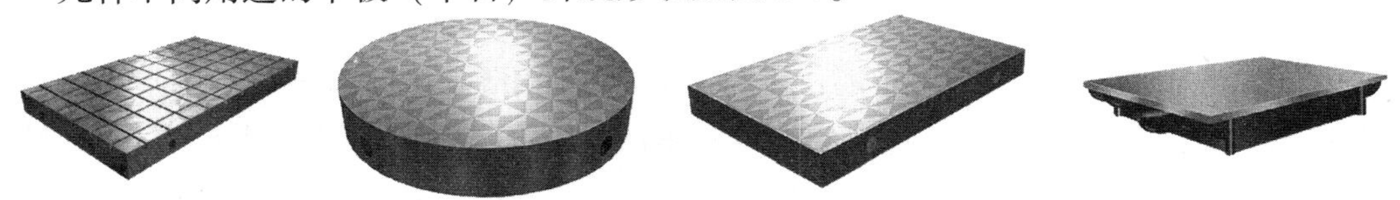

图2-6 平板（平台）外观

（3）平板的放置要求。

平板应安放平稳，一般用三个支承点调整水平面。大平板增加的支承点须垫平垫稳，但不可破坏水平。平板受力须均匀，以减少自重引起的变形。平板放置示意见图2-7。

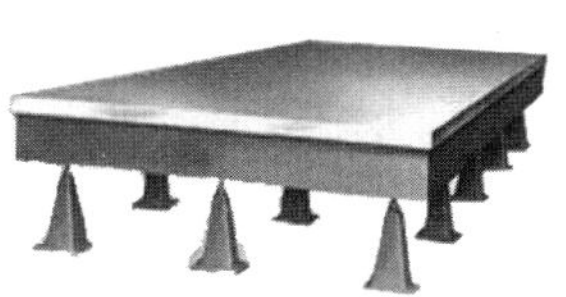

图2-7 平板放置示意

（4）平板使用的基本要求。

平板在使用中，应避免某一局部使用过于频繁而使局部磨损过多，避免划痕和碰伤等现象；使用中被测工件的基准面必须要与平板的工作面贴合；应避免热源的影响和酸碱的腐蚀；平板不宜承受冲击、重压或长时间堆放物品。

2. 方箱、角铁、V形架

方箱、角铁（弯板）、V形架等是机械制造和修理过程中的必要工具，与平台配合使用，是检验机械零部件尺寸精度、形位偏差、各种机床机械的检验测量以及各种画线等的主要工具。因方箱、角铁、V形架通常与平台配合使用，故也称作平台附件。

方箱精度分为1级、2级、3级，一般1级、2级为检验用，3级为画线用。方箱、角铁、V形架等也有不同的规格尺寸，可根据被测件的形状和测量位置需要等匹配选用。

方箱、角铁、V形架的外观形状见图2-8。

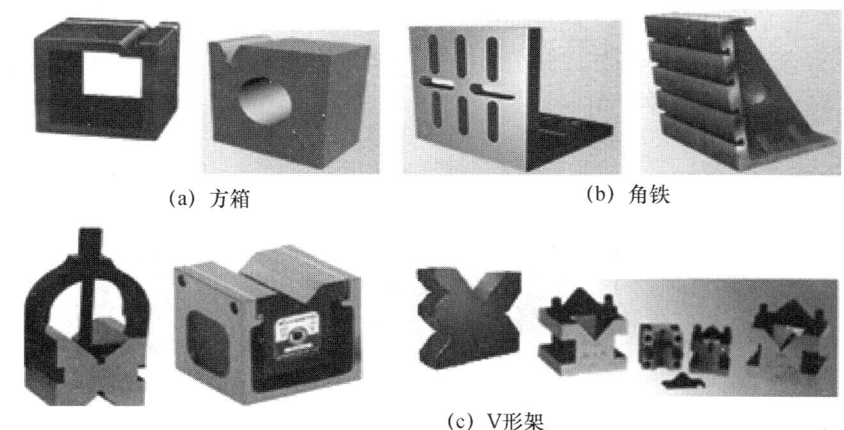

(a) 方箱　(b) 角铁

(c) V形架

图2-8 方箱、角铁、V形架

3. 垫铁、平台调整螺栓、千斤顶

垫铁、平台调整螺栓、千斤顶等主要是将工件（或部件、平台等）的被测部位（或使用部位）调整找平后便于测量或操作。常用的垫铁类型有平垫铁、阶梯垫铁、角度垫铁、调整垫铁等。千斤顶、平台调整螺栓、垫铁外观形状见图2-9。

4. 多面棱体、测角仪

金属多面棱体是一种高精度标准器具，它主要用于检定角度测量，如光学分度头、分度台、测角仪等圆分度仪器的分度误差，在高精度的机械加工或测量中也可以作为角度的定位基准。它分为偶数面和奇数面两种，前者的工作角为整度数，用于检定圆分度器具轴系的大周期误差，还可以进行对径测量；而后者的工件角为非整度数，可综合检定圆分度器具轴系的大周期误差和测微器的小周期误差，能较正确地确定圆分度器具的不确定度。

(a) 千斤顶　(b) 平台调整螺栓

(c) 阶梯垫铁　(d) 等高垫铁　(e) 调整垫铁　(f) 角度垫铁

图 2-9　千斤顶、平台调整螺栓、垫铁

周边上装有光学反射镜的组合式多面棱体，是具有准确夹角的正棱柱形量规。它的测量面具有良好的光学反射性能。测量面数一般为 8，12，24 和 36 等，最多可达 72 面。常用于检定角度的测量工具，例如光学分度头、回转工作台、多尺分度台等，检定时，利用自准直仪读数。多面棱体及测角仪见图 2-10。

(a) 多面棱体　(b) 测角仪

图 2-10　多面棱体及测角仪

多面棱体具有封闭圆周角的特性，不需要与角度基准比较，而用两个自准直仪利用全组合法测量和计算出各夹角的偏差值，使用时加以修正，就可以得到更高的测量精度。

5. 量块

(1) 量块的适用范围。

量块旧称块规，是无刻度的平面平行端面量具。其广泛用于量具、精密仪器的校正、调整、测量等。量块的外观见图 2-11。

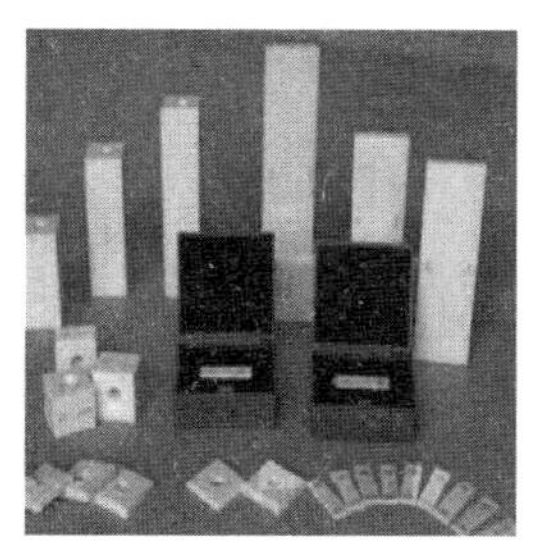
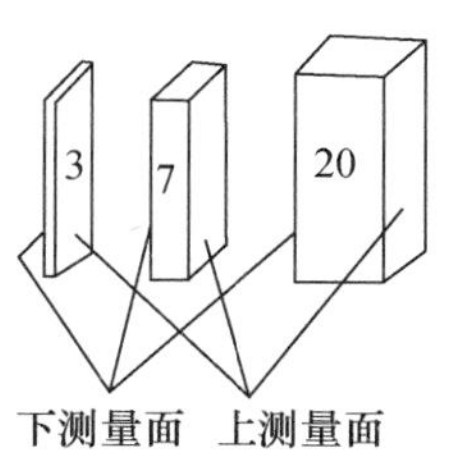

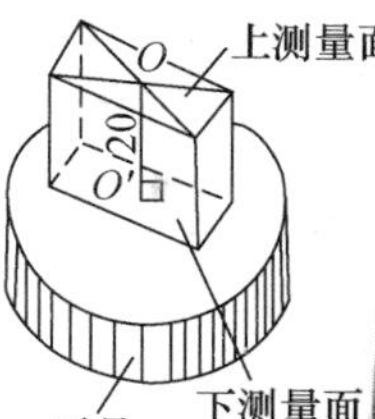

图 2-11　量块外观

量块是按一定尺寸组成套（盒）供应的，组合尺寸规格见表 2-2。

表 2-2　成套量块的尺寸及量块组合方法

成套量块的尺寸（摘自 GB/T6093—2001）						量块组合方法
序	总块数	级别	尺寸系列/mm	间隔/mm	块数	
1	83	0，1，2	0.5	—	1	28.785
			1	—	1	− 1.005 …量块组合尺寸
			1.005	—	1	27.78 …第一块量块尺寸
			1.01，1.02，…，1.49	0.01	49	− 1.28 …第二块量块尺寸
			1.5，1.6，…，1.9	0.1	5	26.50 …第三块量块尺寸
			2.0，2.5，…，9.5	0.5	16	− 6.5 …第四块量块尺寸
			10，20，…，100	10	10	20

(2) 量块的特点。

量块上、下测量面极为光滑、平整，具有黏合性。材料的线膨胀系数小，性能稳定，耐磨，不易变形。

(3) 量块的精度等级。

① 量块分级。按制造精度分 6 级，即 00 级、0 级、K 级、1 级、2 级、3 级。从 00 级至 3 级精度依次降低。量块分级见图 2-12。

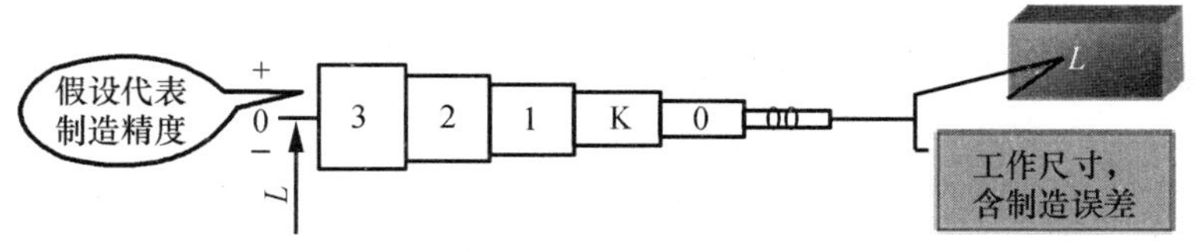

图 2-12　量块分级

② 量块分等。量块按检测时的测量精度分为 6 等：1，2，3，4，5，6，从 1 至 6 精度依次降低。

③ 量块的组合原则。以最少量块数组成所需要的尺寸，以减少量块组合的累计误差。

例如，从 83 块一套的量块（组成如表 2-3 所示）中组合尺寸 28.785 mm 的量块组，可分别选用：1.005 mm，1.28 mm，6.5 mm 和 20 mm 等四块量块，见图 2-13。

表 2-3　角套 83 块的量块

测量范围	读数值	可测深度
尺寸范围/mm	间隔/mm	小计/块
1.01～1.49	0.01	49
1.5～1.9	0.1	5
2.0～9.5	0.5	16
10～100	10	10
1	/	1
0.5	/	1
1.005	/	1

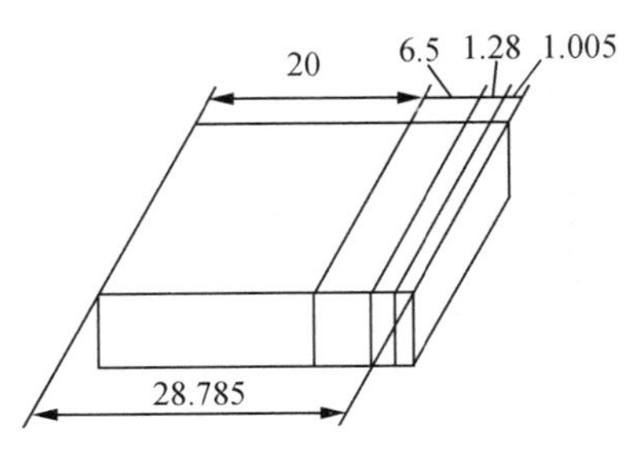

图 2-13　组合尺寸的量块组

④ 量块的组合方法。选用量块时，应从所需组合尺寸的最后一位数开始，每选一块至少应减去所需尺寸的一位尾数。

典型示例，标称长度为 30 mm 的 0 级量块，其长度的极限偏差为 ±0.000 20 mm。若按“级”使用，不管该量块的实际尺寸如何，均按 30 mm 计，则引起的测量误差就为 ±0.000 20 mm。但是，若该量块经过检定后，确定为 3 等，其实际尺寸为 30.000 12 mm，则测量极限误差为 ±0.000 15 mm。显然，按“等”使用，即按尺寸为 30.000 12 mm 使用的测量极限误差为 ±0.000 15 mm，比按“级”使用测量精度高。

（4）量块组合使用的原则。

① 为了减少量块的组合误差，应尽量减少量块组的量块数目。通常，总块数不应超过四块。选用量块时应从消去需要数字的最小尾数开始，逐一选取。

② 量块使用时应研合。即将量块沿着它的测量面的长度反向，先将端缘部分测量面接触，使之初步产生黏合力；然后将任一量块沿着另一个量块的测量面按平行方向推滑前进；最后达到两测量面彼此全部研合在一起。

③ 正常情况下，在研合过程中，手指能感到研合力，两量块不必用力就能贴附在一起。如果研合力不大，可在推进研合时稍加一些力使其研合。推合时不得使用强力，特别是在使用小尺寸的量块时更应该注意，以免使量块扭弯和变形。

④ 如果量块的研合性不好，研合有困难时，可以将任意一量块的测量面上滴一点汽油，使量块测量面上沾有一层油膜，以此来加强它的黏合力，但不可使用汗手擦拭量块测量面。量块使用完毕后应立即用煤油清洗。

⑤ 量块研合的顺序。一般为：先将小尺寸量块研合，再将研合好的量块与中等尺寸量块研合，最后与大尺寸量块研合。

2.4.3　直接测量工具

1. 平尺、刀口尺的使用

平尺包括平行平尺、桥形平尺、工字形平尺、矩形平尺、角度平尺以及机床导轨专用平尺等，主要用于工作台的精度检测、精密部件测量、刮研工艺等，是精密测量的基准。

刀口尺用于检测平板、机床工作台、导轨和精密工件的平面度、直线度。刀口尺以光隙法进行直线度测量和平面度测量，也可与量块一起，用于检验长度尺寸（测量前，用量块组成两组尺寸，一组等于凸台高度尺寸公差的最大极限尺寸，另一组等于其最小极限尺寸）。

平尺、刀口尺使用时不得被碰伤，应确保棱边的完整性。手应握持绝热板部分，避免温度影响精度以及产生锈蚀。

测量前，应检查尺的测量面不得有划痕、碰伤、锈蚀等缺陷；表面应清洁光亮。一般应按不同装配要求对应选择不同精度的平尺。

平尺、刀口尺等的工作面不应有锈蚀、斑痕、鳞片、凹坑、裂缝以及其他缺陷，尤其是平尺应无磁性。

平尺、刀口尺的外观见图 2-14。

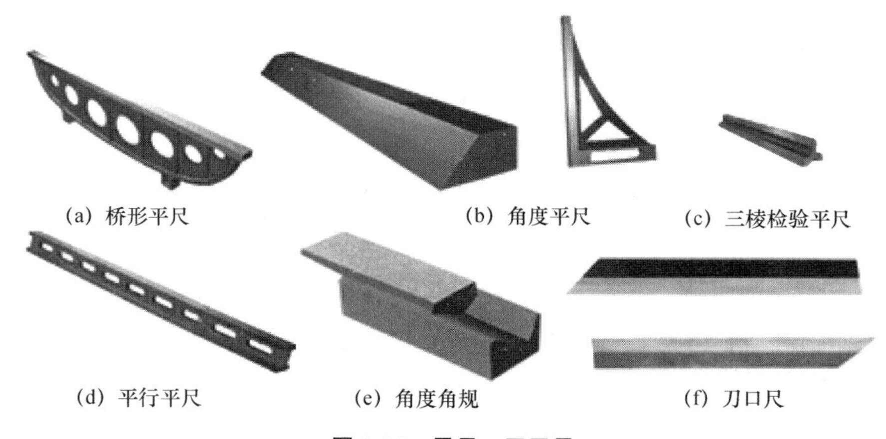

(a) 桥形平尺　(b) 角度平尺　(c) 三棱检验平尺

(d) 平行平尺　(e) 角度角规　(f) 刀口尺

图 2-14　平尺、刀口尺

2. 塞尺的用途

(1) 塞尺简介。

塞尺又称厚薄规或间隙片，主要用来检验机床特别紧固面和紧固面、活塞与气缸、活塞环槽和活塞环、十字头滑板和导板、进排气阀顶端和摇臂、齿轮啮合间隙等等两个结合面之间的间隙大小。常用的塞尺外观及用塞尺检验机床尾座紧固面的间隙（<0.04 mm）见图 2-15 示意。

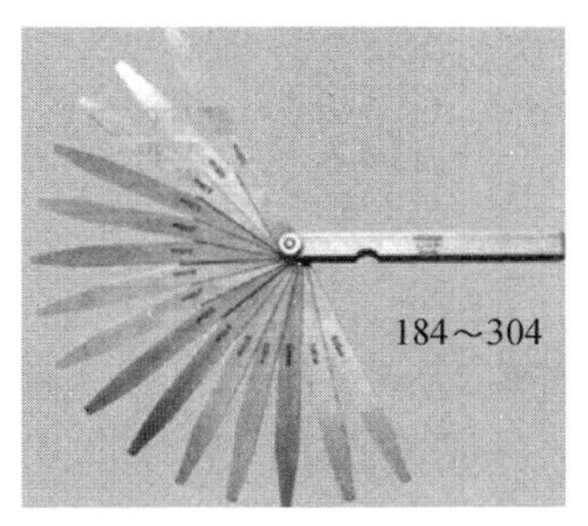

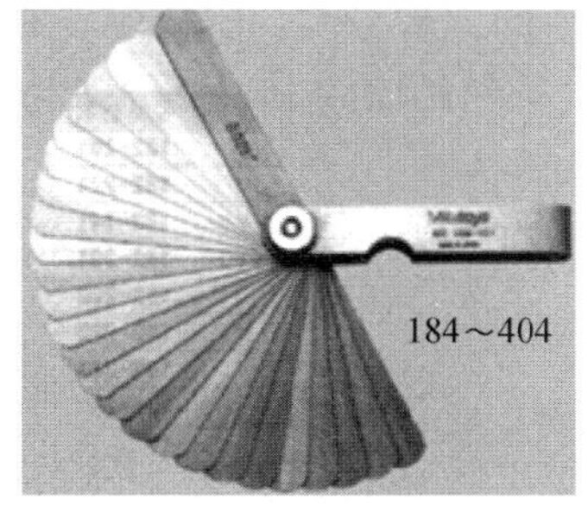

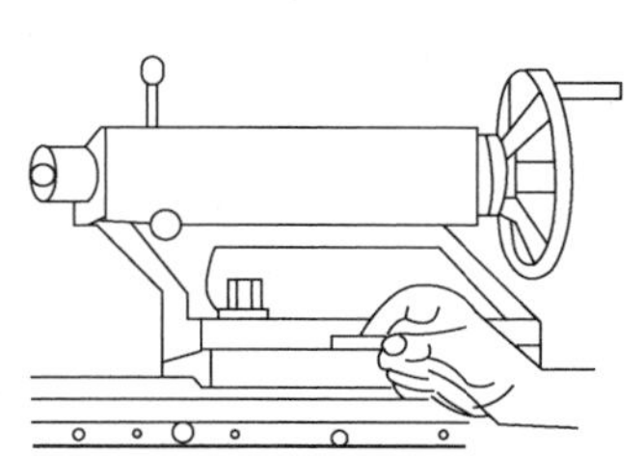

图 2-15　塞尺外观、用塞尺测量机床尾座紧固面的间隙

(2) 塞尺使用注意事项。

① 测量时，应先用较薄的一片塞尺插入被测间隙内，若仍有空隙，则挑选较厚的依次插入，直至不松不紧恰好塞进，则该片塞尺的厚度为被测间隙尺寸。若没有所需厚度的塞尺，可取若干片塞尺重叠代用，被测间隙即为各片塞尺尺寸之和，但测值结果误差

较大。

例如，用0.03 mm的一片能插入间隙，而0.04 mm的一片不能插入间隙，则说明间隙为0.03～0.04 mm，所以塞尺也是一种界限量规。

② 塞尺的测量精度一般为0.01 mm，根据结合面的间隙情况选用塞尺片数，但片数愈少愈好。

③ 由于塞尺很薄，容易折断和折皱，故测量时不能用力太大，以免塞尺遭受弯曲和折断；使用后应在表面涂以防锈油，并收回到保护板内。

④ 塞尺的测量面不应有锈迹、划痕、折痕等明显的外观缺陷。

⑤ 不能测量温度较高的工件。

3. 钢直尺的使用

钢直尺是最简单的长度量具，主要用于测量零件的长度尺寸，长度有150 mm、300 mm、500 mm和1000 mm四种规格。

由于钢直尺的刻线间距为1 mm，而刻线本身的宽度就有0.1～0.2 mm，所以测量时读数误差比较大，它的测量结果不太准确。即它的最小读数值为1 mm，比1 mm小的数值，只能估计得出。钢直尺的使用见图2-16。

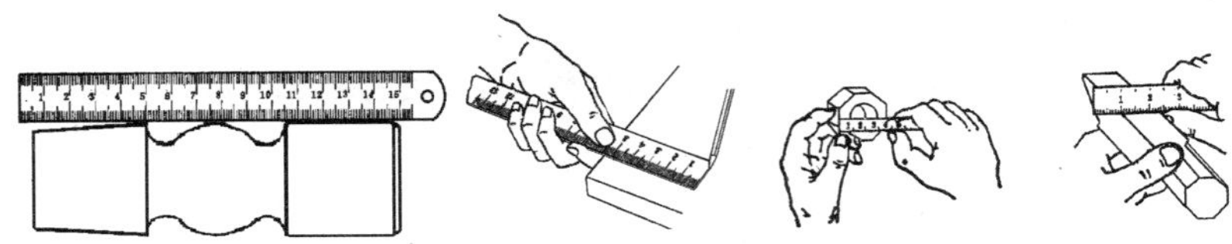

图2-16 钢直尺的使用

如果用钢直尺直接去测量零件的直径尺寸（轴径或孔径），则测量精度更差。其原因是：除了钢直尺本身的读数误差比较大以外，还由于钢直尺无法正好放在零件直径的正确位置。所以，零件直径尺寸的测量，也可以利用钢直尺和内外卡钳配合起来进行。

4. 内外卡钳的使用

（1）内外卡钳简介。

① 用途。内外卡钳是最简单的比较量具，其形状见图2-17。外卡钳是用来测量外径和平面的，内卡钳是用来测量内径和凹槽的。

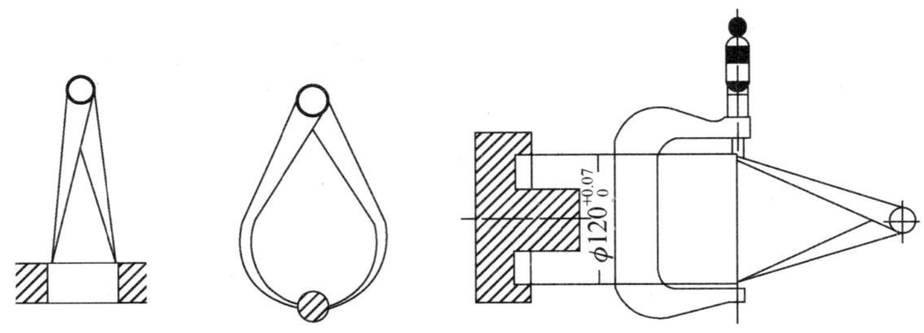

图2-17 内外卡钳及内卡搭百分尺测量

② 适用范围。卡钳是一种简单的量具，由于它具有结构简单、制造方便、价格低廉、维护和使用方便等特点，故广泛应用于要求不高的零件尺寸的测量和检验。尤其是对锻铸件毛坯尺寸的测量和检验，卡钳是最合适的测量工具。

③ 示例。如图 2-17 示意的“内卡搭百分尺”测量，是利用内卡钳在外径百分尺上读取准确的尺寸，再去测量零件的内径；或内卡在孔内调整好与孔接触的松紧程度，再在外径百分尺上读出具体尺寸。这种测量方法，不仅在缺少精密的内径量具时是测量内径的好办法，对于图示零件的内径，由于它的孔内有轴而使用精密的内径量具有困难，故应用内卡钳搭外径百分尺测量内径方法就能解决问题。

（2）卡钳使用注意事项。

① 卡钳开度的调节。钳口形状对测量精确性影响大，故应首先注意经常修整钳口的形状，再用两手把卡钳调整到和工件尺寸相近的开口，然后轻敲卡钳的外（内）侧来减小（增大）卡钳的开口；但不能直接敲击钳口，这会因卡钳的钳口损伤量面而引起测量误差，更不能在机床的导轨上敲击卡钳。

② 外卡钳的使用。外卡钳在钢直尺上取下尺寸时（参考图 2-17）一个钳脚的测量面靠在钢直尺的端面上，另一个钳脚的测量面对准所需尺寸刻线的中间，且两个测量面的连线应与钢直尺平行，人的视线要垂直于钢直尺。用外卡钳测量外径，就是比较外卡钳与零件外圆接触的松紧程度，以卡钳的自重能刚好滑下为合适。

③ 内卡钳的使用。用内卡钳测量内径时，应使两个钳脚的测量面的连线正好垂直相交于内孔的轴线，即钳脚的两个测量面应是内孔直径的两端点。当沿孔壁圆周方向能摆动的距离为最小时，则表示内卡钳脚的两个测量面已处于内孔直径的两端点了。再将卡钳由外至里慢慢移动，可检验孔的圆度公差。

④ 技巧。用已在钢直尺上或在外卡钳上取好尺寸的内卡钳去测量内径，如果内卡钳在孔内有较大的自由摆动时，就表示卡钳尺寸比孔径内小了；如果内卡钳放不进，或放进孔内后紧得不能自由摆动，就表示内卡钳尺寸比孔径大了；如果内卡钳放入孔内，按照上述的测量方法能有 1～2 mm 的自由摆动距离，则此时孔径与内卡钳尺寸正好相等。

⑤ 要求。测量时不能用手抓住卡钳测量，因为手感没有了就难以比较内卡钳在零件孔内的松紧程度，并使卡钳变形而产生测量误差。

2.4.4　角度量具

1. 直角尺的使用与保养

（1）常用直角尺。其精度为：00 级和 0 级直角尺一般用于检验精密量具；1 级直角尺用于检验精密工件；2 级直角尺用于检验一般精度工件。

（2）直角尺使用前，应先检查各工作面和边缘是否被碰伤。角尺的长边的左、右面和短边的上、下面都是工作面（即内、外直角）。将直尺工作面和被检工作面擦净。

（3）使用直角尺时，将直角尺靠放在被测工件的工作面上，用光隙法鉴别工件的角度是否正确。

（4）为获得精确测量结果，一般将直角尺翻转 180°再测量一次，取两次读数算术平均值为其测量结果，可消除角尺本身的偏差。

（5）使用角度尺的过程中应注意轻拿、轻靠、轻放，防止弯曲变形；使用后应擦拭干净并涂防锈油，置于角尺匣内。常用角度尺的外观结构见图 2-18。

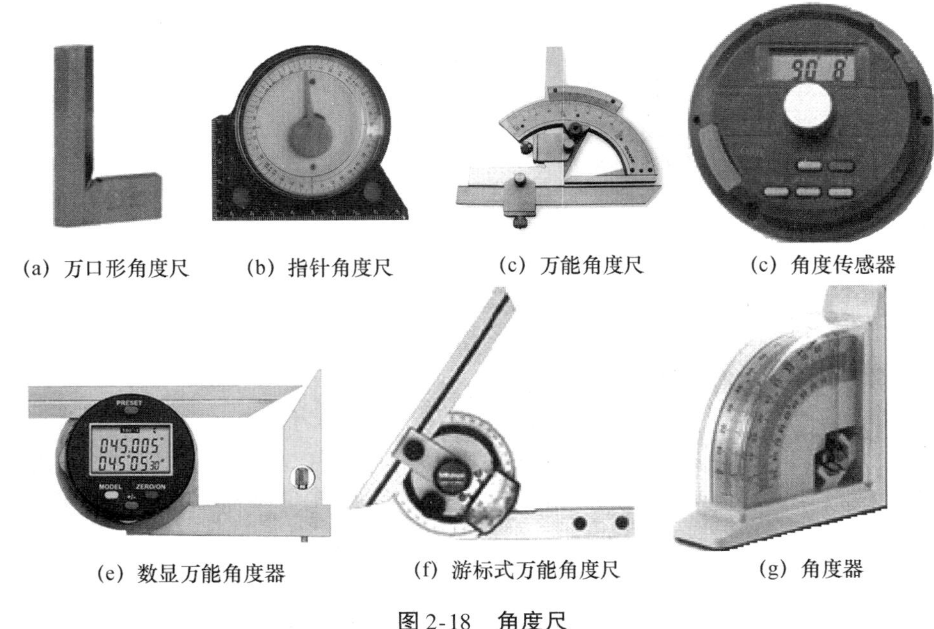

(a) 万口形角度尺　(b) 指针角度尺　(c) 万能角度尺　(c) 角度传感器

(e) 数显万能角度器　(f) 游标式万能角度尺　(g) 角度器

图 2-18　角度尺

2. 万能（游标）角度尺的使用与保养

（1）万能（游标）角度尺简介。

① 类型。万能角度尺又称为角度规、游标角度尺和万能量角器，是利用游标读数原理，直接测量精密零件内外角度或对工件进行角度画线的一种角度量具。

② 读数方法。万能角度尺的扇形板可在尺座上回转移动，从而形成和游标卡尺相似的游标读数机构，即先读出游标零线前的角度是几度，再从游标上读出角度“分”的数值，两者相加就是被测零件的角度数值。

③ 精度。游标量角器的直尺可顺其长度方向在适当的位置上固定，转盘上有游标刻线。它的精度为 5′。

（2）万能（游标）角度尺的基本使用方法。

① 使用前，先将角度尺擦拭干净，再检查各部件的相互作用是否移动平稳可靠、止动后的读数是否稳定，然后对零位。

② 万能角度尺调零位时，将角尺与直尺均装上，而角尺的底边及基尺与直尺无间隙接触，此时主尺与游标的“0”线对准。调整好零位后，通过改变基尺、角尺、直尺的相互位置可测试 0～320°范围内的任意角。

③ 测量时，放松制动器上的螺帽，移动主尺座作粗调整，再转动游标背面的手把作精细调整，直到使角度尺的两测量面与被测工件的工作面密切接触为止；然后拧紧制动器上的螺帽加以固定，即可进行读数。

④ 测量完毕后，应用汽油把万能角度尺洗净，用干净纱布仔细擦干，涂以防锈油，然后装入匣内。万能角度尺、游标式万能角度尺的使用示例见图 2-19。

3. 组合角尺的使用

（1）组合角尺简介。

组合角尺的外形结构及测量见图 2-20。组合角尺又称万能角尺、万能钢角尺、万能角度尺，主要用于测量一般的角度、长度、深度、水平度以及在圆形工件上定中心等。

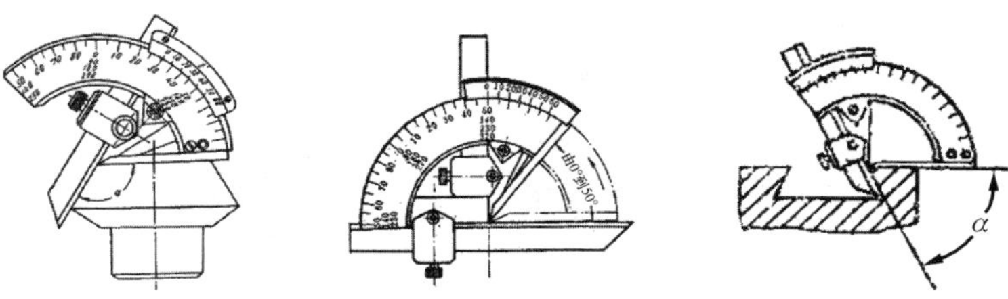

图 2-19 万能（游标）角度尺的使用

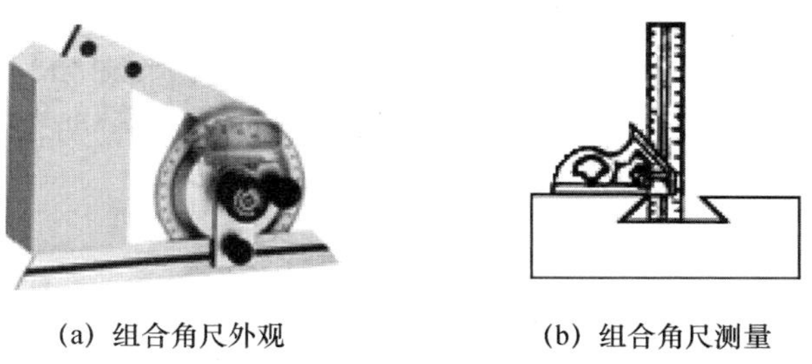

(a) 组合角尺外观 (b) 组合角尺测量

图 2-20 组合角尺及测量

(2) 组合角尺的组成结构。

组合角尺由钢尺、活动量角器、中心角规及固定角规四部分组成，见图 2-21。

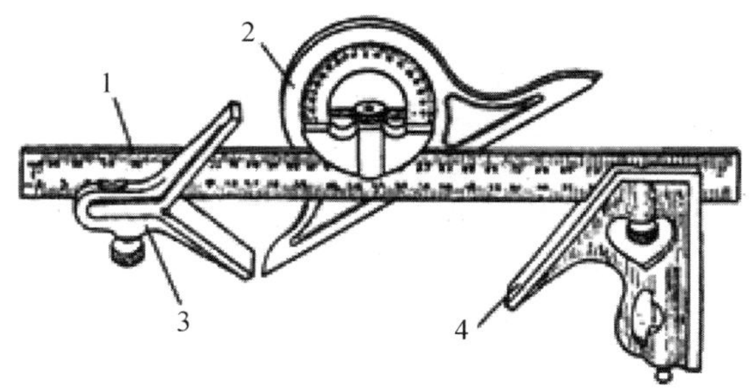

图 2-21 组合角尺的组成结构

1—钢尺；2—活动量角器；3—中心角规；4—固定角规

① 钢尺。钢尺是组合角尺的主件，使用时与其他附件配合。钢尺正面刻有尺寸线，背面有一条长槽，用来安装其他附件。

② 活动量角器。活动量角器上有一转盘，盘面刻有 0～180°的刻度，中间是水准器。把量角器装上钢尺以后，扳成测量所需的角度即可量出 0～180°范围内的任意角度。

③ 中心角规。中心角规的两条边呈 90°。装上钢尺后的尺边与钢尺呈 45°角，可用来求出圆形工件的中心。

④ 固定角规。固定角规有一长边，装上钢尺后呈 90°角，另一斜边与钢尺呈 45°角，在长边的一端插一根划针作画线用。

4. 带表角度尺

带表角度尺的外形结构见图 2-22。它用于测量任意角度，测量精度比一般角度尺高。带表角度尺的测量范围为 4 ×90°；读数值为 2′，5′；0～360°，分度值为 5′。

图 2-22　带表角度尺

5. 中心规

中心规主要用于检验螺纹及螺纹车刀角度以及在螺纹车刀安装时校正正确位置。对于三角螺纹，刀齿的齿形要求对称和垂直于工件轴心线，即两半角相等。安装时可用中心规对刀，也可校验车床顶针的准确性。中心规的规格有 55°和 60°两种。中心规用于对刀示例见图 2-23。

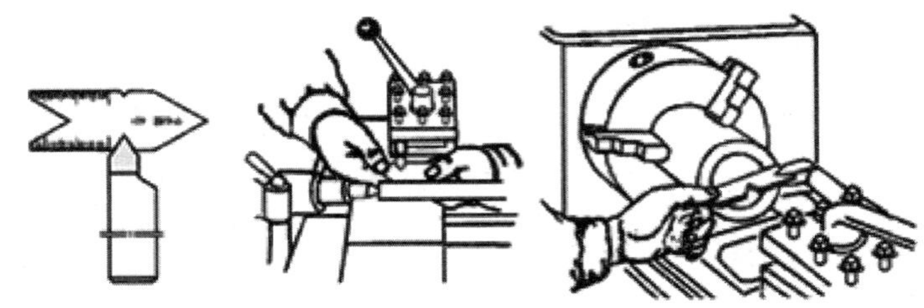

图 2-23　使用中心规对刀

6. 正弦规

（1）用途。

正弦规是利用三角函数的正弦关系来度量的，故称正弦规或正弦尺、正弦台。其主要用于准确检验零件及量规角度和锥度，一般用于测量小于 45°的角度测量。在测量小于 30°的角度时，正弦规的精确度可达 3″～5″。正弦规的外观结构见图 2-24。

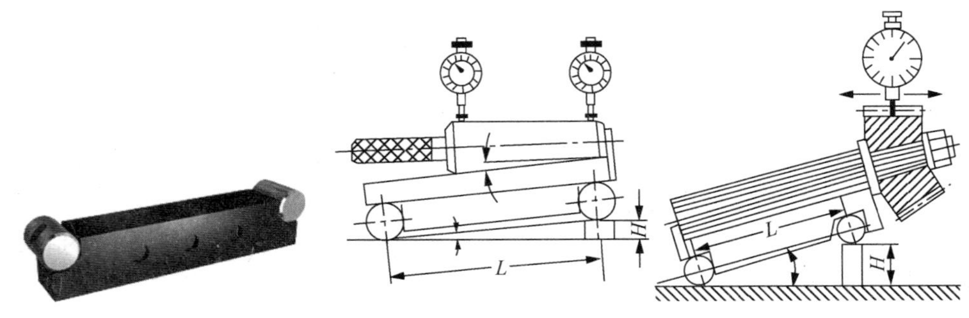

图 2-24　正弦规

（2）结构。

正弦规主要由一个钢制长方体和固定在其两端的两个相同直径的精密圆柱体组成。它是根据正弦规函数原理，利用量块垫其一端，使之倾斜一定角度的检验定位工具。

（3）类型。

正弦规分窄型（宽度 $B=25$mm 或 40 mm）和宽型（$B=80$ mm）两种。正弦规的两个圆柱的中心距的精度很高，既可以用于精密测量，也可作为机床上加工带角度零件的精密定位用。

（4）精度。

利用正弦规测量角度和锥度时，测量精度可达 ±3″～ ±1″，但其不适宜测量大于 40°的角度。正弦规的精度等级有 0 级和 1 级两种，其规格有：100 ×25；100 ×80；200 ×40；200 ×80；300 ×150。

7. 投影式光学分度头

（1）用途。

投影式光学分度头是适用于计量部门的精密角度测量仪器。配上一定的测量附件后，投影式光学分度头可对花键轴、分度板、齿轮轴、凸轮轴等工件进行精密测量。

投影式光学分度头按读数形式分为目镜式、影屏式和数字式三种，其外观见图 2-25。

图 2-25　投影式光学分度头

（2）特点。

投影式光学分度头的主轴采用密植滚珠结构，转动灵活，使用多年后仍能保持原有的精度。其轴系可承载较大的负荷。分度头主轴可以在 90°范围内倾斜，并可在此范围内的任意位置上紧固，倾斜角度可在刻度盘上读出。

2.4.5　游标测微量具

1. 游标卡尺的使用

（1）游标卡尺使用前，应先将量爪和被测工件表面的灰尘、油污等擦拭干净，以免碰伤游标卡尺量爪面，影响测量精度；同时，检查尺框和微动装置移动等是否灵活，紧固螺钉是否能起作用等有相互作用的部位。游标卡尺、长量爪游标卡尺的外观形状见图 2-26。

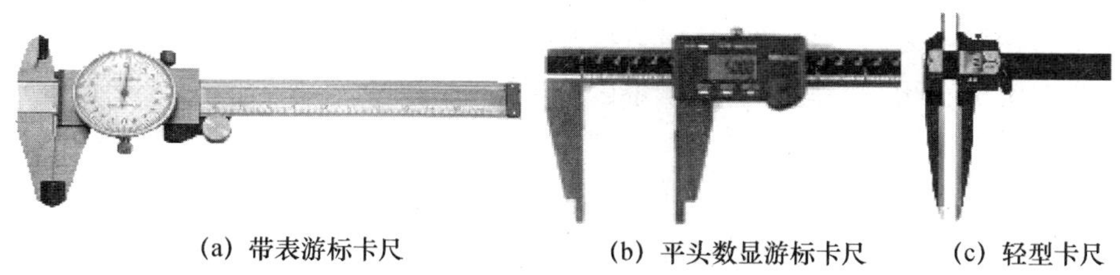

(a) 带表游标卡尺　(b) 平头数显游标卡尺　(c) 轻型卡尺

图 2-26　长度游标卡尺

（2）检查游标卡尺零位。使游标卡尺两量爪紧密贴合，用眼睛观察应无明显的光隙，同时观察游标零刻线与尺身零刻线是否对准，游标的尾刻线与尺身的相应刻线是否对准。

最好把游标卡尺量爪闭合 3 次，观察各次读数是否一致。如果 3 次读数虽然不是零，但 3 次读数完全一样，可把这数值记下来，在测量时作为修正值加以修正。

（3）使用游标卡尺时，要掌握好量爪面同工作表面接触时的压力，应使两个量爪刚好接触零件表面。如果测量压力过大，则不但会使量爪弯曲或磨损，且量爪在压力作用下产生弹性变形，使测量得的尺寸不准确（外尺寸小于实际尺寸，内尺寸大于实际尺寸）。

（4）在使用游标卡尺尾针测量孔深尺寸时，应先在画线平台上校对其尾针位置的准确度，然后进行孔深测量。

（5）在测量读数时，应使游标卡尺水平并朝着亮光方向，使视线尽可能地和尺上所读的刻度线垂直，以避免视线的偏斜而引起读数误差。应在工件的同一位置多次测量，取平均值。移动尺框时，活动要自如，不应有过松或过紧，更不能有晃动现象。在移动尺框时，不要忘记松开固定螺钉，螺钉亦不宜过松以免掉了。

（6）在使用平头游标卡尺测量内径（孔）尺寸时，应先核对零位时的基数值，测量的读数应加上基数值后才是被测量孔的实际尺寸。

（7）测量外部尺寸时，读数后切不可从被测工件上猛力抽出游标卡尺，而应将量爪松开后移出；测量内部尺寸读数时，要使量爪沿着孔的中心线方向滑动，以防止歪斜，否则将使量爪磨损、扭伤、变形或使尺框走动而影响测量精度。

（8）不能用游标卡尺测量运动着的工件，测内孔取出量爪时用力要均匀，并使卡尺沿着孔的中心线方向滑出，不可歪斜而使量爪扭伤；尺身变形和受到不必要的磨损会影响尺框走动，影响测量精度。使用中不得以游标卡尺代替卡钳在工件上来回拖拉，游标卡尺也不能用于画线。

（9）用下量爪的外测量面测量内尺寸时，注意读取测量结果一定要把量爪的厚度加上去才是被测零件的内尺寸。

（10）游标卡尺不能放在磨床的磁性工作台等强磁场附近处，以免使游标卡尺受磁化而影响使用。

（11）使用游标卡尺时，不可用力与工件撞击，以防损坏游标卡尺；游标卡尺使用后，应擦拭干净，平放在专用卡尺盒内。尤其是大尺寸游标卡尺，应特别注意防锈、主尺弯曲变形等。

2. 游标卡尺的类型

各种游标卡尺都存在一个读数不清晰、容易读错的共性问题。现有一些游标卡尺采用无视差结构，有的卡尺装有测微表成为带表卡尺，以便于读数准确；还有带数字显示装置的游标卡尺，在零件表面上量得尺寸时直接数显出来，使用极为方便。

为了便于测量，还有一些专门用于难以测量位置的卡尺，如偏置卡尺、背置量爪型中心线卡尺、长量爪卡尺［也称内（外）凹槽卡尺］、管壁厚度卡尺、可旋转的移动卡爪卡尺（也称旋转型游标卡尺）等，其外形结构见图 2-27。

3. 高度游标卡尺的使用及保养

（1）用途。

高度游标卡尺主要用于测量零件的高度和精密画线。如图 2-28 所示，高度游标卡尺配有双向电子测头的高度游标尺，从而确保了测量的高效性和稳定性，其分辨力为 0.001 mm；同时配有测量及画线功能并带有数据保持与输出功能。

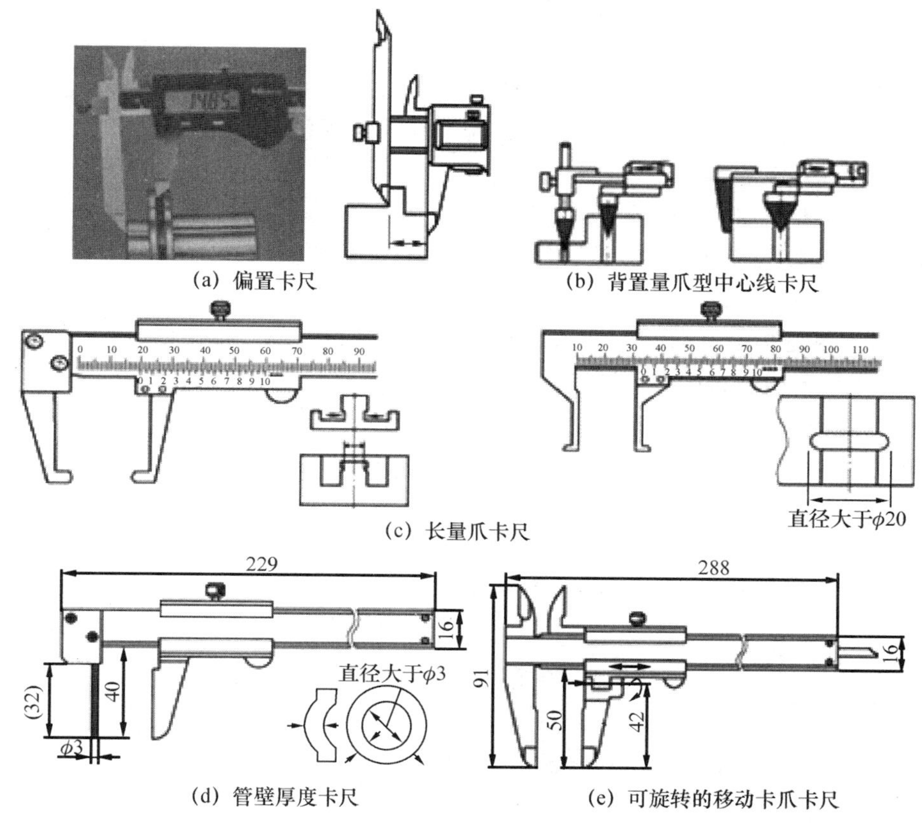

(a) 偏置卡尺　(b) 背置量爪型中心线卡尺

(c) 长量爪卡尺

(d) 管壁厚度卡尺　(e) 可旋转的移动卡爪卡尺

图 2-27　专门用于难测量位置的卡尺

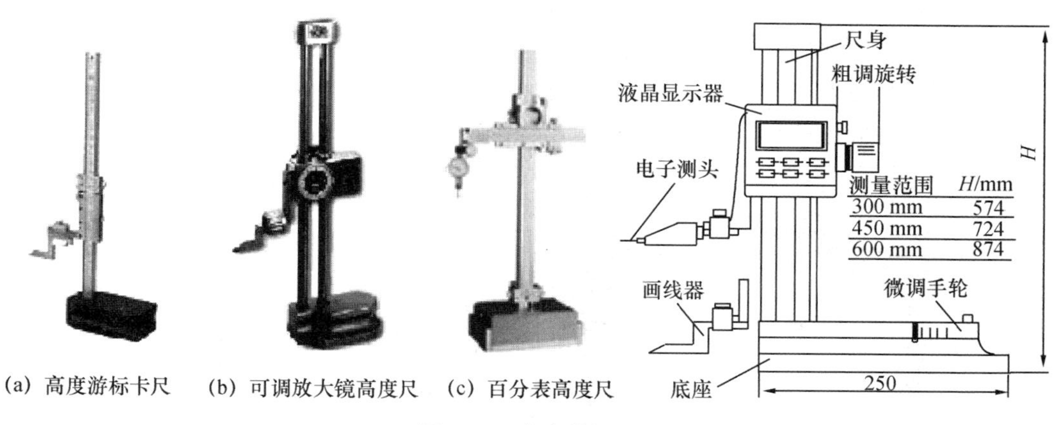

(a) 高度游标卡尺　(b) 可调放大镜高度尺　(c) 百分表高度尺

图 2-28　高度游标尺

高度游标卡尺用于测量时，应在平台上进行；应用画线时，先调好画线高度，用紧固螺钉把尺框锁紧，然后在平台上先调整好再进行画线。

(2) 高度游标卡尺的使用保养参考。

① 在使用前，应检查高度游标卡尺底座工作面是否有毛刺或擦伤，底座工作面和检验用的平板是否清洁，量爪是否完好，连接处是否紧固可靠等。

② 搬动高度游标卡尺时，应握持住底座，不允许只抓住尺身，更不允许只握住游标，

否则容易使尺身变形或使高度游标卡尺跌落。

③ 用高度游标卡尺画线时，先装上画线量爪，按所需画线的高度尺寸调节尺框，并固紧微动装置的紧固螺钉；然后旋动微动螺母，使高度尺寸准确对准所需画线的尺寸，再将尺框紧固后即可进行画线。画线时底座应贴合平台，平稳移动。

④ 高度游标卡尺的保养类同游标卡尺。

用高度游标卡尺在平板上测量高度的方法示例如下：

① 将被测零件的基准面与平板工作面贴合，移动尺框量爪，使卡爪端部与平板接触，检查高度尺的零位是否正确；

② 松开高度游标卡尺的游标框和微调框的紧固螺钉，向下推压游标框，使测量爪移到即将接触被测面时，紧固微调框的紧固螺钉；

③ 调节微调螺母，使测量爪端部接触被测表面，再紧固尺框上的紧固螺钉，即可读得被测高度。

4. 深度游标卡尺

深度游标卡尺的尺身顶端有普通型顶端及钩型顶端。钩型尺身不仅可进行标准的深度测量，还可对凸台阶或凹台阶、阶差深度和厚度进行测量。深度游标卡尺的使用见图2-29。

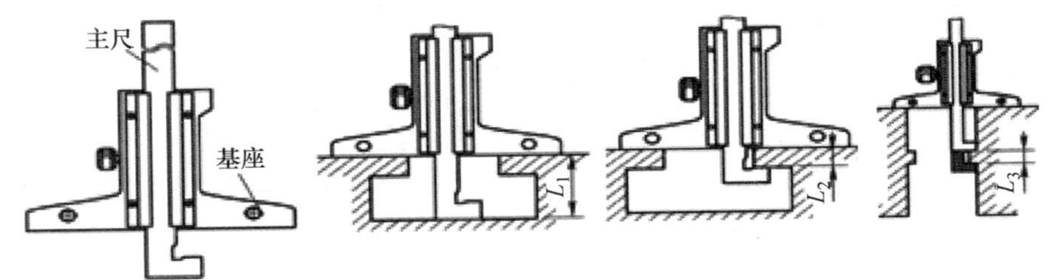

图 2-29　深度游标尺使用

5. 齿厚游标卡尺

齿厚游标卡尺（见图2-30）常用来测量齿轮（或蜗杆）的弦齿厚和弦齿顶。

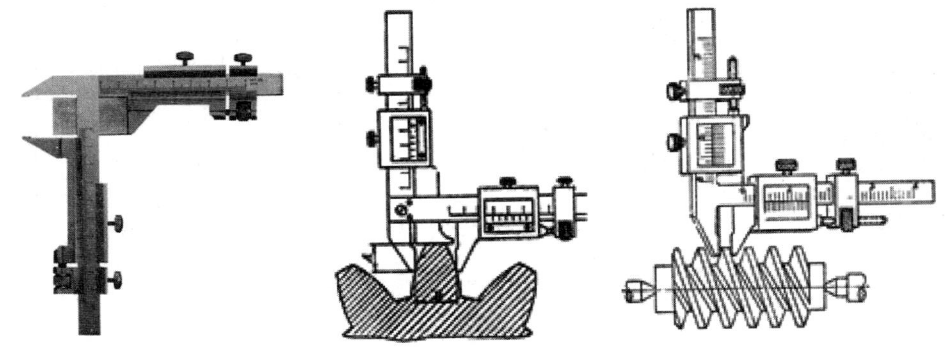

图 2-30　齿厚游标卡尺

这种游标卡尺由两个互相垂直的主尺组成，因此具有两个游标。A 的尺寸由垂直主尺上的游标调整，B 的尺寸由水平主尺上的游标调整。其刻线原理和读法与一般游标卡尺相同。

测量蜗杆时，把齿厚游标卡尺读数调整到等于齿顶高（蜗杆齿顶高等于模数 m_s），法向卡入齿廓，测得的读数就是蜗杆中径（d_2）的法向齿厚。图纸上一般注明的是轴向齿厚，必须进行换算。

2.4.6　螺旋测微量具

1. 外径千分尺的使用及保养

外径千分尺的外观形状见图 2-31，工厂习惯上把百分尺和千分尺统称为百分尺或分厘卡。

(a) 读数千分尺

(b) 大直径千分尺

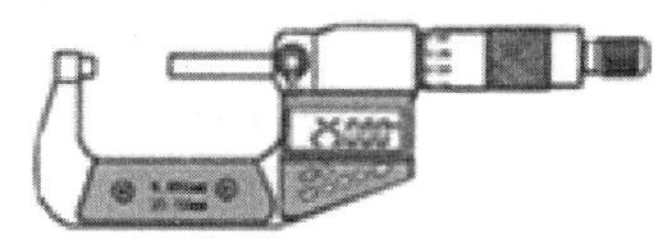

(c) 数显千分尺

图 2-31　外径千分尺

外径千分尺的使用及保养应注意以下几点。

① 使用前，应把百分尺的两个测砧面揩拭干净，转动测力装置，使两测砧面接触（当测量上限大于 25 mm 时，在两测砧面之间放入校对量棒或相应尺寸的量块），接触面上应没有间隙和漏光现象，同时微分筒和固定套筒要对准零位。

② 使用中转动测力装置时，微分筒应能自由灵活地沿着固定套筒活动，没有任何轧卡和不灵活的现象。应用手握住隔热装置，否则会增加测量误差。一般情况下，应注意使外径千分尺和被测工件具有相同的温度。

③ 旋动微分筒（快进机构），当千分尺两测量面将与工件接触时，要使用尾部测力装置（棘轮），一般听到棘轮响 3～4 下后读数。直接转动微分筒会使接触松紧不同，从而造成误差；若微分筒打滑，百分尺的零位走动就会造成质量事故。

④ 千分尺测量轴的中心线要与工作被测长度方向相一致，不能歪斜。测量时，可在旋转测力装置的同时，轻轻地晃动尺架，使测砧面与零件表面接触良好。

⑤ 千分尺测量面与被测工件相接触时，要考虑工件表面的几何形状。用百分尺测量表面粗糙的零件易使测砧面过早磨损。

⑥ 在测量被加工的工件时，工件应在静态下测量，而不能在工件转动或加工时测量，否则易使测量面磨损，测杆扭弯甚至折断。最好在零件上进行读数，放松后取出百分尺，这样可减少测砧面的磨损。

⑦ 按被测尺寸调节外径千分尺时，要慢慢地转动微分筒或测力装置，不要握住微分筒挥动或摇转尺架，以免精密测微螺杆变形。

⑧ 为了获得正确的测量结果，可在同一位置上再测量一次。使用后，按常规清理并涂防锈油等。

2. 深度百分（千分）尺的使用及保养

(1) 深度百分（千分）尺简介。

深度百分（千分）尺主要用以测量孔深、槽深和台阶高度等。其结构除用基座代替尺架和测砧外，与外径百分（千分）尺类同。

深度百分尺的读数范围（mm）为 0～25，25～100，100～150；读数值（mm）为 0.01。其测量杆制成可更换的形式，更换后用锁紧装置锁紧。

深度百分尺校对零位可在精密平面上进行。即当基座端面与测量杆端面位于同一平面时，微分筒的零线正好对准。当更换测量杆时，一般零位不会改变。

深度百分尺测量孔深时，应把基座的测量面紧贴在被测孔的端面上。零件的端面应与孔的中心线垂直，且应当光洁平整，使深度百分尺的测量杆与被测孔的中心线平行，以保证测量精度。测量杆端面到基座端面的距离，就是孔的深度。

（2）深度百分（千分）尺的使用保养。

① 用螺旋拧紧的可换测量杆，由于拧紧程度不同，可直接影响示值，因此在使用前必须进行校正。深度百分（千分）尺的外观形状见图 2-32。

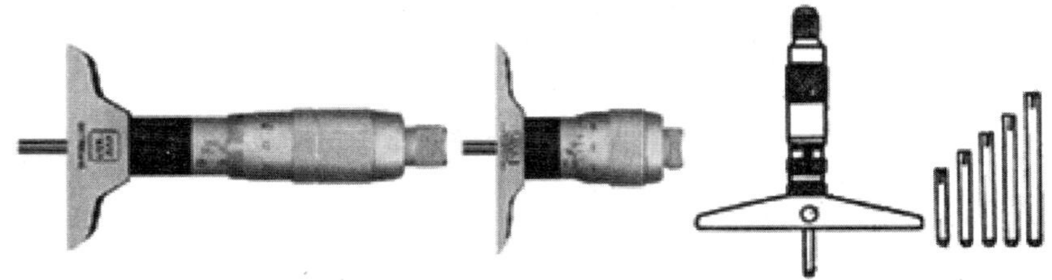

图 2-32　深度百分（千分）尺

② 测量前，应清洁底板的测量面和工件的被测量面，并去除毛刺。

③ 测量时，应使底板与被测工件表面保持紧密接触。测量杆中心轴线与被测工件的测量面保持垂直。

④ 深度千分尺的保养。测量杆的端部易磨损，应经常校对零位是否正确。零位的校对可应用圆筒式校对量具或采用两块尺寸相同的量块组合体进行。

⑤ 量具套装中提供可互换的测定杆，增量为 25 mm。为消除误差，在更换测定杆的时候需要调整校正。

3. 杠杆千分尺的使用

（1）杠杆千分尺。其外观形状见图 2-33。测量前，应先校对微分筒零位和杠杆指示表的零位。0～25 mm 杠杆千分尺可使用两测量面接触直接进行校对，25 mm 以上的杠杆千分尺用 0 级调整棒或用尺寸相等的量块来校对零位。

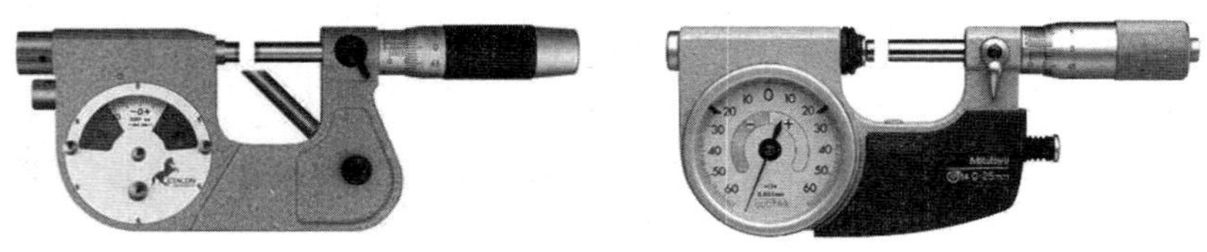

图 2-33　杠杆千分尺

（2）杠杆千分尺直接测量。是指将工件正确置于杠杆千分尺测砧与测微螺杆之间，调节微分筒，使表盘上指针有适当示值，并应拔动拔叉几次，示值必须稳定，由千分尺微分筒的读数加上表盘上的读数即为工件实际尺寸。

（3）杠杆千分尺比较测量。可用量块作标准调整杠杆千分尺，使测微杠杆指针位于零位，紧固微分筒后，在指示表上读数，可避免微分筒示值误差的影响，提高测量精度。

(4) 成批测量。应按被测工件的公称尺寸调整杠杆千分尺示值（可用量块进行），然后根据公差要求，调整公差带。测量时，只需观察指针是否在公差带范围内即可确定工件是否合格。

(5) 测量曲面间距离或刃面间的距离时，应摆动杠杆千分尺或被测工件，在指针的返折处读数。

4. 内测百分（千分）尺的使用

(1) 内测百分（千分）尺简介。

内测百分（千分）尺的外观见图 2-34 示意，主要用于测量小尺寸内径和内侧面槽的宽度；其特点是容易找正内孔直径，测量方便。

内测百分尺的读数方法以及基本保养都与外径百分尺相同，只是其套筒上的刻线尺寸与外径百分尺相反；另外，它的测量方向和读数方向也都与外径百分尺相反。

(2) 内测百分（千分）尺的使用维护。

① 首先校对零位。校对零位时，应使用经鉴定合格的标准环规或量块和量块附件组合体，不宜用外径千分尺，否则不能保证其精度。

② 在内测千分尺测量内尺寸时，仅能按量爪测量面长度进行测量。

③ 在测量过程中，测量位置必须安放正确。测量孔时，用测力装置转动微分筒，使量爪在径向的最大位置和在轴向的最小距离处与工件相接触。

④ 不得把两量爪当作固定卡规使用，以免量爪的测量面加快磨损。

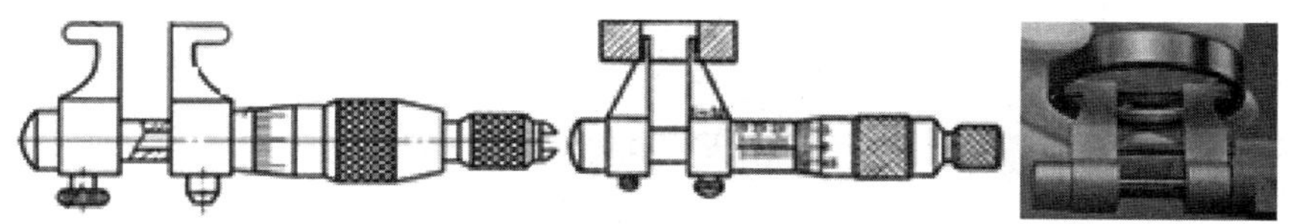

图 2-34　内测百分（千分）尺

5. 三爪内径千分尺

三爪内径千分尺主要用于测量中小直径的精密内孔，尤其适用于测量深孔的直径。三爪内径千分尺的外观形状见图 2-35。

三爪内径千分尺的零位必须在标准孔内进行校对。三爪内径千分尺的方形锥螺纹的径向螺距为 0.25 mm，即当测力装置顺时针旋转 1 周时，测量爪就向外移动（半径方向）0.25 mm，三个测量爪组成的圆周直径就要增加 0.5 mm。当微分筒旋转 1 周时，测量直径增大 0.5 mm，而微分筒的圆周上刻着 100 个等分格，所以它的读数值为 0.5 mm ÷ 100 = 0.005 mm。

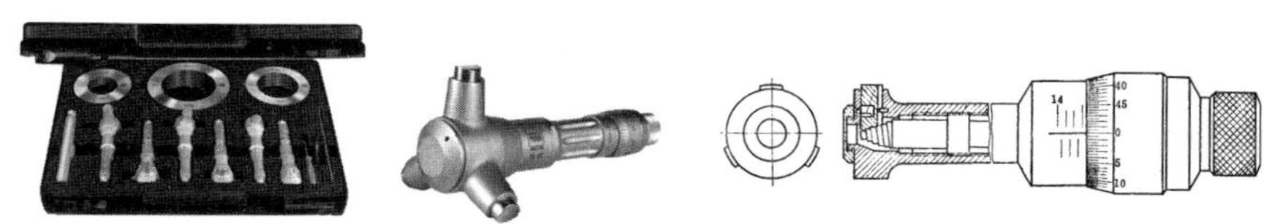

图 2-35　三爪内径千分尺

6. 公法线长度千分尺

公法线长度千分尺主要用于测量外啮合圆柱齿轮的两个不同齿面公法线长度，也可以在检验切齿机床精度时，按被切齿轮的公法线检查其原始外形尺寸。

公法线长度千分尺的外观形状见图2-36，其结构与外径百分尺相同，不同之处是在测量面上装有两个带精确平面的量钳（测量面），以此来代替原来的测砧面。

图2-36　公法线长度千分尺

7. 壁厚千分尺

壁厚千分尺的外观形状见图2-37。其主要用于测量精密管形零件的壁厚。壁厚千分尺的测量面镶有硬质合金，以提高使用寿命。

壁厚千分尺的测量范围（mm）为0～10，0～15，0～25，25～50，50～75，75～100；读数值（mm）为0.01。

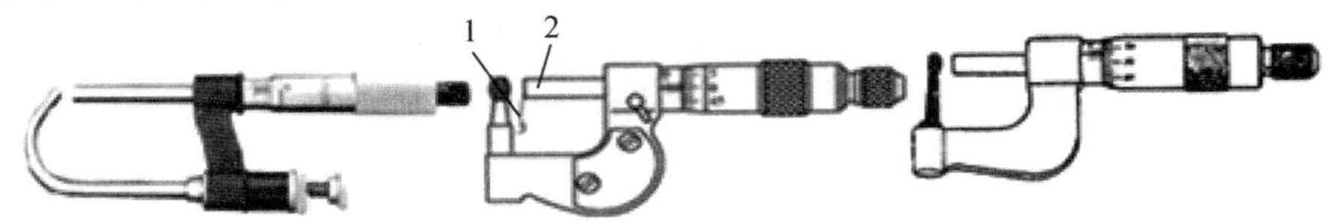

图2-37　壁厚千分尺

8. 板厚百分尺

板厚百分尺主要适用于测量板料的厚度尺寸，其外观见图2-38，规格参见表2-4。

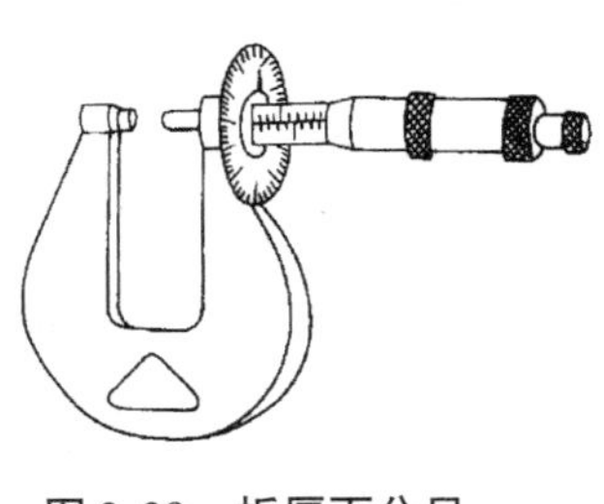

图2-38　板厚百分尺

表2-4　板厚百分尺规格　　单位：mm

<table>
<tr><th>测量范围</th><th>读数值</th><th>可测深度</th></tr>
<tr><td>0～10</td><td rowspan="6">0.01</td><td rowspan="2">50</td></tr>
<tr><td>0～15</td></tr>
<tr><td>0～25</td><td>150，200</td></tr>
<tr><td>25～50</td><td rowspan="3">70</td></tr>
<tr><td>50～75</td></tr>
<tr><td>75～100</td></tr>
<tr><td>0～15</td><td rowspan="2">0.05</td><td rowspan="2"></td></tr>
<tr><td>15～30</td></tr>
</table>

9. 尖头千分尺

尖头千分尺的外观见图2-39，主要用来测量零件的厚度、长度、直径及小沟槽，例如用于测量钻头的钻心直径或丝锥的锥心直径等。

尖头千分尺的测量范围（mm）为0～25，25～50，50～75，75～100。

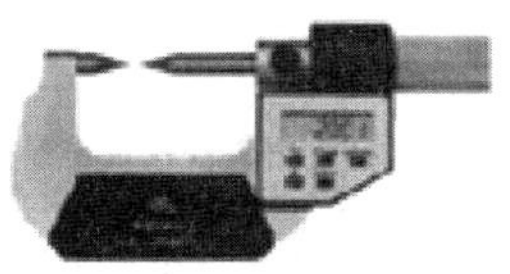
(a) 双尖头数显千分尺

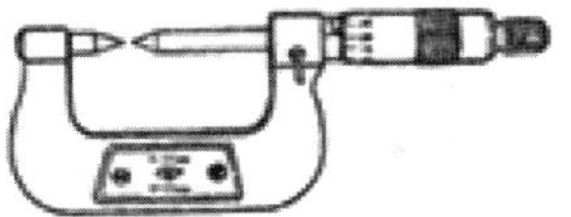
(b) 双尖头千分尺

(c) 单尖头数显千分尺

图2-39　尖头千分尺

10. 螺纹千分尺

螺纹千分尺的外观见图2-40。其主要用于测量普通螺纹的中径。

螺纹千分尺的结构与外径百分尺相似，所不同的是它有两个特殊的可调换的量头，其角度与螺纹牙形角相同。

螺纹千分尺的测量范围与测量螺距的范围参见表2-5。

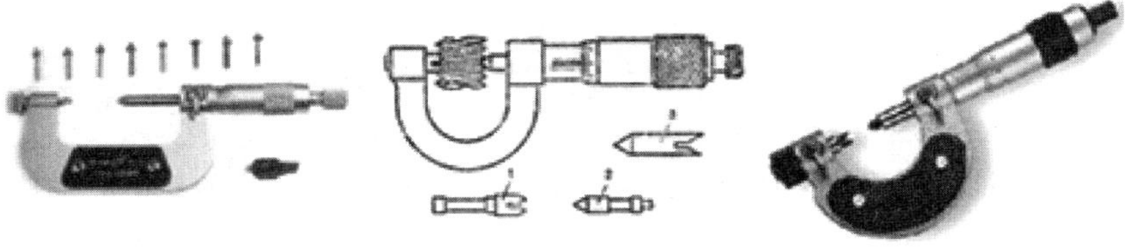

图2-40　螺纹千分尺

表2-5　普通螺纹中径测量范围

测量范围/mm	测头数量/副	测头测量螺距的范围/mm
0～25	5	0.4～0.5；0.6～0.8；1～1.25；1.5～2；2.5～3.5
25～50	5	0.6～0.8；1～1.25；1.5～2；2.5～3.5；4～6
50～75 75～100	4	1～1.25；1.5～2；2.5～3.5；4～6
100～125 125～150	3	1.5～2；2.5～3.5；4～6

11. 奇数沟千分尺

奇数沟千分尺具有特制的V形测砧，可测量带有3个、5个和7个沿圆周均匀分沟槽工件的外径，见图2-41。

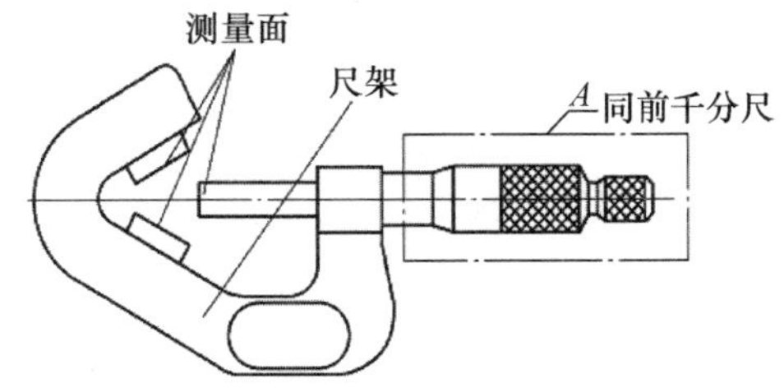

图2-41　奇数沟千分尺

2.4.7　指示式测量器具

指示式测量器具是以指针指示测量结果的量具。常用的指示式测量器具有百分表、千分表、杠杆百分表和内径百分表等，主要用于校正零件的安装位置，检验零件的形状精度和相互位置精度以及测量零件的内径等。

运用测量表的关键在于表的选点、架设、数值读取以及用后保养。百分表和千分表结构基本相同，只是测量精度不等，测量时应匹配选用。

1. 百分表和千分表

（1）百分表和千分表简介。

① 用途。百分表（千分表）是高精度的长度测量工具，主要用于测量工件的几何形状误差和位置精度误差。百分表的刻度值为 0.01 mm，而刻度值为 0.001 mm 或 0.002 mm 的称为千分表。生产中经常使用的是百分表。

② 测量范围。由于百分表和千分表的测量杆是作直线移动的，故可用来测量长度尺寸，它们也是长度测量工具。目前，国产百分表的测量范围有 0～3 mm、0～5 mm、0～10 mm的三种。读数值为 0.001 mm 的千分表，测量范围为 0～1 mm。

③ 选用。由于千分表的读数精度比百分表高，所以百分表适用于尺寸精度为IT6～IT8 级零件的校正和检验；千分表则适用于尺寸精度为 IT5～IT7 级零件的校正和检验。

④ 精度。百分表和千分表按其制造精度，可分为 0 级、1 级和 2 级三种，其中 0 级精度较高。使用时，应按照零件的形状和精度要求，选用合适的百分表或千分表的精度等级和测量范围。

（2）百分表表架的使用。

① 百分表应固定在可靠的表架上，根据测量需要，可选择带平台的表架或万能表架。表架外观形状见图 2-42。

② 使用百分表或千分表时，必须把它固定在可靠的表架上，以免使测量结果不准确或摔坏百分表。

③ 百分表牢固地装夹在表架夹具上，安放平稳，但夹紧力不宜过大，以免使装夹套筒变形卡住测杆，应检查测杆移动是否灵活。夹紧后不可再转动调整百分表。

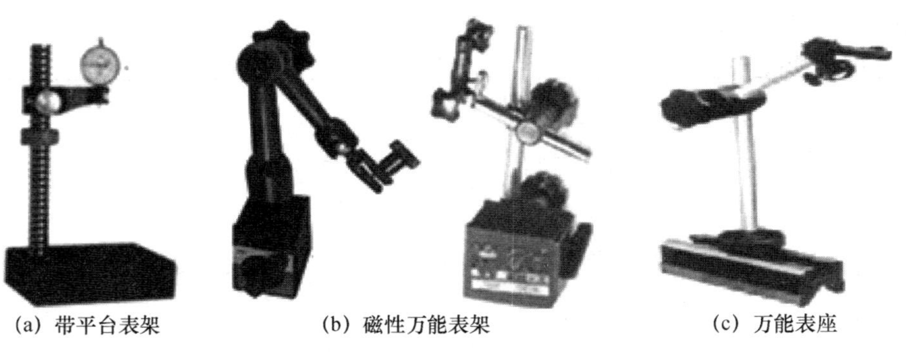

(a) 带平台表架　(b) 磁性万能表架　(c) 万能表座

图 2-42　表架外观形状

（3）百分表和千分表的测量使用。

① 测量使用前。应检查测量杆活动的灵活性，即轻轻推动测量杆时，测量杆在套筒内的移动灵活，没有轧卡现象，每次放松后表的指针能回复原位置；测量前须检查百分表是否夹牢却又不影响其灵敏度；可重复性检查，即多次提拉百分表测杆略高于工件高度，放下测杆使之与工件接触，在重复性较好的情况下，方可进行测量。直动式百分表、千分表外观见图 2-43。

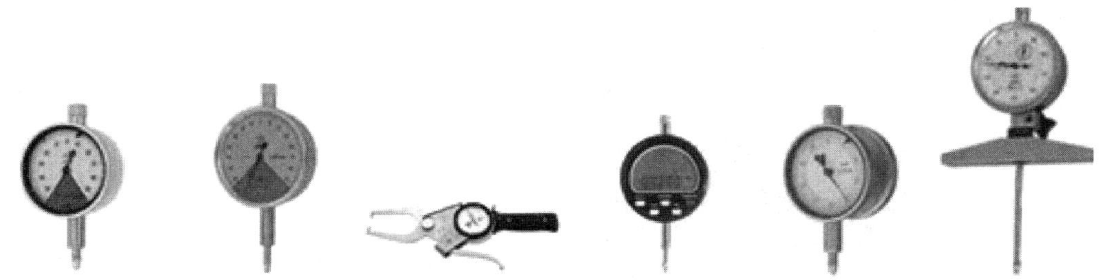

(a) 百分比较仪　(b) 千分比较仪　(c) 公制带表内/外卡规　(d) 数显千分表　(e) 双面百分表　(f) 深度百分表

图 2-43　直动式百分表、千分表

② 在测量过程中。应轻轻提起测杆，将工件移至测头下面，缓慢下降测头，使之与工件接触；测量时，不要使测量杆的行程超过它的测量范围；不要急速下降测头，以免使测表受到剧烈的振动撞击而产生瞬时冲击力，给测量值带来误差；不要把零件强迫推入测量头下，以免损坏测表的机件而失去精度；在使用过程中，严格防止水、油和灰尘渗入表内，测量杆上也不要加油，以免粘有灰尘的油污进入表内，影响表的传动机构和测杆移动的灵活性；测量杆轴线与工件被测面必须垂直，否则将产生较大的测量误差；在测量圆柱形工件时，测杆轴线应与圆柱形工件直径方向一致；应根据不同的工件表面，选择合适形状的测头进行测量，例如，可用平测头测量球形的工件或外螺纹大径，可用球面测头测量圆柱形或平表面工件，可用小测头或曲率很小的球面测头量测凹面或形状复杂的表面；测量薄工件时，须在正反当进行轴测的时候，就是以指针摆动最大数字为读数（最高点），测量孔的时候，就是以指针摆动最小数字（最低点）为读数。

③ 测量或校正的初始测力。用百分表校正或测量零件时，应当使测量杆有一定的初始测力，即在测量头与零件表面接触时，测量杆应有 0.3～1 mm 的压缩量（千分表可小一点，有 0.1 mm 即可），使指针转过半圈左右，然后转动表圈，使表盘的零位刻线对准指针；测量或校正零件时，轻轻地拉动手提测量杆的圆头，拉起和放松几次，检查指针所指的零位有无改变；当指针的零位稳定后再开始测量或校正。如果是校正零件，此时开始改变零件的相对位置，读出指针的偏摆值，就是零件安装的偏差数值。

④ 检查工件平直度或平行度。将工件安放在平台上，使测量头与工件表面接触，调整指针摆动，把刻度盘零位对准指针，慢慢移动表座或工件，当指针顺时针摆动时说明了工件偏高，逆时针摆动时则说明工件偏低。百分表测量示例见图 2-44。

图 2-44　百分表测量平行度

⑤ 检验工件的偏心距。如果偏心距较小，可按图 2-45 所示方法测量偏心距，把被测轴装在两顶尖之间，使百分表的测量头接触在偏心部位上（最高点），用手转动轴，百分表上指示出的最大数字和最小数字（最低点）之差的 1/2 就等于偏心距的实际尺寸。偏心

套的偏心距也可用上述方法测量，但必须将偏心套装在心轴上。

图 2-45　测量偏心距

⑥ 测量后。不使用百分表和千分表时，应使测量杆处于自由状态，以免表内的弹簧失效；而内径百分表测量完成之后，不使用的百分表应拆下清理保存。此外，百分表和千分表在不使用时要摘下表盘，使表解除所有负荷，测量杆处于自由状态；成套保存于盒内，避免丢失与损坏。表的使用与存放均应远离液体，内径表不能接触或沾染冷却液、切削液、水或油等。

注意，用百分表测量表面粗糙或有显著凹凸不平的零件是错误的。

2. 杠杆百分表和杠杆千分表

（1）杠杆指示表的使用要求。

① 杠杆指示表适合于在车间及计量室使用，特别适合于在平板上作比较测量，如测量形位公差及轴向或径向跳动等。

② 测杆（杠杆短臂）的有效长度直接影响测量误差，因此在测量过程中应尽量使测杆的轴线垂直于工件尺寸，不能自行更换测量杆，以避免因杆长引起测力的差异而引起测量误差。

③ 表的各工作面均不应有碰伤、斑点、锈蚀及明显的划痕等。测杆及指针的回转应灵活，无阻滞、跳动和卡滞现象，测杆应能自其中央位置在不小于 ±90° 范围内平稳地扭动，并且能在任意位置作用可靠。

④ 指针与其回转轴的配合应牢固；表圈与主体的配合应无明显松动，并且转动平滑、静止可靠；表盒与表圈的配合应紧密。杠杆百分表和杠杆千分表外形见图 2-46。

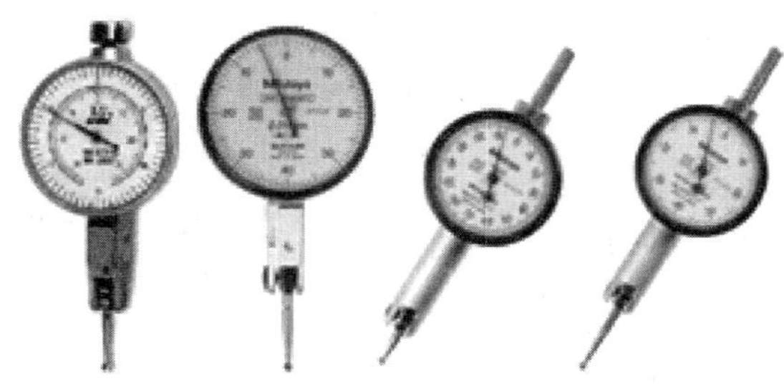

图 2-46　杠杆百（千）分表

（2）杠杆指示表使用注意事项。

① 千分表应固定在可靠的表架上，测量前必须检查千分表是否夹牢，并多次提拉千分表测量杆与工件接触，观察其重复指示值是否相同。

② 测量时，不允许用工件撞击测头，以免影响测量精度或撞坏千分表。为保持一定的起始测量力，测头与工件接触时，测量杆应有 0.3～0.5 mm 的压缩量。

③ 测量杆上不要加油，以免油污进入表内，影响千分表的灵敏度。

④ 千分表测量杆与被测工件表面必须垂直，否则会产生误差。

⑤ 杠杆千分表的测量杆轴线与被测工件表面的夹角愈小，误差就愈小。

（3）杠杆百分表和千分表测量示例。

① 内外圆同轴度的检验。在排除了内外圆本身的形状误差时，可用圆跳动量来计算同轴度误差。以内孔为基准时，可将工件装在两顶尖（或心轴）上，用百分表或杠杆指示表检验［见图 2-47(a)］。百分表在工件转一周的读数就是工件的圆跳动量。以外圆为基准时，把工件放在 V 形块上，如图 2-47(b) 所示，用杠杆指示表检验。这种方法可以测量不能安装在顶尖（心轴）上的工件。

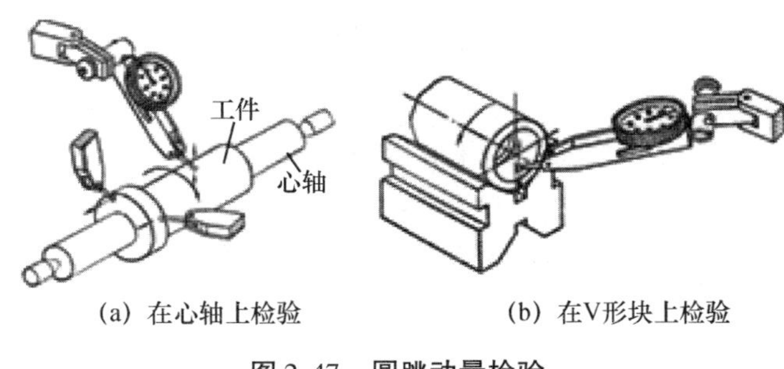

(a) 在心轴上检验　　(b) 在V形块上检验

图 2-47　圆跳动量检验

② 用杠杆百分表检验键槽的直线度。如图 2-48(a) 所示，在键槽上插入检验块，将工件放在 V 形块上，将百分表的测头触及检验块表面，微调整使检验块表面与轴心线平行。调整好平行度后，将测头接触 A 端平面调整指针至零位；然后将表座慢慢移向检验块 B 端全程检验。在全程上读数的最大代数差值就是水平面内的直线度误差。

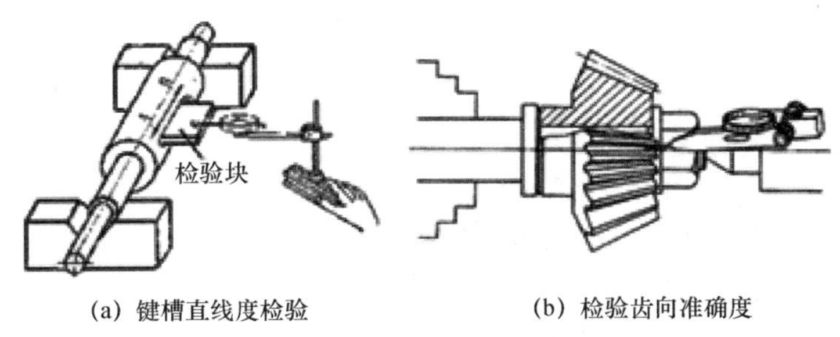

(a) 键槽直线度检验　　(b) 检验齿向准确度

图 2-48　键槽直线度测量、齿向准确度检验

③ 齿向准确度检验。如图 2-48(b) 所示，将锥齿轮套入测量心轴后装夹于分度头上，校正分度头主轴使其水平，然后在游标高度尺上装一杠杆百分表，用百分表找出测量心轴上母线的最高点，并调整零位；将游标高度尺连同百分表降下一个心轴半径尺寸，此时百分表的测头零位正好处在锥齿轮的中心位置上；再用调好零位的百分表去测量齿轮处于水平方向的某一个齿面，使该齿大小端的齿面最高点都处在百分表的零位上，此时该齿面的延伸线与齿轮轴线重合；摇动分度盘依次进行分齿，并测量大小端读数是否一致；若读数一致，说明该齿侧方向齿向准确度是合格的，否则，该项精度有误差。一侧齿测量完毕

后，将百分表测头改成反方向，用同样的方法测量轮齿另一侧的齿向准确度。

3. 内径百分表和内径千分表

（1）内径百分表和内径千分表简介。

① 内径百分表是内量杠杆式测量架和百分表的组合，用以测量或检验零件的内孔、深孔直径及其形状精度。粗加工时，工件加工表面粗糙不平，从而使测量不准确，且易磨损测头，因而内径指示表不用于粗加工时的测量。组合时，将百分表装入连杆内，使小指针指在0～1的位置上，长针和连杆轴线重合，刻度盘上的字应垂直向下，以便于测量时观察，装好后予以紧固。

② 活动测头的测量压力由活动杆上的弹簧控制，以保证测量压力一致。活动测头的移动量可以在百分表上读出。

③ 内径百分表活动测头的移动量，小尺寸的只有0～1 mm，大尺寸的有0～3 mm，其测量范围是由更换或调整可换测头的长度来达到的。因此，每个内径百分表都附有成套的可换测头。可换测头以及内径测表外观见图2-49。

④ 内径百分表的示值误差比较大，例如，测量范围为35～50 mm时，其示值误差为±0.015 mm。为此，使用时应当经常的在专用环规或百分尺上校对尺寸（零位），必要时可在块规组上校对零位，并应测量多次以便提高测量的精度。

⑤ 内径百分表的指针摆动读数，刻度盘上每一格为0.01 mm，盘上刻有100格，即指针每转一圈为1 mm。

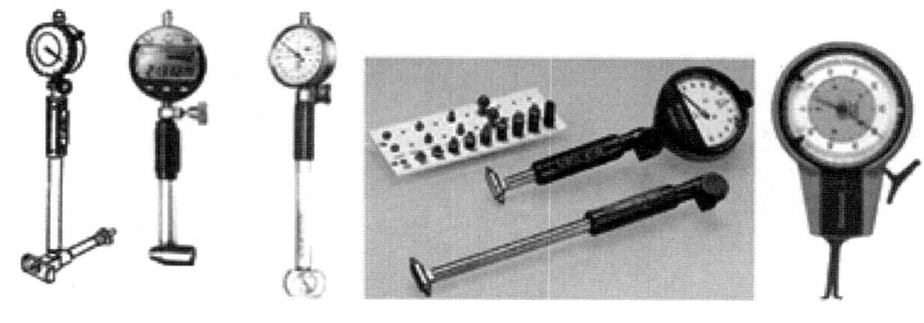

图2-49 内径百（千）分表

（2）内径百分表的使用。

① 选用：内径百分表用来测量圆柱孔，它附有成套的可调测量头，测量前应根据被测工件的尺寸，首先选用相应尺寸的测头进行组合和校对零位；使用后也应校对零位，以便观察内径千分表的变化情况。

② 测量前：应根据被测孔径大小，用外径百分尺调整好尺寸后才能使用；在调整及测量工作中，内径百分表的测头应与被测孔径垂直，即在径向找其最大值，在轴向找其最小值。

③ 测量过程中：连杆中心线应与工件中心线平行，不得歪斜，同时应在圆周上多测几个点，找出孔径的实际尺寸，看是否在公差范围以内；测量槽宽时，在径向及轴向找其最小值；用具有定心器的内径百分表测量内孔时，只要将仪器按孔的轴线方向来回摆动，其最小值即为孔的直径。

内径百分表的使用方法示例见图2-50。

(a) 测量方法　　(b) 调尺寸

图 2-50　内径百分表的使用方法

④ 注意事项：用内径百分表测量内径是一种比较量法，测量前应根据被测孔径的大小，在专用的环规或百分尺上调整好尺寸后才能使用；调整内径百分尺的尺寸，选用可换测头的长度及其伸出的距离时（大尺寸内径百分表的可换测头是用螺纹旋上去的，故可调整伸出的距离，小尺寸的则不能调整），应使被测尺寸在活动测头总移动量的中间位置。

内径千分表读数值的精度比内径百分表高，应注意使用不当带来的影响。测量杆外面是套管，套管外还有塑料管，注意手只能捏在塑料管上，不能将人体的热传到内径千分表测量杆上。

2.4.8　专用量规

1. 圆柱量规

圆柱量规分为圆柱环规和圆柱塞规，其外观形状见图 2-51。

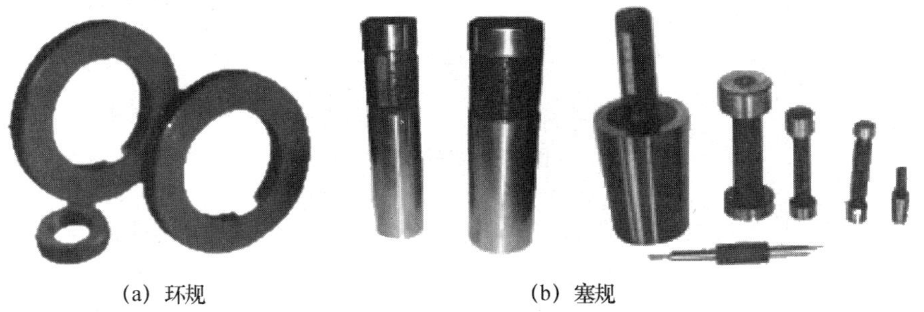

(a) 环规　　(b) 塞规

图 2-51　圆柱量规

(1) 检验孔的极限尺寸时用圆柱塞规，检验轴的极限尺寸时用圆柱环规（卡规）。测量时，量规和工件测量圆柱面都应擦拭干净，涂油后对中轻轻塞入，不可强行用力。

(2) 测量时，必须把通规和止规联合使用。只有当通规能够通过被测孔或轴，且止规不能通过被测孔或轴时，该孔或轴才是合格品。

(3) 使用与保管中应注意避免碰伤和磁化，用后擦干净并涂防锈油，装入盒内存放。

2. 圆锥量规

圆锥量规用于检验内、外圆锥的圆角实际偏差的大小和锥体直径。被测内圆锥用圆锥塞规检验，被测外圆锥用圆锥环规检验。圆锥角偏差的大小及允许的接触部位用涂色法检定。内圆锥的尺寸用圆锥塞规上的极限偏差刻线进行检测，外圆锥的尺寸用圆锥环规或直接用游标卡尺测量。圆锥量规的保养同圆柱量规，其外观形状见图 2-52。

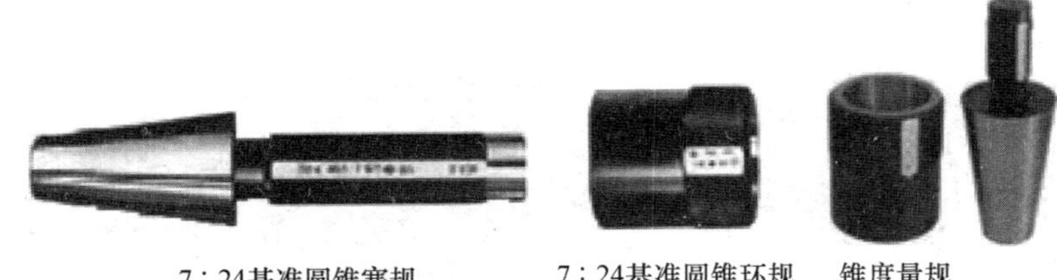

7∶24基准圆锥塞规　7∶24基准圆锥环规　锥度量规

图 2-52　圆锥量规

3. 螺纹塞规、螺纹环规

螺纹塞规、螺纹环规均匹配成套为通规和止规，分别用于检验最小极限尺寸和最大极限尺寸。

（1）螺纹通规具有完整的牙型，螺纹长度等于被测螺纹的旋合长度；螺纹止规牙型被截短，螺纹长度为 2～3 个螺距。螺纹规的外观形状见图 2-53。

（2）螺纹通规用来模拟被测螺纹的最大实体牙型，检验被测螺纹的作用中径的实际尺寸；螺纹止规只单一用于被测螺纹的中径检测。

(a) 螺纹环规　(b) 螺纹塞规

图 2-53　螺纹规

（3）被测螺纹如果能够与螺纹通规自由旋合通过，且螺纹止规不能旋入或者旋合不超过 2 个螺距，则表明被测螺纹的作用中径没有超出其最大实体牙型的中径。若单一中径没有超出其最小实体牙型的中径，则被测螺纹合格。

2.4.9　螺距规、半径规

1. 螺距规

螺距规也称螺纹规，主要用于低精度螺纹工件的螺距、牙形半角和牙形角的检验。螺纹样板的各工作面均不应有锈蚀、碰伤、毛刺以及影响使用或外观质量的其他缺陷。

测量螺纹螺距时，以螺纹样板组中齿形钢片作为样板，卡在被测螺纹工件上，如果不密合，应另外换一片，直到密合为止，这时该螺纹样板上记的螺距尺寸即为被测螺纹工件的螺距。

操作中应尽可能利用螺纹工作部分长度，把螺纹样板卡在螺纹牙廓上，使测量结果较为正确。

测量牙形角时，把螺距与被测螺纹工件相同的螺纹样板靠放在被测螺纹上面，然后检查它们的接触情况。如果有不均匀间隙的透光现象，则说明被测螺纹的牙形半角和牙形不准确（该测量方法只能作粗略判断）。

螺距规的外观形状见图2-54。

图2-54　螺距规

2. 半径规（R规）

半径规使用时，应依次以不同半径尺寸的样板，在工件圆弧表面处作检验，当密合一致时，该半径样板的尺寸即为被测圆弧表面半径尺寸。

半径规的外观及成套性要求同螺距规。

半径规的外观形状见图2-55。

图2-55　半径规

2.4.10　量具的基本维护和保养

正确地使用精密量具是保证产品质量的重要条件之一。要保持量具的精度和它工作的可靠性，除了在使用中要按照合理的使用方法进行操作以外，还必须做好量具的维护和保养工作。

（1）在机床上测量零件时，要等零件完全停稳后进行，否则不但会使量具的测量面过早磨损而失去精度，而且会造成事故。尤其是车工使用外卡时，不要以为卡钳简单，磨损一点无所谓，要注意铸件内常有气孔和缩孔，一旦钳脚落入气孔内，就可把操作者的手也拉进去，造成严重事故。

（2）测量前应把量具的测量面和零件的被测量表面都揩拭干净，以免因有脏物存在而影响测量精度。用精密量具（如游标卡尺、百分尺和百分表等）去测量锻铸件毛坯或带有研磨剂（如金刚砂等）的表面是错误的，这样易使测量面很快磨损而失去精度。

（3）量具在使用过程中，不要和工具、刀具（如锉刀、榔头、车刀和钻头等）堆放在一起，以免碰伤量具；也不要随便放在机床上，以免因机床振动而使量具掉下来损坏。尤其是游标卡尺等，应平放在专用盒子里，以免使尺身变形。

（4）量具是测量工具，绝对不能作为其他工具的代用品。例如，拿游标卡尺画线，拿百分尺当小榔头，拿钢直尺当起子旋螺钉，以及用钢直尺清理切屑等都是错误的。把量具当玩具，如把百分尺等拿在手中任意挥动或摇转等行为也是错误的，都易使量具失去精度。

（5）温度对测量结果影响很大，零件的精密测量一定要使零件和量具都在20℃的情况下进行测量。一般可在室温下进行测量，但必须使工件与量具的温度一致，否则会由于金属材料的热胀冷缩特性而使测量结果不准确。

温度对量具精度的影响亦很大，量具不应放在阳光下或床头箱上，因为量具温度升高后，也量不出正确尺寸。更不要把精密量具放在热源（如电炉、热交换器等）附近，以免使量具受热变形而失去精度。

（6）不要把精密量具放在磁场附近，如磨床的磁性工作台上，以免使量具感磁。

（7）发现精密量具有不正常现象时，如量具表面不平、有毛刺、有锈斑以及刻度不准、尺身弯曲变形、活动不灵活等等时，使用者不应自行拆修，更不允许自行用榔头敲、锉刀锉、砂布打光等粗糙办法修理，以免反而增大量具误差。发现上述情况时，使用者应当主动送计量站检修，并经检定量具精度后再继续使用。

（8）量具使用后，应及时揩干净，除不锈钢量具或有保护镀层者外，金属表面应涂上一层防锈油，然后放在专用的盒子里，保存在干燥的地方，以免生锈。

（9）精密量具应实行定期检定和保养，长期使用的精密量具要定期送计量站进行保养和检定精度，以免因量具的示值误差超差而造成产品质量事故。

2.4.11 常用检测仪

1. 测厚规、测厚仪

测厚规、测厚仪主要用于壁厚、管厚以及涂镀层厚度等检测，其外观形状见图2-56。

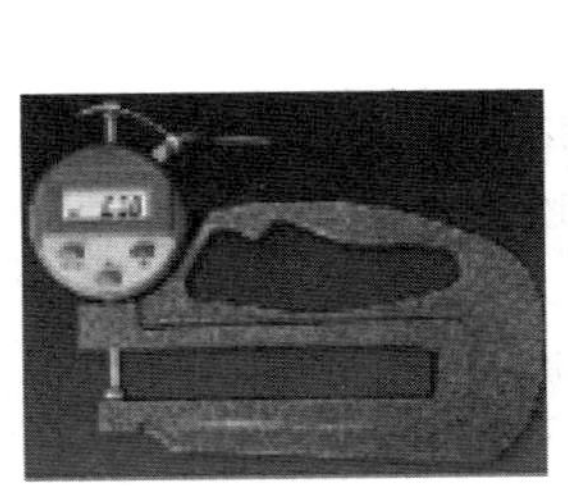

(a) 测厚规（表）

(b) 台式测厚仪

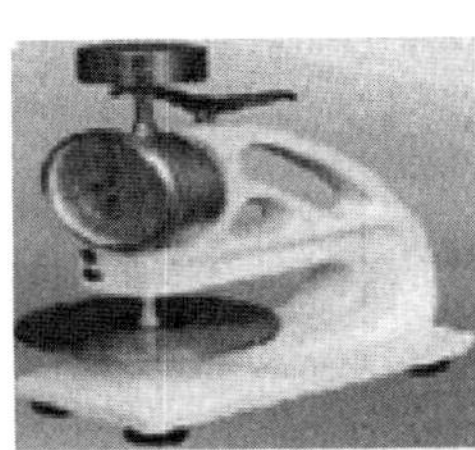

(c) 恒压测厚计

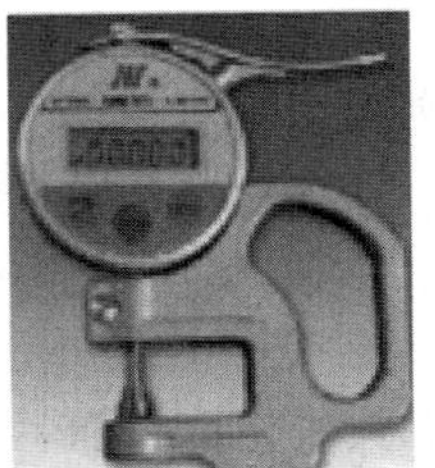

(d) 深跨度板厚千分表

图2-56 测厚规、测厚仪

2. 齿轮跳动检测仪

（1）齿轮跳动检测仪的用途。

仪器以顶尖支撑定位，配用数据采集及处理设备，可测量轴类及盘套类零件的同轴度、圆跳动（径向、端面、斜向）和径向全跳动等位置误差。

（2）新型偏摆仪的用途。

该仪器配有一对4#硬质合金顶尖，采用齿轮传动运行，提高了普通偏摆仪的测量精度，增大了对被检测零件的支撑重量，可测量高精度零件的径向、端面和斜向圆跳动量。

齿轮跳动检测仪的外观形状见图2-57。

(a) 齿轮跳动检查仪

(b) 偏摆检查仪

(c) 新形偏摆检查仪

图2-57　齿轮跳动检测仪

3. 水平仪

(1) 水平仪的用途。

水平仪有框式水平仪和条式水平仪两种形式，广泛应用于测量平面和圆柱面对水平方向的倾斜度，机床与光学机械仪器的导轨或机座等的平面度、直线度以及找正设备安装水平位置和垂直位置的正确度，并可检验微小倾角。

水平仪的外观见图2-58。

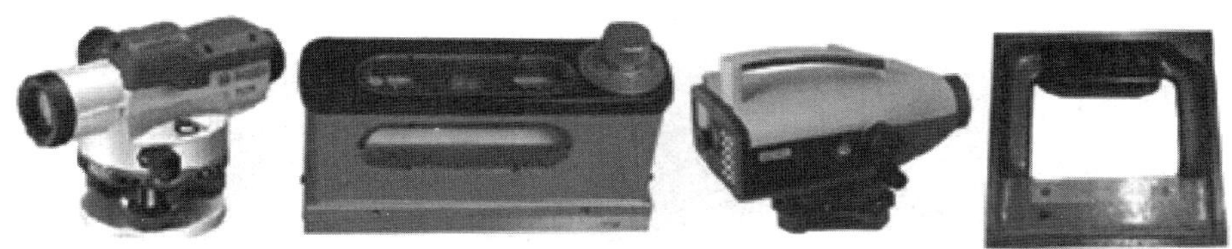
图2-58　水平仪外观形状

(2) 水平仪的使用要求。

① 水平仪的检验必须按照相应的标准进行。

② 检验室内温度应为 (20±2)℃，检验应在坚固、无振动影响并远离热源的条件下进行。

③ 检验前必须进行检查和调整。必须将水平仪的各部件擦洗干净，然后将水平仪置于检验室内金属平板上，且同温时间不得少于3h。

④ 测量时必须等气泡完全静止后方可进行读数。水平仪上所标注的示值是以1m为基长的倾斜值，实际倾斜值可通过公式进行计算：实际倾斜值 = 刻度示值 × L × 偏差格数。

例如，若刻度示值为0.02 mm/1000 mm，L = 200 mm，偏差格数为2格，则

$$实际倾斜值 = \frac{0.02}{1000} \times 200\ \text{mm} \times 2 = 0.008\ \text{mm}$$

(3) 水平仪的零位调整方法（略，参见水平仪使用说明书）。

(4) 水平仪的使用方法及注意事项。

① 当移动水平仪时，不允许水平仪工作面与工件表面发生摩擦，而应提起来放置。

② 测量水平面时，在同一个测量位置上，应将水平仪调过相反的方向再进行测量。

③ 当测量长度较大工件时，可用分段测量法，然后根据各段的测量读数，绘出误差坐标图，以确定其误差的最大格数。

④ 测量小型零件时，应先将水平仪放在基准表面上，读气泡一端的数值，然后用水平仪的一侧紧贴垂直被测表面，气泡偏离第一次（基准表面）读数值，即为被测表面的垂直度误差。

⑤ 用水平仪测量工件的垂直面时，正确的测量方法是手握持副测面内侧，使水平仪平稳、垂直地（调整气泡位于中间位置）贴在工件的垂直平面上，然后从纵向水准读出气泡移动的格数。不能握住与副测面相对的部位，更不能用力向工件垂直平面推压，以免影响测量的准确性。

⑥ 测量大型零件的垂直度时，先用水平仪粗调基准表面到水平，然后分别在基准表面和被测表面上用水平仪分段逐步测量并用图解法确定基准方位，最后求出被测表面相对于基准的垂直度误差。

⑦ 测量工件被测表面误差大或倾斜程度大时，若用框式水平仪，则气泡会移至极限位置而无法测量，而光学合像水平仪能克服这一弊病。

4. 测量投影仪

（1）测量投影仪的用途。

测量投影仪又称为光学投影检量仪或光学投影比较仪，是利用光学投射的原理，将被测工件之轮廓或表面，投影至观察屏幕上进行测量或比对的一种仪器。

测量投影仪在机械、电子、仪表、塑胶等行业广泛使用，是计量室和生产车间不可缺少的一种计量检定设备。测量投影仪的外观见图 2-59，其适用于以两坐标测量为目的的一切应用领域。

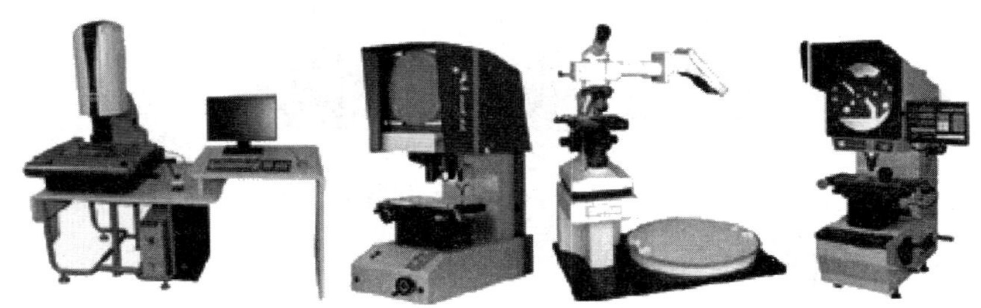

图 2-59 测量投影仪

测量投影仪能高效地检测各种形状复杂工件的轮廓和表面形状，如样板、冲压件、凸轮、螺纹、齿轮、成形铣刀、丝攻等各种刀具、工具和零件等。

测量投影仪的测量方法概括为两类，即轮廓测量法与坐标测量法，而坐标测量法又分为单坐标测量法和数据处理器功能测量法。

（2）轮廓测量法。

用此法“标准放大图”进行比较测量，适用于形状复杂、批量大的零件检验。其测量步骤如下。

① 按零件大小确定物镜倍率，再按零件设计图纸制作与物镜放大倍率相同比例的标准放大图，材料选用伸缩性较小的透明塑胶片。在图上还可以绘出允许的公差带，如果零件尺寸在 $\phi30$ 左右，则制 10 : 1 的放大图，选用 10X 物镜进行测量标准圆弧、角度、螺纹、齿形、网格等，放大图也有现成的可购买。

② 将标准放大图用 4 只弹性压板在投影屏上。

③ 工件放在工作台上，调好焦，移动 X、Y 工作台使零件影像与放大图套准。

④ 若工作影像与放大图的偏差在公差带之内，则为合格；超出范围为不合格，偏差数值可以用 X、Y 坐标测量出来。

⑤ 用格值为0.5 mm标准玻璃工作尺（选购附件）在屏上直接测量工件影像的大小（小于格值部分也可用X、Y坐标数显测出），除以物镜放大倍数，即为工件的测量尺寸。又可分为单坐标测量和数据处理器功能测量。

（3）单坐标测量法。

① 工件置工作台上，选用倍率较高的物镜，调好对焦；

② 投影屏旋转零位对准，即屏框上的短白线对准零位元标记；

③ 调整工件被测方向与测量轴平行（即边平行于测量轴）；

④ 移动工作台，将被测长度的一个端面（边）对准屏上的垂直刻线，X坐标值清零；

⑤ 移动X轴，使工件另一端面（边）对准垂直刻线，X轴显示值即为工件被测边的尺寸。

（4）功能测量法。

利用数据处理器的多功能资料处理电箱上坐标旋转功能（SKEW），工件可以任意摆放，无须精确调整，只需要移动工作台，使A、B、C、D、E点依次对准十字线中心采样，就可测出相应长度。此法可节省大量调整时间，提高测量效率。

（5）测量仪器的选用原则。

测量仪器的选用原则是：从技术性和经济性出发，使其计量特性（如最大允许误码、稳定性、测量范围、灵敏度、分辨力等）适当地满足顾客预定要求，既够用又不过高。

5. 万能工具显微镜

（1）万能工具显微镜的用途。

万能工具显微镜能精确测量各种工件尺寸、角度、形状、位置以及螺纹制件的各种参数，可对机械零件、量具、刀具、夹具、模具、电子元器件、电路板、冲压板、塑料及橡胶制品进行质量检验和控制。工具显微镜的外观形状见图2-60。

图2-60　工具显微镜外观形状

（2）万能工具显微镜的特点。

① 采用进口精密光栅系统作为测量元件，具有发热量低、抗腐蚀、耐污染、耐震性好等众多优点；

② 带有功能强大的图像处理软件，可以完成复杂的测量工作，软件数据能与CAD通信，完成测绘工作；

③ 采用半导体激光器作为指向器，用于快速确定测量部位，提高了定位图像的效率；

④ 软件采用数码图像技术，自动识别轮廓边界，减少人为误差，提高操作效率；

⑤ 保留目镜光学系统作为辅助观察口，并能快速切换；

⑥ 带有数显分度台和测高装置，角度和高度全部数显化，直观、方便；

⑦ 照明装置全采用LED冷光源，发热量低，使用寿命长；

⑧ 主显微镜可左右偏摆，适用于螺旋状零件测量。

（3）万能工具显微镜的典型测量对象。

① 测量各种金属加工件、冲压件、塑料件的直径、长度、角度、孔的位置等；

② 测量各种成型零件（如样板、样板车刀、样板铣刀、冲模和凸轮）的形状；

③ 测量各种刀具、模具、量具的几何参数；

④ 测量螺纹塞规、丝杠和蜗杆等外螺纹的中径、大径、小径、螺距、牙型半角；

⑤ 测量齿轮滚刀的导程、齿形和牙型角；

⑥ 测量印刷电路板上的线长宽度、距离和元件焊装孔的尺寸和位置；

⑦ 测量各种零件的二维形位公差（如孔板上孔的位置度、键槽的对称度等形位误差）。

（4）万能工具显微镜的使用步骤。

① 接上电源，打开电源开关；

② 把工件擦干净；

③ 调焦距，直到能够清楚地看到工件表面轮廓线，再将工件对线调整水平在0.001 mm内，把 X、Y 轴归零，摇动手轮开始测量。

（5）万能工具显微镜的注意事项及保养。

① 在调焦距时一定要注意工件和镜头之间要有一定的距离，不得使工件的镜头相碰；

② 不得用酒精擦拭镜头，镜头要定期用干净的布擦拭；

③ 使用完后关闭电源开关，放工件的玻璃要保持清洁（在刚使用过后不能马上用酒精擦拭，要等它冷却之后才能擦拭）。

④ 内部校验时，首先把工作台面擦拭干净；然后用水准仪校正大理石平台；再用标准块分别为5.0 mm 、10.0 mm、15.0 mm、20.0 mm 不等的块规测量，允许误差为 ±0.002 mm；

⑤ 3 个月校正一次。

2.5　三坐标测量机简介

2.5.1　检测技术的发展

科学技术的迅速发展带来一系列最新的技术成就，如光栅、激光、感应同步器、磁栅以及射线技术。特别是随着计算机技术的发展应用与三坐标测量机的完美结合，出现了一批高效率、新颖的几何量精密测量设备。

在整个产品的生产制造过程中，要切实保障各零件的加工质量，就必须有相应的检测技术手段。检测技术的发展趋势主要体现在以下几方面：

（1）利用计算机的数据处理能力来储存、分析、处理测量数据；

（2）提高各种传感器工作可靠性，提高非接触测量中的测量精度；

（3）测量原理简单，操作方便，可同时获得三维几何体内、外曲面轮廓的数据。

由于三坐标测量机具有高准确度、高效率、测量范围大等优点，故已成为几何量测量仪器的一个主要发展方向。

2.5.2　三坐标测量机的特点

1. 三坐标测量机的特点

三坐标测量机是测量和获得尺寸数据的最有效的方法之一，可以代替多种表面测量工具及昂贵的组合量规，并把复杂的测量任务所需时间从小时减到分钟，这是其他仪器所达不到的效果。

三坐标测量机不仅成为检验产品是否合格的重要检验工具，而且由于其具有通用性好、测量范围大、精度高、测量效率高等诸多优点，其已越来越多地应用于加工生产线。

如果在三坐标测量机上设置分度头、回转台（或数控转台），除采用直角坐标系外，还可采用极坐标系、圆柱坐标系测量，使测量范围更加扩大。有 X，Y，Z，回转台四轴坐标的测量机，常称为四坐标测量机。增加回转轴的数目，还有五坐标或六坐标测量机。

2. 三坐标测量机的用途

三坐标测量机的测量过程是由测头通过三个坐标轴导轨在三个空间方向自由移动实现的，在测量范围内可到达任意一个测点。三个轴的测量系统可以测出测点在 X，Y，Z 三个方向上的精确坐标位置。根据被测几何型面上若干个测点的坐标值即可计算出待测的几何尺寸和形位误差。另外，在测量工作台上，还可以配置绕 Z 轴旋转的分度转台和绕 X 轴旋转的带顶尖座的分度头，以方便螺纹、齿轮、凸轮等的测量。

三坐标测量机能高速、安全、精确地获得三维几何体内、外轮廓曲面的数据，对任意形状的物体，只要测头能感受（或瞄准）到的地方，就能测出物体相应的空间位置、形状以及各个元素间的空间相互位置关系，并借助计算机完成数据处理。

三坐标测量机可用于机械、汽车、航空、军工、家具、工具、机器等中小型配件、模具等行业中的箱体、机架、齿轮、凸轮、蜗轮、蜗杆、叶片、曲线、曲面等的测量，还可用于电子、五金、塑胶等行业中对工件的尺寸、形状和形位公差进行精密检测，从而完成零件检测、外形测量、过程控制等任务。测量任务一般包含以下几种：

① 测量复杂形状。三坐标测量机可以测量圆柱面凸轮、端面凸轮、凸轮轴、螺纹、丝杠、齿轮及非渐开线齿形等。

② 周长、面积和体积测量。

③ 特殊参数测量。可以根据对被测件的测量计算出其重心、断面二次力矩及断面系数等参数。

3. 三坐标测量机的精度

三坐标测量机是一种柔性的通用测量仪器，适于测量几乎是任何物体的几何参数，它的准确度（和精度）是衡量一台机器好坏的重要指标。

三坐标测量机的测量精度单轴精度可达到 1 μm，三维空间精度可达到 1～2 μm。如果再结合数控回转台、极坐标系测量，其精度和使用范围更广。三坐标测量机已成为一种新颖、高效的几何精度测量设备。

2.5.3　三坐标测量机硬件的构成及功能

1. 三坐标测量机系统的构成

三坐标测量机系统的硬件主要由三部分组成。

(1) 终端控制计算机和打印机。在三坐标测量机系统的硬件结构中，计算机是整个测量系统的管理者。计算机实现与操作者对话、控制程序的执行和结果处理、与外部设备的通信等功能。

(2) 数控设备及其外部设备。数控设备是计算机和测量机的接口（I/O、工具信号、紧急情况等）。数控设备通过由计算机传来的数据计算出参考路径，不断地控制测量机的运动及与手提式控制盒的通信。

（3）三坐标测量机。三坐标测量机的主体主要由以下各部分组成：底座、测量工作台、立柱、X 向支撑梁和导轨、Y 向支撑梁和导轨、Z 轴部件、测头、驱动电机及测长系统。其结构形式（总体布局形式）主要取决于三组坐标的相对运动方式，它对测量机的精度和适用性影响很大。图 2-61 列出了常见的几种三坐标测量机的结构类型。

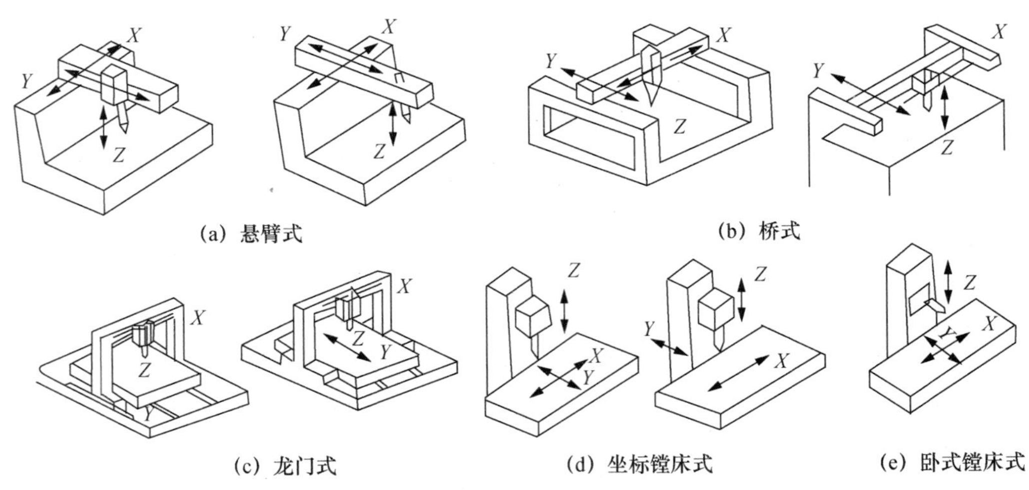

(a) 悬臂式　(b) 桥式　(c) 龙门式　(d) 坐标镗床式　(e) 卧式镗床式

图 2-61　三坐标测量机的结构类型

2. 三坐标测量机的构成

三坐标测量机总体由测量机主机、控制系统、测头测座系统、计算机（测量软件）等几部分组成。

（1）测量机主体的功能。根据操作或程序的命令，在零件的指定位置采集坐标点。

（2）控制系统的功能。

① 控制、驱动测量机的运动，三轴同步、速度、加速度控制；

② 在有触发信号时采集数据，对光栅读数进行处理；

③ 根据补偿文件，对测量机进行 21 项误差补偿（各轴的两个直线度、两个角摆误差、自转误差、位置误差、三轴之间的垂直度误差共 21 项）；

④ 采集温度数据，进行温度补偿；

⑤ 对测量机工作关态进行监测（行程控制、气压、速度、读数、测头等），采取保护；

⑥ 对扫描测头的数据进行处理，并控制扫描；

⑦ 与计算机进行各种信息交流。

（3）测头测座系统的功能。

① 测座根据命令旋转到指定角度；

② 测头传感器在探针接触被测点时发出触发信号。

三坐标测量机的结构配置见图 2-62。

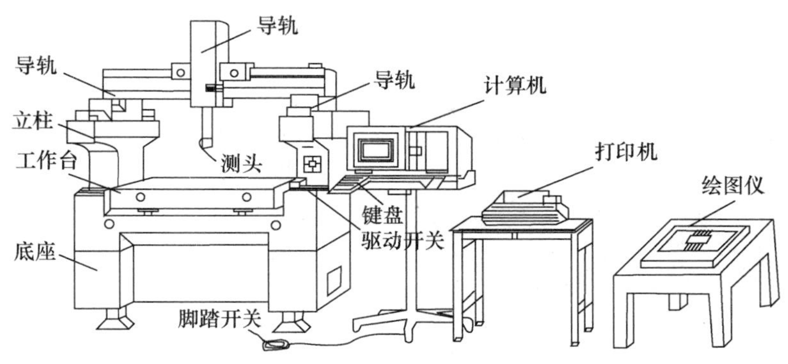

图2-62　三坐标测量机配置结构

3. 三坐标测量机的原理

将被测物体置于三坐标测量机的工作台上，通过手工及自动程序对物体进行逐点检测，将物体测点的坐标数值经计算处理成被测元素的几何尺寸和空间的相互位置关系。因此，对任意形状的物体，只要三坐标测量机检测头能够测到点的三维数值，就可获得物体相应的空间位置、形状及各个元素间的空间相互位置关系。

三坐标测量机的测量方法主要有投影光栅法、立体视觉法、由灰度恢复形状法三种。

4. 三坐标测量机的应用

(1) 三坐标测量机与加工中心相配合，具有“测量中心”之功能。在现代化生产中，三坐标测量机已成为CAD/CAM系统中的一个测量单元，它把测量信息反馈至系统主控计算机，进一步控制加工过程，提高产品质量。

(2) 三坐标测量机及其配置的实物编程软件系统通过对实物与模型的测量，可得到加工面几何形状的各种参数而生成加工程序，完成实物编程；借助于绘图软件和绘图设备，可得到整个实物的外观设计图样，实现设计、制造一体化的生产系统，并且该图样可3D立体旋转，是逆向工程的最佳工具。

(3) 多台测量机联机使用，组成柔性测量中心，可实现生产过程的自动检测，提高生产效率。因此，三坐标测量机越来越广泛地应用于机械制造、电子、汽车和航空航天工业领域。

(4) 三坐标测量机通常配置有测量软件系统、输出打印机、绘图仪等外围设备，增强了数据处理和自动控制等功能。

5. 三坐标测量机的类型

三坐标测量机是一种高精密仪器，包括通用的桥式测量机、悬臂式测量机、在线测量机，以及引领测量前沿技术的多功能工业CT测量机、复合式测量中心和纳米级测量机等不同等级和类型的测量机。

桥式测量机、龙门式测量机、水平悬臂式测量机和便携式测量机的外观见图2-63。

(1) 三坐标测量机按其精度分为两大类。

① 精密型万能测量机（UMM）：是一种计量型三坐标测量机，其精度可达1.5 μm + 2*L*/1000，一般放置在有恒温条件的计量室内，用于精密测量，分辨率为0.5 μm，1 μm或2 μm，也有达0.2 μm或0.1 μm的。

② 生产型测量机（CMM）：一般放置在生产车间，用于生产过程的检测，并可进行末道工序的精加工，分辨率为5 μm或10 μm，小型生产型测量机也有1 μm或2 μm的。

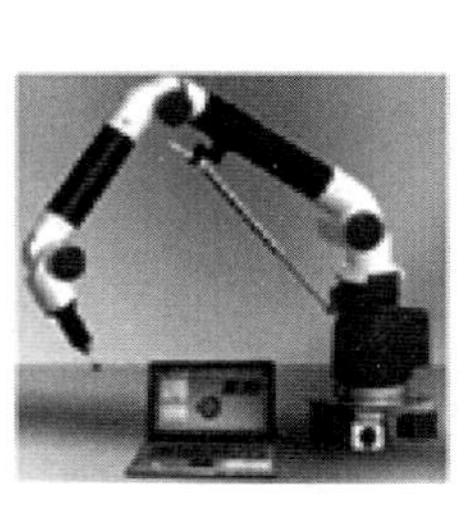
(a) 便携式三坐标

(b) 快速测量三坐标

(c) 水平悬臂式三坐标

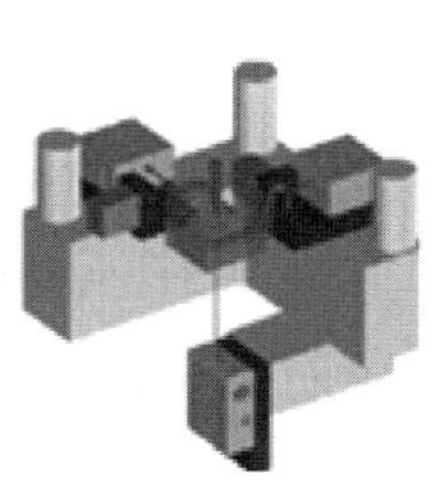
(d) 纳米三坐标

图 2-63 三坐标测量机外观示意

（2）三坐标测量机的测头系统种类很多，按性质可分为机械式、光学式和电气式测量系统。

（3）三坐标测量机按测头的测量方法可分为接触式和非接触式两大类。其中，接触式测量常用于测量机械加工产品以及压制成型品、金属膜等。接触式测头又可分为硬测头和软测头两类。

① 硬测头：多为机械测头，主要用于手动测量和精度要求不高的场合。

② 软测头：是目前三坐标测量机普遍采用的测头，又分为触发式测头和三维测微头两种。触发式测头也称为电触式测头，其作用是瞄准，可用于“飞越”（允许若干毫米超程）测量。

（4）三坐标测量机按结构分为桥式、臂式（悬臂式和水平臂式）、立柱式、龙门式、卧镗式等类型。

① 桥式：是将测头系统支持在桥式框架上，此结构刚性好，适用于大型测量机。桥式三坐标测量机是当前三坐标测量机的主流结构。按运动形式，桥式三坐标测量机又可分为移动桥式和固定桥式两类。

② 悬臂式：悬臂式 Z 轴移动结构的特点是左右方向开阔，操作方便，但容易引起 Y 轴挠曲而使 Y 轴的测量范围受限制；悬臂式 Y 轴移动结构的特点是 Z 轴固定在悬臂 Y 轴上，随 Y 轴一同前后移动，有利于工件的装卸。

③ 龙门式：龙门式又分为龙门移动式结构和龙门固定式结构，其装卸工件非常方便，操作性能好，适宜精度高的小型测量机。

④ 卧镗式：卧式镗床结构的测量机，精度较高，但结构复杂。

（5）根据测量原理的不同，三坐标测量机可分为机械接触式坐标测量机、激光坐标测量机、光学坐标测量机。

① 机械接触式坐标测量机：通过监测测头与实物的接触情况获取坐标数据。机械接触式坐标测量机最早大多采用的是固定刚性测头，其测量过程简单方便，对被测物体的材质和颜色无特殊要求；但测头与工件之间的接触程度主要靠测量人员的手感把握，存在系统误差大、测量速度低、测量数据密度低等缺点，需要对测量结果进行测头损伤和测头半径三维补偿，并且不能对软质材料或超薄形物体进行检测。

② 激光坐标测量机：由激光扫描实物，同时由摄像机录下光束与实物接触部位，属于非接触测量。激光坐标测量机从根本上解决了接触式测量所产生的各种缺陷，有效避免了在高精度测量中测量力所带来的系统误差和随机误差，且可以方便地实现对软质材料或

超薄形物体表面形状的检测。其测量速度快、效率高，但测量过程会受到物体的材质和颜色的影响。当光束投射到物体表面时，由于物体表面对光的散射作用，且被测表面倾斜引起接收光功率质心偏移，测量精度随入射角而变化，造成一定测量误差甚至使测量失效。

③ 光学坐标测量机：随着计算机技术和光电技术的发展，基于光学原理、以计算机图像处理为主要手段的三维复杂曲面非接触式快速测量技术得到飞速发展。光学坐标测量机由光源照射实物，利用干涉条纹技术计算实物坐标数据。

2.5.4　三坐标测量机的使用操作

1. 三坐标测量机的使用操作基本步骤

(1) 一般使用步骤。

① 规划检测方案。首先是要查看零件图纸，了解测量的要求和方法，规划检测方案或调出检测程序。

② 操作守则。吊装放置被测零件的过程中，特别要注意遵守吊车安全的操作规程，保护不损坏测量机和零件；零件应安放在方便检测、阿贝误差最小的位置并固定牢固。

③ 安装探针及附件。按照测量方案安装探针及探针附件，要按下“紧急停”按钮再进行安装，并注意轻拿轻放，用力适当；更换后试运行时要注意试验一下测头保护功能是否正常。

④ 注意事项。实施测量过程中，操作人员要精力集中，首次运行程序时要注意减速运行，确定编程无误后再使用正常速度。

⑤ 意外情况。一旦发现异常响声或异常气味时，应立即按“紧急停”按钮，切断电源，保护现场，并找专业修理人员维修或直接打电话与经销商联系，切勿自行拆卸。

⑥ 存档。检测完成后，将测量程序和程序运行参数及测头配置等说明存档。

⑦ 清洁。拆卸（更换）零件，清洁台面。

⑧ 后期保养。三坐标测量机在使用之后要进行适当的清理，后期保养也很重要。

(2) 开机顺序。

三坐标测量机开机的顺序是：打开气压阀（检查气压是否在 0.4～0.45MPa，且检查过滤器中有没有杂质）；打开电源和控制柜电源；打开电脑和 PC - DMIS 软件；用无尘布蘸酒精沿一个方向擦导轨；电机加电并打开自动模式；测量机回零。

2. 三坐标测量机测量时的测量顺序

(1) 三坐标测量机测量的内容。

三坐标测量机测量的内容包括基准点、分型（边界）线、轮廓线、面、结构等。

(2) 三坐标测量机测量时的顺序。

① 先难后易。指先测量难度较大的部分。

② 先重后轻。指先测量重要的部分，如基准点、分型线等。

③ 先配合后个体。指先测量装配结合部分。

④ 先整体后细节。指先完成主体的形位测量，再补充细节。

在安排次序时，还要结合下面的具体情况灵活处理：

① 造型进度的需要。

② 在同一次定位下完成尽可能多的数据测量。

③ 测量器具的局限。如探针在同一方位下可测量尽可能多的数据，以减少探针的换位次数。

3. 三坐标测量机测头校正时的注意事项

① 三坐标测量机的测头、测座、加长杆、测针、标准球要安装可靠牢固，不能松动有间隙。既需要检查测针、标准球安装的是否牢固，又要擦拭测针和标准球上的手印和污渍，保持测针和标准球清洁。

② 三坐标测量机校正测头时，测量速度应与测量时的速度一致。注意观察校正后测针的直径和校正时的形状误差。若变化较大，则查找原因并清洁标准球和测针。重复进行校正，观察其结果的重复程度。如此，既检查了测头、测针、标准球是否安装牢固，同时也检查了机器的工作状态。

③ 当三坐标测量机需要进行多个测头角度、位置或不同测针长度的测头校正时，可使用测球功能，用校正后的全部测头一次测量标准球，观察坐标的变化。如果变化比较大，则需要检查测座、测头、加长杆、测针、标准球的安装是否牢固，这些是造成此现象的重要原因。

④ 不同的软件使用方法不同，因为测针长度是测头自动校正的重要参数，如果出现错误会导致测针的碰撞，轻则碰坏测针，重则造成测头损坏。

⑤ 正确输入标准球直径。从以上可以看出，标准球直径直接影响测针宝石球直径的校正值。这虽是一个“小概率事件”，但是却有可能发生。

⑥ 在正常容量的情况下，室温控温可在 (20 ±1)℃范围内。

4. 三坐标测量机使用时的注意事项

正确使用三坐标测量机对其使用寿命、精度起到关键作用，使用中应注意以下几个问题：

① 工件吊装前，要将探针退回坐标原点，为吊装位置预留较大的空间。

② 工件吊装要平稳，不可撞击三坐标测量机的任何构件。

② 正确安装零件，安装前确保符合零件与测量机的等温要求。

③ 建立正确的坐标系，只有保证所建的坐标系符合图纸的要求，才能确保所测数据准确。

④ 当编好程序自动运行时，要防止探针与工件的干涉，故需注意增加拐点。

⑤ 对于一些大型较重的模具、检具，测量结束后应及时吊下工作台，以避免工作台长时间处于承载状态。

2.5.5 三坐标测量机在模具行业的应用

（1）模具的型芯与型腔、导柱与导套的匹配如果出现偏差，可通过三坐标测量机找出偏差值以便纠正。

（2）在模具的型芯、型腔轮廓加工成型后，很多镶件和局部的曲面要通过电极在电脉冲上加工成型，从而电极加工的质量和非标准的曲面质量成为模具质量的关键。因此，用三坐标测量机测量电极的形状必不可少。

（3）三坐标测量机可以应用3D数模的输入，将成品模具与数模上的定位、尺寸、相关的形位公差、曲线、曲面进行测量比较，输出图形化报告，直观清晰地反映模具质量，从而形成完整的模具成品检测报告。

(4) 在某些模具使用了一段时间出现磨损要进行修正，但又无原始设计数据（即数模）的情况下，可以用截面法采集点云，用规定格式输出，探针半径补偿后造型，从而达到完好如初的修复效果。

(5) 当一些曲面轮廓既非圆弧，又非抛物线，而是一些不规则的曲面时，可用油泥或石膏手工做出曲面作为底胚，然后用三坐标测量机测出各个截面上的截线、特征线和分型线，用规定格式输出，探针半径补偿后造型，在造型过程中圆滑曲线，从而设计制造出全新的模具。

第 3 章　几何量误差检测

3.1　几何误差类型

3.1.1　机械产品的几何误差

机械产品的几何误差可表示如下。

几何误差
- 尺寸误差：最基本的尺寸偏差
- 表面形状误差
  - 微观：表面粗糙度
  - 中间：波度（不常见）
  - 宏观：形状误差 } 形位误差
- 相对位置误差 } 形位误差

3.1.2　精密测量的环境条件

（1）恒温条件。

（2）隔振条件。

（3）气压、自重、运动加速度和其他环境条件（100 mm 长的钢棒垂直放置，由于自重会使材料产生压缩变形，长度约缩短 0.002 μm）。

3.2　长度尺寸误差检测

3.2.1　长度检测原则

1. 阿贝原则

阿贝原则是指要求在测量过程中被测长度与基准长度应安置在同一直线上的原则。若被测长度与基准长度并排放置，则在测量比较过程中由于制造误差的存在，移动方向的偏移，两长度之间出现夹角而产生较大的误差。误差的大小除与两长度之间夹角大小有关外，还与其之间的距离大小有关。距离越大，误差也越大。

应用阿贝原则，可以显著减少测头移动方向偏差对测量结果的影响，因此阿贝原则是精密测量中非常重要的原则，在评定量仪或拟订长度测量方案时必须首先加以考虑。

常用测长量具中，千分尺的结构符合阿贝原则，即测量系统与被测尺寸成串联形式。因此，根据阿贝原则，千分尺的误差很小，能得到较高精度的测量值。而游标卡尺则不符合阿贝原则，在测量时，卡尺的测量工作面是卡脚，而标准长度量线（刻度尺）却在离卡脚一段距离的上边，与实际被测长度量不在同一直线上。在卡尺来回推动中，导轨的制造与安装误差会造成移动方向的偏斜，越是量程大的卡尺，移动距离越远时，偏斜越大，误差越大。这种因设计而产生的较大误差，称阿贝误差。由于游标卡尺在精度要求较低的情况下

（一般精度0.02 mm）使用方便，故其应用广泛。游标卡尺和千分尺测长比较示意见图3-1。

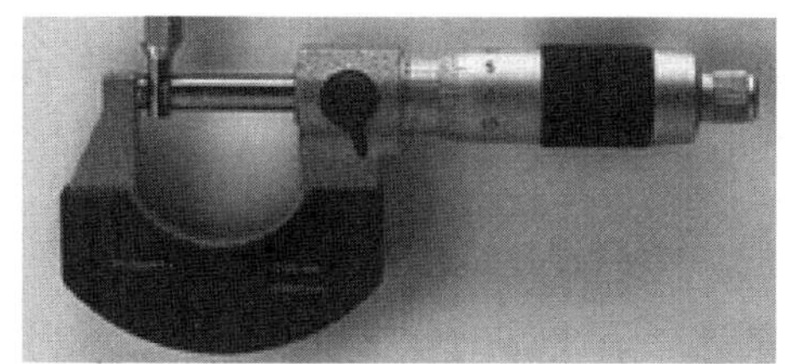

图3-1　游标卡尺和千分尺测长比较示意

2. 基准统一原则

基准统一原则是指测量基准要与加工基准和使用基准相统一。即工序测量应以工艺基准作为测量基准，终检测量应以设计基准作为测量基准。

3. 最短链原则

在间接测量中，与被测量具有函数关系的其他量与被测量形成测量链。形成测量链的环节越多，被测量的不确定度越大。因此，应尽可能减少测量链的环节数，以保证测量精度，此称之为最短链原则。

按最短链原则，最好采用直接测量而不采用间接测量；只有在不能采用直接测量，或直接测量的精度不能保证时，才采用间接测量。例如，在生产测量中，以最少数目的量块组成所需尺寸的量块组，就是最短链原则的一种实际应用。

许多武器装备是高精尖产品，如果要进一步提升其性能、威力，就必然要提高系统的精确度和可靠性。因此，不少兵器在设计和生产定型时都需要进行成套的尺寸链计算，以便对零件的可装配性进行检验，保证系统的精度要求。合理运用最短链原则，不仅能保证设备的精度要求，还能有效地提高工作效率。

4. 最小变形原则

最小变形原则是指测量器具与被测零件都会因实际温度偏离标准温度和受力（重力和测量力）而产生变形，形成测量误差。

在测量过程中，控制测量温度变动、保证测量器具与被测零件有足够的等温时间、选用与被测零件线胀系数相近的测量器具、选用适当的测量力并保持其稳定、选择适当的支承点等，都是实现最小变形原则的有效措施。

3.2.2　轴径及其误差的常见检测方法

（1）单件小批生产。在单件小批生产中，轴径的实际尺寸通常用卡尺、千分尺、专用量表等普通测量器具进行检测。轴径的实际测量示意见图3-2。

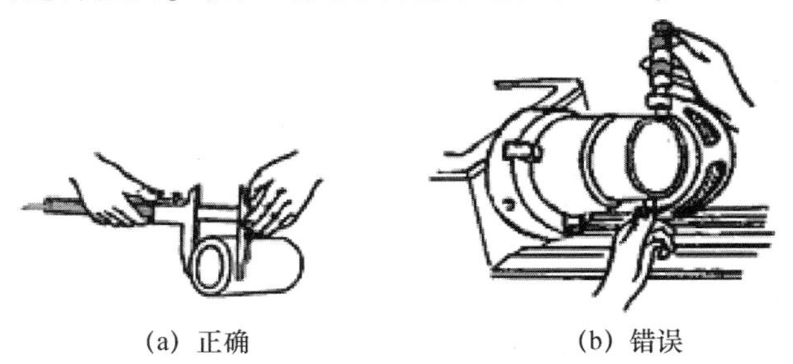

(a) 正确　　(b) 错误

图3-2　轴径测量

（2）大批量生产。目前在大批量生产中，多用光滑极限量规来综合判断轴的实际尺寸和形状误差是否合格。

（3）高精度的轴径。在精密加工中，高精度的轴径常用机械式测微仪、电动式测微仪或光学仪器进行比较测量，用立式光学计测量轴径是最常用的测量方法。立式、卧式光学计如图 3-3 所示。

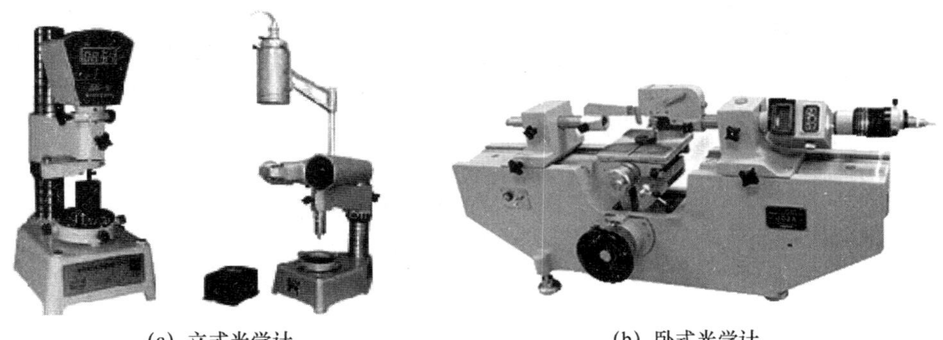

(a) 立式光学计　　(b) 卧式光学计

图 3-3　立式、卧式光学计

（4）常用轴径测量仪器。常用轴径测量仪器包括卡尺、千分尺、指示表千分尺、杠杆千分尺、杠杆齿轮传动测微仪、扭簧测微仪、电感测微仪、电容测微仪、立式光学计、卧式光学计、立式测长仪、万能测长仪以及工具显微镜（大型、小型、万能）。

典型示例：间接测量偏心距，其方法如图 3-4 所示。

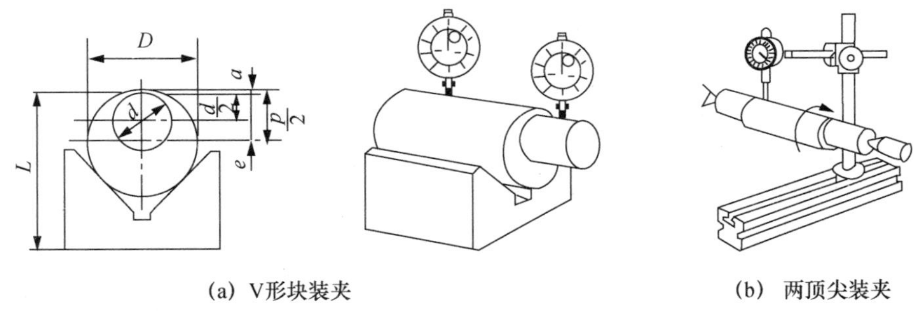

(a) V形块装夹　　(b) 两顶尖装夹

图 3-4　间接测量偏心距

检测的偏心距较大时，把工件装在 V 形铁上，如图 3-4(a) 所示。转动偏心轴，用百分表测出偏心轴（套）的最高点。找出最高点后，工件固定不动；再将百分表水平移动，测出偏心轴外圆到基准外圆之间的距离 a，由图 3-4(a) 可知：

$$\frac{D}{2} = e + \frac{d}{2} + a \tag{3-1}$$

根据式（3－1），可得：

$$e = \frac{D}{2} - \frac{d}{2} - a \tag{3-2}$$

利用上式可计算出偏心距 e。

检验偏心距较小的工件的偏心度时，可把被测轴装在两顶尖之间，如图 3-4(b) 所示。使百分表的测量头接触在偏心部位上（最高点），用手转动轴，百分表上指示出的最大数字和最小数字（最低点）之差的 1/2 就等于偏心距的实际尺寸。偏心套的偏心距也可用上述方法来测量，但必须将偏心套装在心轴上进行测量。

3.2.3　孔径及其误差的常见检测方法

（1）单件小批生产。在单件小批生产中，孔径的实际尺寸通常用卡尺、内径千分尺、内径规、内径摇表、内测卡规等普通量具、通用量仪进行检测。内径摇表的外观示意见图 3-5。

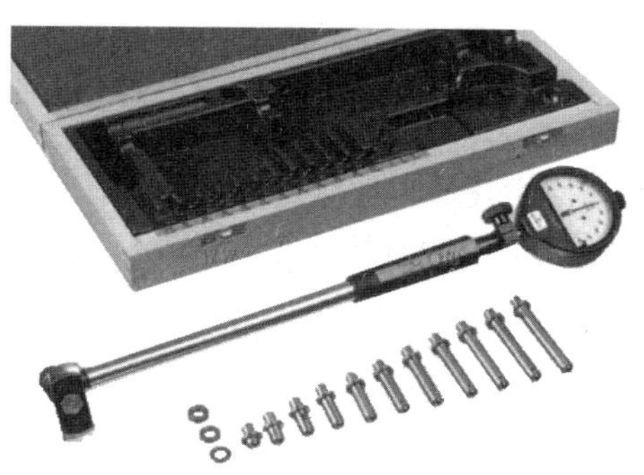

图 3-5　内径摇表

（2）大批量生产。目前在大批量生产中，多用光滑极限量规来综合测量孔的实际尺寸和形状误差。

（3）高精度的孔径及深孔、小孔、细孔。深孔和精密孔等的测量常用内径百分表（千分表）或卧式测长仪（也叫万能测长仪，见图 3-6）测量；小孔径用小孔内视镜、反射内视镜等检测；细孔用电子深度卡尺测量（细孔专用）。

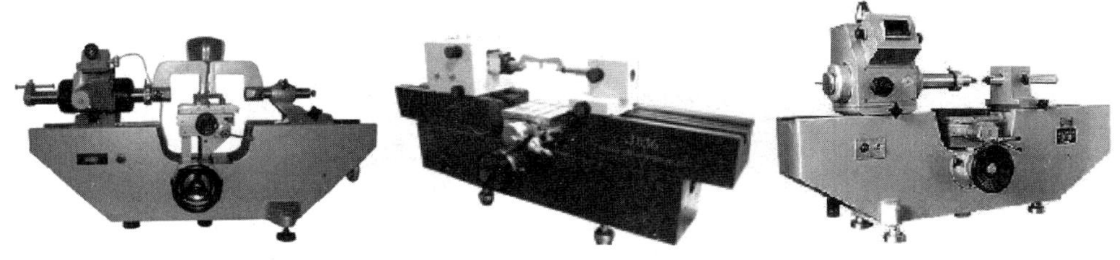

图 3-6　卧式（万能）测长仪

（4）常用孔径测量仪器。常用孔径测量仪器包括内径百分表、内径测微仪、万能测长仪（阿贝测长头）、一米测长机、万能工具显微镜、孔径测量仪、自准直孔径测量仪、内孔比长仪、小孔显微镜等。

3.2.4　长度、厚度误差的检测

（1）长度尺寸。长度尺寸一般用钢直尺、卡尺、千分尺、专用量表、测长仪、比测仪、高度仪、气动量仪等进行测量。常用长度量具三大件包括：游标卡尺、千分尺、百分表。

（2）厚度尺寸。生产中一般用塞尺、间隙片结合卡尺、板材千分尺、高度尺、厚薄规等进行厚度测量。厚度测量用具见图 3-7。

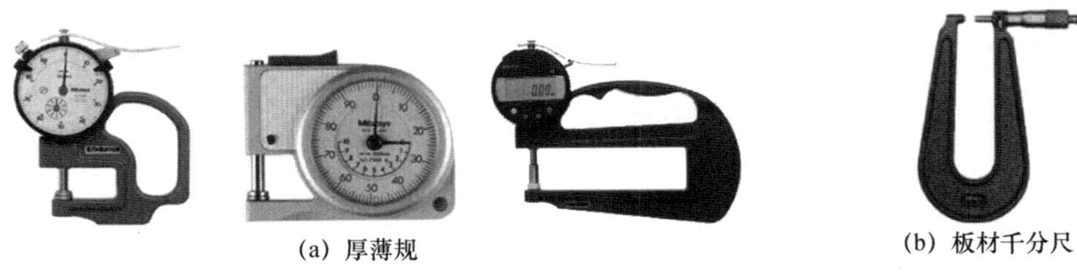

(a) 厚薄规　　(b) 板材千分尺

图 3-7　厚度测量用具

（3）壁厚尺寸。可使用超声波测厚仪或壁厚千分尺来检测管类、薄壁件等的厚度。利用膜厚计、涂层测厚计检测刀片或其他零件涂镀层的厚度。

（4）深度尺寸。用深度游标卡尺测量槽深、台阶深度、孔深等，测量示意见图 3-8。

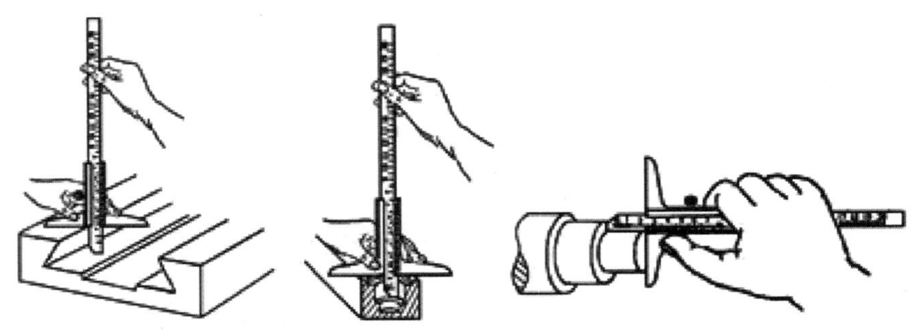

图 3-8　深度尺寸测量

（5）其他尺寸。用偏心检查器检测偏心距值，用半径规（R 卡尺）检测圆弧角半径值，用螺距规检测螺距尺寸值，用孔距卡尺测量孔距尺寸。半径规及孔距卡尺外观见图 3-9。

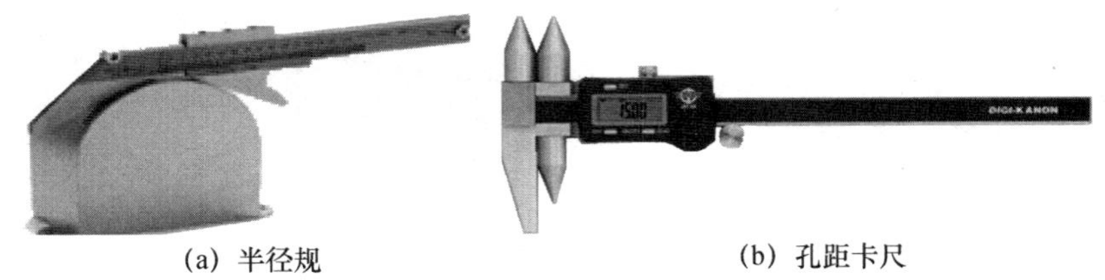

(a) 半径规　　(b) 孔距卡尺

图 3-9　半径规及孔距卡尺

3.3　七种表面粗糙度误差检测方法

3.3.1　目视检查法

目视检查法是指操作者或检验人员根据加工纹理和加工表面特征，通过视觉经验，结合手感（用指甲轻划或手摸）或其他方法进行比较，对被测表面的粗糙度进行评定的方法。目视检查法的特征见表 3-1。

表3-1　目视检查法表面特征对照

Ra / μm	表面特征	*Ra* / μm	表面特征
50～12.5	可见粗糙刀痕	0.05	光泽表面
6.3～1.6	可见刀痕	0.025	亮光泽表面
0.8～0.2	可见加工痕迹方向	0.012	雾状镜面
0.1	仔细辨认可见加工痕迹方向	0.008	镜面

注：此方法使用的器具简单，操作方便，是目前生产现场最常用的方法。但此法并不科学，检测准确度完全依赖于操作者的经验与水平。

3.3.2　比较法

比较法是指操作者将表面粗糙度比较样块（见图3-10）与被测工件表面靠在一起，用目测或借助放大镜、比较显微镜等直接进行比较，或用手感（摸，指甲划动的感觉）来判断表面粗糙度。

还可以用油滴在被测表面和表面粗糙度标准样块上，用油的流动速度（此时要求样块与工件倾斜角度与温度相同）来判断表面粗糙度，流动速度快的表面粗糙度数值小。

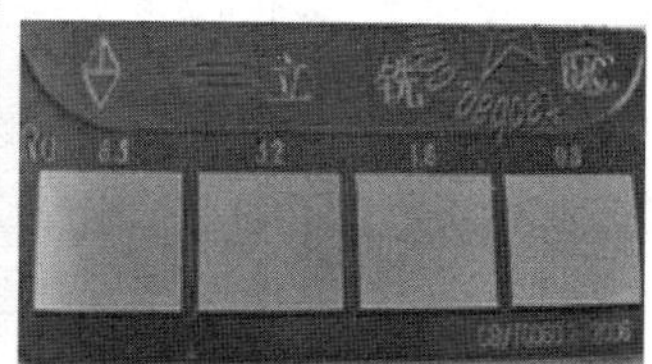

图3-10　表面粗糙度比较样块

3.3.3　光切法

光切法是指利用“光切原理”来测量表面粗糙度的一种方法。光切法检测使用的仪器叫光切显微镜（又称为双管显微镜），一般适宜于测量用车、铣、刨等加工方法完成的金属平面或外圆表面。

光切法主要用于测量表面粗糙度的 *Rz* 参数，*Rz* 测量范围为0.5～60 μm。

3.3.4　干涉法

干涉法是指利用光波干涉原理来测量表面粗糙度的一种方法，主要用于测量表面粗糙度的 *Rz* 参数。*Rz* 测量范围为0.05～0.8 μm，一般用于对表面粗糙度要求高的表面。

干涉法检测使用的仪器有干涉显微仪、双光束干涉显微镜和多光束干涉显微镜（也可用于测平面度）。

干涉法的工作原理是，被测表面的微观峰、谷存在使光程不一样，造成干涉条纹弯曲，其弯曲度和条纹宽度表示表面粗糙度，测得弯曲度和宽度数值可求得表面粗糙度参数值。

3.3.5 针描法

针描法是一种接触式测量，又称感触法，即利用金刚石触针在被测表面滑行而测出表面粗糙度 *Ra* 值的一种方法。

目前针描法较常用的仪器是电动轮廓仪，可直接显示 *Ra* 值，其测量范围 *Ra* 为 0.025～6.3 μm。电动轮廓仪的原理是利用触针在被测表面划动，使触针上下移动，引起传感器内电量变化，将电量变化值经微机处理后可直接读出 *Ra* 参数值。该仪器还可以通过记录器获得轮廓放大图，从而可测 *Ry* 值。

3.3.6 印模法

印模法是一种非接触式间接测量表面粗糙度的方法，适用于大型笨重零件和难以用仪器直接测量或样板比较的表面（如深孔、盲孔、凹槽、内螺纹等）的粗糙度测量。

印模法的原理是利用某些塑性材料做成块状印模贴在零件表面上，从而将零件表面轮廓印制在印模上，然后对印模进行测量，得出粗糙度参数值。

印模法由于印模材料不能完全充满被测表面微小不平度的谷底，所以测得印模的表面粗糙度参数值比零件实际参数值要小。因此，对印模所得出的表面粗糙度测量结果需要进行修正（修正时也只能凭经验）。

3.3.7 激光测微仪检测法

激光测微仪检测法是用激光测微仪测量表面粗糙度的一种比较测量方法，又分为激光图谱法和激光光能法。激光测微仪可测量范围 *Ra* 为 0.01～0.32 μm。

激光图谱法用激光反射光和散射光形成的激光图谱与比较样块形成的图谱比较，判定表面粗糙度是否符合规定。

激光光能法利用光电转换原理将激光中心反射光能和散射光能转为电能。一定粗糙度的表面其激光中心反射光与散射光的能量比值是一定的。当光能转为电能转入比较电路，通过电表显示、比较结果，其比值越大，表面粗糙度越好。

3.4 角度误差检测方法

3.4.1 角度测量的内容

角度测量的内容包括矩形零件的直角、锥体的锥角、零部件的定位角、零件结构的分度角以及转角等。

两面角的测量中，基准的建立与体现：基准是用以确定被测要素的理想方向和理想位置的依据；根据实际零件的形体表面（有形状误差的表面）来建立基准时，应按统一的原则，这个原则应是最小条件。

3.4.2 角度测量的方法

角度（包括锥度）测量的方法包括相对测量、绝对测量、间接测量、小角度测量等。

1. 相对测量

相对测量是用定值角度量具与被测角度相比较，用涂色法或光隙法估计被测角度或锥度偏差的一种测量方法。

（1）角度量块。角度量块是角度测量中的基准量块，与长度测量中的量块相似。角度量块主要用来检定和调整测角仪器和量具，校正角度样板，也可用于直接检测精度高的工件。

（2）直角尺。直角尺用于检验直角和画线。

（3）多面棱体。多面棱体相当于多值的角度块，常作为角度基准，用来测量分度盘、精密齿轮、涡轮等的分度误差。

2. 绝对测量

绝对测量是将被测角度同仪器的标准角度直接比较，从仪器上直接读出被测角度数值的一种测量方法。

（1）角度仪、电子角度规检测。角度仪、电子角度规主要用来测量角度量块、多面棱体、棱镜等具有反射面的工作角度，属于光电量仪，其最小精度与仪器制造精度有关。

（2）光学分度头检测。光学分度头是一种精密测角仪器，主要用来测量工件的中心角、圆周分度或对精密工件进行画线等。测量时，以工件回转中心作为基准，对工件中心角进行测量（也可以测量轴的圆度误差），如图 3-11(a) 所示。

（3）角度尺检测。角度尺一般用于测量精度要求不高的角度零件。常用样板、光学分度头、万能角度尺直接测量，样板测量如图 3-11(b) 所示。

3. 间接测量

生产中遇到一些工件的内角或外角，用直接测量难以进行或测量精度不够时，可使用间接测量方法。

间接测量常用的测量器具有正弦尺、滚柱和钢球等，也可使用三坐标测量仪。

正弦规使用方法：正弦规主要由一个钢制长方体和固定在其两端的两个相同直径的钢圆柱体组成。两圆柱的轴心线距离 L 一般为 100 mm 或 200 mm。正弦规的上表面为工作面，在正弦规主体下方固定有两个直径相等且互相平行的圆柱体，它们下母线的公切面与上工作面平行。在宽面正弦尺的台面上有一系列的螺纹孔，用来夹紧各种形状的工件。在主体侧面和前面分别装有可供被测件定位用的侧挡板和前挡板，它们分别垂直和平行于两圆柱的轴心线。

(a) 用光学分度头测量

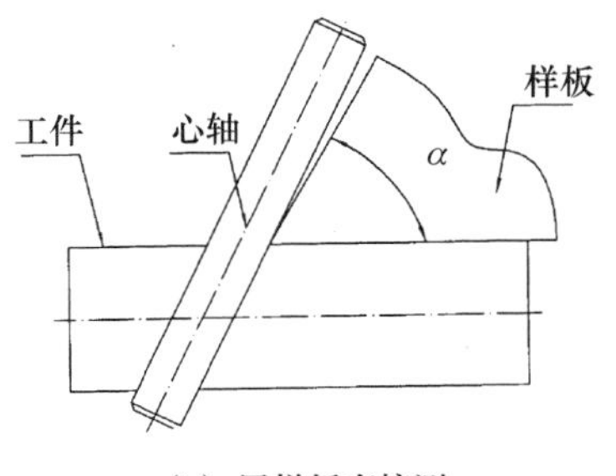

(b) 用样板直接测

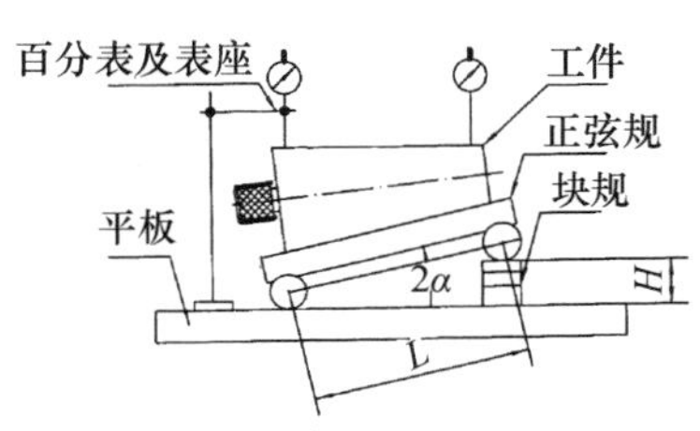

(c) 用正弦规测锥度

图 3-11　角度测量

利用正弦规测量圆锥量规见图 3-11(c)。在直角三角形中，$\sin\alpha = H/L$，式中 H 为量块组尺寸，按被测角度的公称角度算得。根据测微仪在两端的示值之差可求得被测角度的误差。

正弦工作台测角不易获得很高精度。

4. 小角度测量

实现小角度测量的方法有水平仪测量角、自准仪测量角、激光小角度测量仪测角等。

水平仪是最常用的一种测量小角度的仪器，主要用来测量工件表面的水平位置及两平面或两轴线的平行度，同时还可用于测量机床导轨、平台、板的直线度、平面度等。

在某些精密零部件的直线度、平面度等形状误差和平行度、垂直度、倾斜度等位置误差的测量中，也需要将被测的量转换成小角度变化来进行测量。

5. 角度与圆锥角的简易测量

(1) 角度样板检测法。检测示意见图 3-12。

(2) 平台检测法。两外表面的夹角和外锥角的测量，用两直径相等的圆柱和量块测量。检测示意见图 3-13。

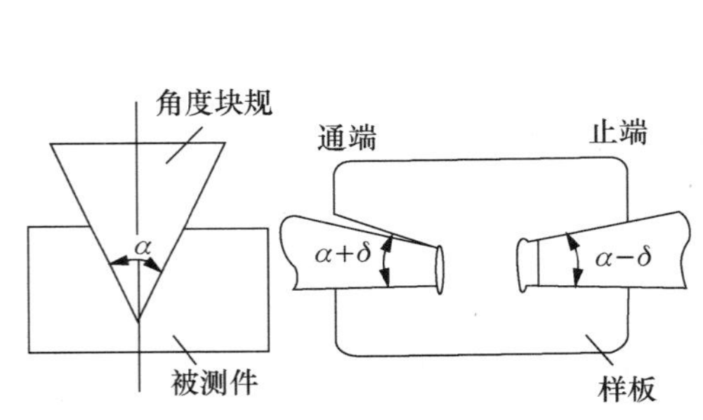

图 3-12　角度样板检测法

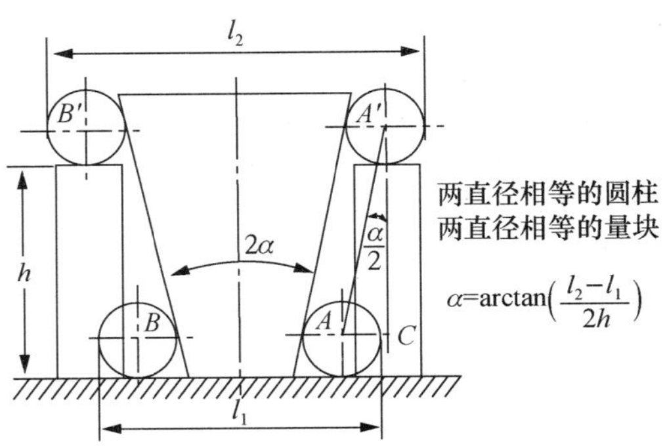

图 3-13　平台检测法

6. 圆周分度装置（仪器）测量

实现圆周分度的装置为圆周分度装置，例如分度盘、圆光栅盘、圆感应同步器、多齿分度盘等均可作为标准圆周分度装置。多齿分度盘是纯机械式的分度机构，它能达到 ±0.1″的分度精度，同时具有自动定心、操作简单、使用寿命长等优点。

各种圆周分度装置都具有圆周封闭的特点，对它们进行圆周分度时产生的不均匀性就是圆周分度误差。使用圆周分度原理的光学分度头测量角度参见图 3-14。

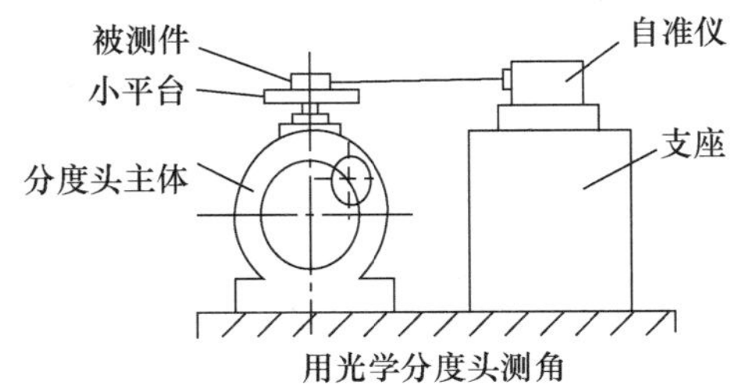

图 3-14　光学分度头测量

3.5　形状误差检测

3.5.1　形位误差检测原则

1. 与理想要素比较原则

将被测实际要素与相应的理想要素相比较，从而测出实际要素的形位误差值。误差值可通过直接或间接测得。几何要素与公差带含义见表 3-2。

表 3-2　几何要素与公差带

项　目	几何要素的分类	概　　念
1	理想要素	具有几何学意义的要素（如附图所示）
2	实际要素	零件上实际存在的要素，均由测量所得的要素代替（不考虑测量中的误差）
3	被测要素	图纸上给出了形状或位置公差的要素
4	基准要素	用来确定被测要素方向或位置公差的要素。基准要素通常由设计人员在图纸上注明
5	单一要素	在图纸上仅对某一要素本身给出形状公差要求的要素
6	关联要素	对其他要素有功能关系的要素
7	形状公差	单一实际要素的位置所允许的变动量
8	位置公差	关联实际要素的位置对基准所允许的变动量
9	形状和位置的公差带	是限制实际要素的区域。它可能是两平行直线、两等距曲线、一个圆、一个圆柱等

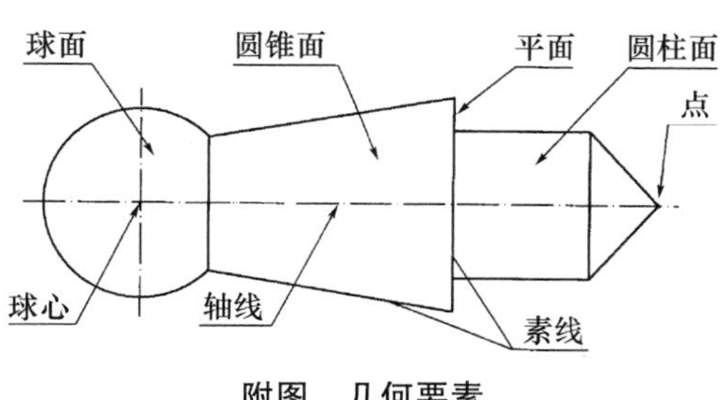

附图　几何要素

理想要素通常用模拟方法获得，如用一束光线体现理想直线，一个平板体现理想平面，回转体系与测量头组合体现一个理想的圆等。与几何理想要素比较原则见表 3-3。

2. 测量坐标值原则

利用工具显微镜、坐标测量机等坐标测量仪器，测出与被测实际要素有关的一系列坐标值，经对测得数据进行处理后获得形位误差值。测量轮廓度、位置度多用此原则。测量坐标值原则见表 3-3。

3. 测量特征参数原则

测量特征参数原则是测量被测实际要素上具有代表性的参数（特征参数）来表征形位误差。用两点法、三点法测量圆度误差时常用此原则，生产现场应用较多。测量特征参数原则见表 3-3。

4. 测量跳动原则

测量跳动原则即在被测实际要素绕基准轴线回转过程中，沿径向、轴向、斜向等给定方向测量它对某基准点的变动量（圆跳动和全跳动）。测量跳动原则见表 3-3。

测量跳动不同于其他形位误差的测量，故独自成为一种检测原则。

5. 控制实效边界原则

控制实效边界原则用于被测实际要素采用最大实体要求的场合。它是用综合量规模拟实效边界，检测被测实际要素是否超过实际边界，以判断合格与否。控制实效边界原则见表 3-3。

表 3-3　形位误差检测原则

检测原则名称	图　　例	说　　明
与几何理想要素比较原则	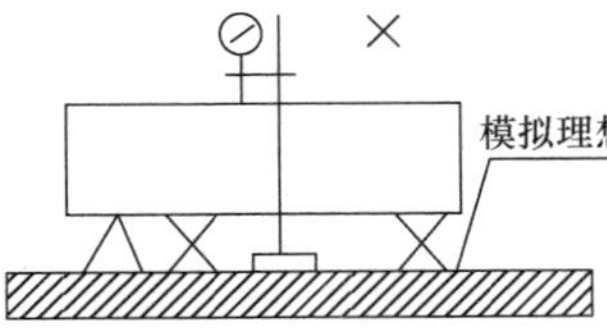 模拟理想要素 图 A　直接获得法 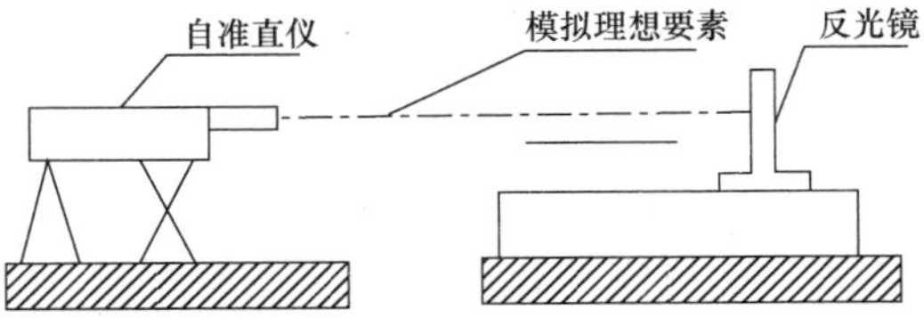 自准直仪　模拟理想要素　反光镜 图 B　间接获得法	将被测实际要素与其几何理想要素比较。量值由直接法（图 A）或间接法（图 B）获得。 理想要素用模拟方法获得，如刀口尺、平尺，用直光束等模拟理想直线；精密平板、平品等模拟理想平板；用精密心轴、V 形状模拟理想轴线等
测量坐标值原则	测量直角坐标值 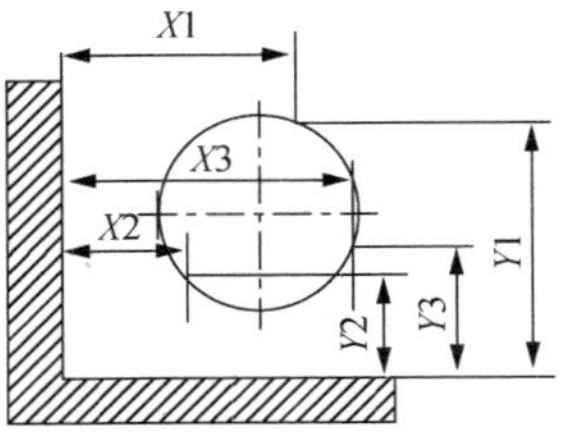 X1　X3　X2　Y1　Y2　Y3	测量被测实际要素的坐标值（如直角坐标值、极坐标值、圆柱面坐标值），并经过数据处理获得形状误差值
测量特征参数原则	两点法测量圆度特征参数 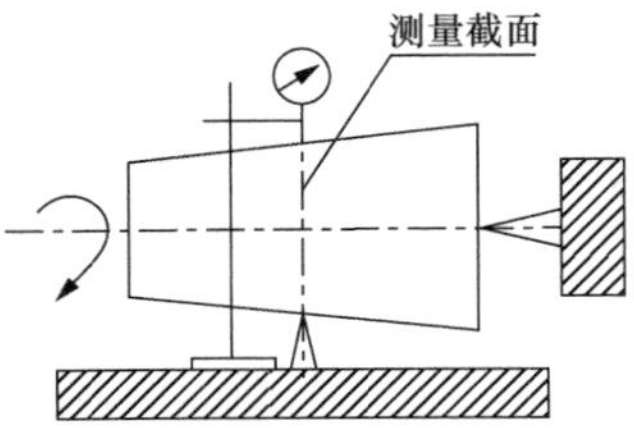 测量截面	测量实际要素上具有代表性参数（即特征参数）用以表示形位误差

续表

检测原则名称	图 例	说 明
测量跳动原则	测量径向跳动	被测实际要素绕基准轴线回转过程中，沿给定方向测量它对某参考点或参考线的变动量（变动量是指指示表最大读数与最小读数之差）
控制实效边界原则	用综合量规检测同轴度	检测被测实际要素是否超过实效边界，以此判断是否合格

3.5.2 直线度误差检测方法

1. 光隙法

光隙法适合于测小零件。将平尺与被测要素直接接触，并对准光源，摆动工件或平尺，使最大间隙为最小。用此方法应多测几次，并取最大误差值作为被测件的直线度误差。

用刀口尺、三棱尺、四棱尺测量直线度误差时，都是利用刀刃作模拟基准与被测表面进行比较，并以两者之间的光隙大小确定直线度误差值。被测长度一般小于300 mm。

当间隙偏大时，可用厚薄规（塞尺）配合测量；当光隙较小时，可按标准光隙（蓝光约0.8 μm，红光约1.5 μm，白光2.5 μm以上）估读。光隙法测量见图3-15。

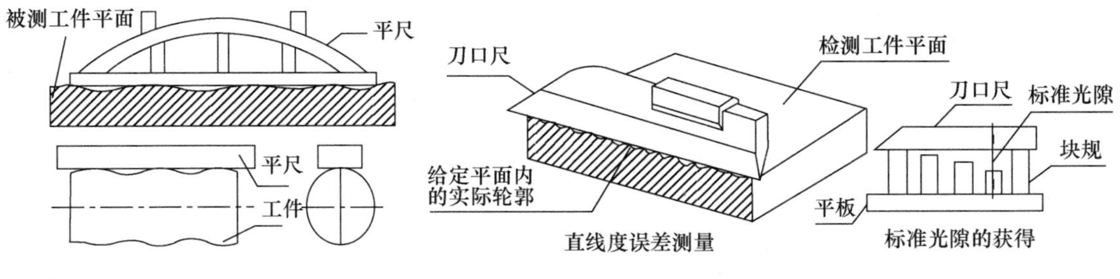

图3-15 光隙法测量直线度误差

2. 指示器法

指示器法是指以平板、平尺作测量基维，用百分表或千分表测量直线度误差（见图3-16）。

3. 钢丝法

钢丝法指用直径0.1～0.2 mm的钢丝拉紧，用V形铁上垂直安装读数显微镜检查直线度。

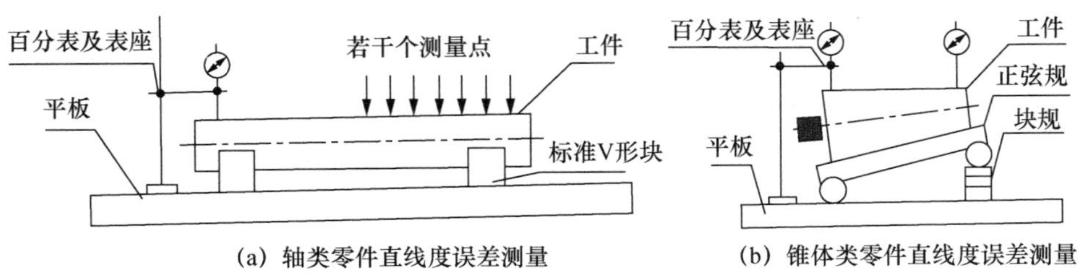

(a) 轴类零件直线度误差测量　(b) 锥体类零件直线度误差测量

图 3-16　指示器法测量直线度误差

4. 光学仪器法

光学仪器法指用水准仪、自准直仪、准直望远镜等光学仪器测量直线度误差。

5. 水平仪法

用方框水平仪加桥板测直线度比使用自准直仪的调整操作更简单。

6. 光学平晶法

用光学平晶分段指示器检测直线度误差法测量研磨平尺的直线度。

7. 节距法

节距法也称跨步法，是以两个支承点的连线作为理想直线，以此来测量第三点相对于该连线的偏差。节距法用于一般零件或较大零件的直线度测量见图 3-17。

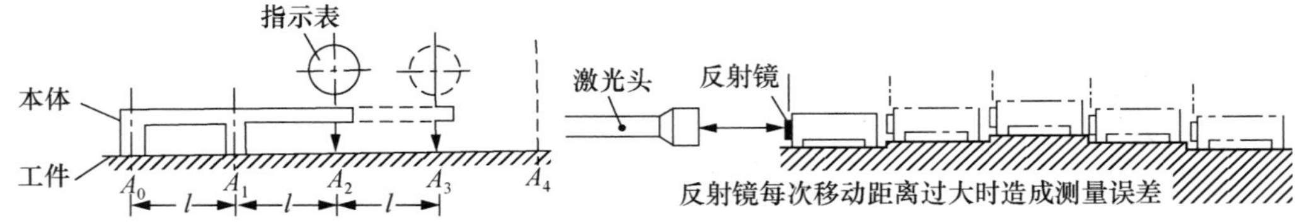

图 3-17　节距法测量直线度误差

测量前，把此装置放在高精度平尺或平板上，将指示表的示值调整为零，然后将测量装置放置在被测面上进行测量。测量时，每次移动一个 l 距离，读取一个读数；移动时，前次的测点位置，就是后次测量的前支承点位置，如此依次逐段测完全长；最后进行数据处理，即可求出被测件的直线度误差。

3.5.3　平面度误差检测方法

1. 平面度误差判别准则

平面度最小区域判别准则见表 3-4，符合此表中三种形式之一的，即属于最小区域。

2. 平面度误差检测方法

（1）批示器检测法（打表法）。将被测工件用三个千斤顶支承在平板上，调整千斤顶，使被测面与平板平行，按规定测量被测表面上的点，并记录读数。平面度误差一般取读数最大值与最小值的绝对值之和。打表法测量平面度见图 3-18。

（2）平尺检测法。将平尺用等高垫铁支承，在被测表面上用打表法测直线度。此方法还可用刀口尺测小平面的平面度误差，具体操作与直线度测量相同。平尺检测法便于操作，是常用的一种检测方法。

（3）光学仪器法。用平面扫描仪、水平仪、自准直仪、准直望远镜、平晶、激光等光学仪器测量工件的平面误差。

表 3-4　平面度最小区域判别准则

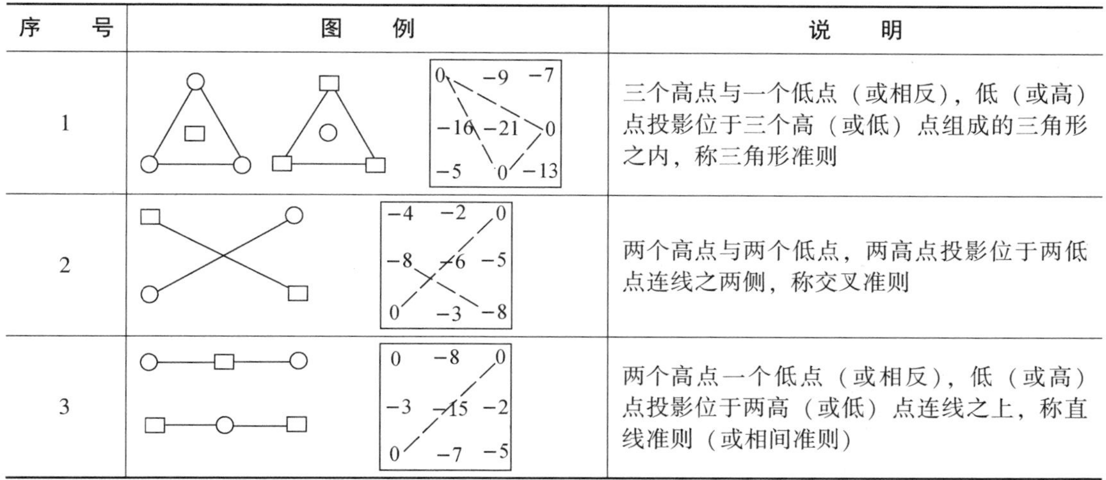

序　　号	图　　例	说　　明
1	0 −9 −7 −16 −21 0 −5 0 −13	三个高点与一个低点（或相反），低（或高）点投影位于三个高（或低）点组成的三角形之内，称三角形准则
2	−4 −2 0 −8 −6 −5 0 −3 −8	两个高点与两个低点，两高点投影位于两低点连线之两侧，称交叉准则
3	0 −8 0 −3 −15 −2 0 −7 −5	两个高点一个低点（或相反），低（或高）点投影位于两高（或低）点连线之上，称直线准则（或相间准则）

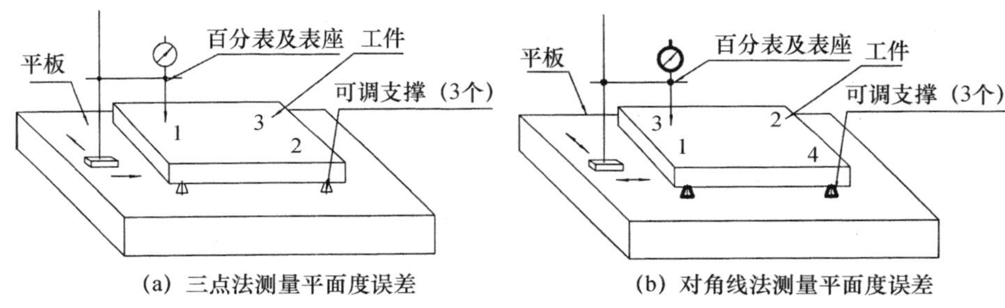

(a) 三点法测量平面度误差　　(b) 对角线法测量平面度误差

图 3-18　打表法测量平面度误差

① 干涉法。对于精密小平面的平面度误差可用干涉法测量。该法是以平晶表面为基准平面，使它与被测平面接触，在单色平行光照射下，形成等厚干涉。调整平晶与被测表面间的相对位置，使之产生较明显的干涉条纹，然后根据干涉条纹来评定平面度误差。当条纹数不足一条时，则根据条纹弯曲程度来评定平面度误差。

② 水平面法。用水平面法测量平面度误差时，基准平面建立在通过被测表面上的某角点、并与水平面平行的平面上，然后用水平仪按节距法测出跨距前后两点的高度差，将水平仪在各段上的读数值累加，可得各点对起始点的高度差，通过基面旋转可求出被测平面的平面度误差。

光学仪器法测量平面度参见图 3-19。

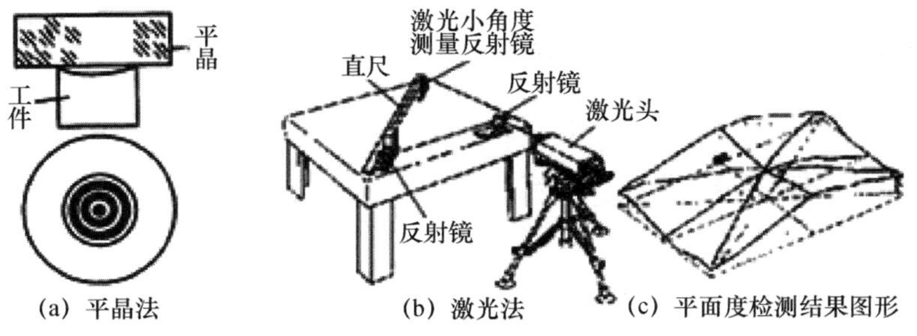

(a) 平晶法　　(b) 激光法　　(c) 平面度检测结果图形

图 3-19　光学仪器法测量平面度误差

（4）研点检测法。用标准平板或平尺涂上颜料与被测平面平尺对研，以每 24.5 mm × 24.5 mm 的面积内不少于多少为平面度误差。本法目前多用在机修、平板、平尺检定、平板平尺制造等过程中。

3.5.4 圆度误差检测方法

1. 圆度误差的评定

（1）最小外接圆法。该法适用于轴类，因为它工作时起作用的是外接圆。

（2）最大内接圆法。该法适用于孔类，因为它工作时起作用的是内接圆。

（3）最小包容区域法。该法得出的数值比以上两种方法得出的值都小，零件最容易合格，但该方法计算较复杂。

（4）最小二乘方圆法。该法数值比第一、第二两种方法得出的值小，比方法三得出的值大，能反映被测轮廓的综合情况，容易实现电算。该法在理论上比较合理。

2. 圆度误差检测方法

（1）圆度仪法。圆度仪测量圆度误差符合圆度定义，圆度仪精度高，可达 0.25 μm，一般在计量室中使用，由专人操作。测量时仪器可将轮廓记录在纸上，用同心圆模板或按仪器给出的理想圆比较求出圆度误差。圆度仪外观示意见图 3-20(a)。

按工作原理不同，圆度仪可分为转台式和转轴式。转轴式圆度仪测圆度效果好，但不易测圆柱度、同轴度、平面度和垂直度。转轴式圆度仪外观见图 3-20(b)。转台式与转轴式相反，其工件回转，而测头架不动，可测圆柱度、同轴度、平面度和垂直度、轴线直线度等。

影响圆度仪测量精度的因素有：主轴回转误差；工件轴线和主轴轴线偏心引起的误差；工件轴线对主轴轴线倾斜引起的误差；测量头形状和测头半径变化引起的误差（例如，针形测头测量误差小，测量结果中包含表面粗糙度的影响，容易划伤工件表面；球形测头可选用适当半径，测量中可消除表面粗糙度影响，减少工件表面划伤；斧形或圆柱形测头可避免工件表面划伤和消除表面粗糙度影响，会使工件轴线倾斜造成的误差值加大）；测量力的影响；测量头偏位引起的误差等。

(a) 圆度仪外形

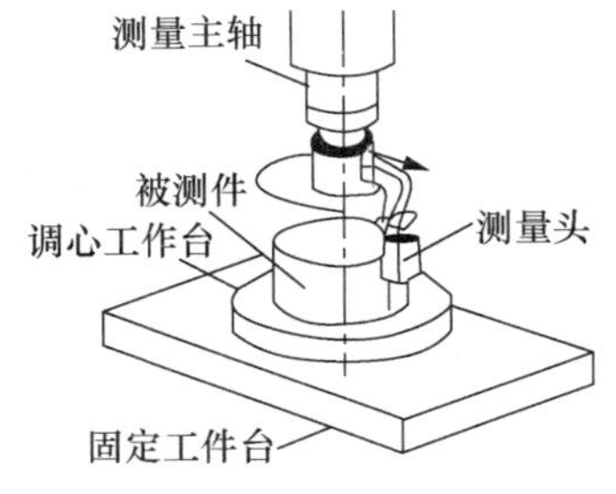

(b) 转轴式圆度仪外形示意

图 3-20 圆度仪

（2）两点法。两点法测量即测量工件直径，就是旧标准中椭圆度的测量。测量时多测几个截面，以最大值减最小值的 1/2 为该工件的圆度误差。两点法是一种近似测量法，但由于此测量方法简单经济，因此一般工件圆度误差检测多采用此法。

（3）三点法。将工件架在 V 形铁或其他支撑架上，装上指示器，工件转 1 周，指示器读数的最大差值的 1/2 作为圆度误差值。测量时应在工件上多测几个截面，取最大误差值作为工件的圆度误差。三点法测圆度、圆柱度误差见图 3-21(a)。

（4）光学分度测量法。用光学分度头、万能工具显微镜的分度台作为测量圆度误差的回转分度机构，用电感测微仪、扭簧比较仪的指示机构来测量圆度、圆柱度误差。

用圆分度仪在圆周上等分的取若干测量点，被测件每转过一个角度就从指示表上读取一个数值，然后在极坐标图上绘出误差曲线，得出圆度、圆柱度误差。分度仪法测圆度、圆柱度误差见图 3-21(b)。

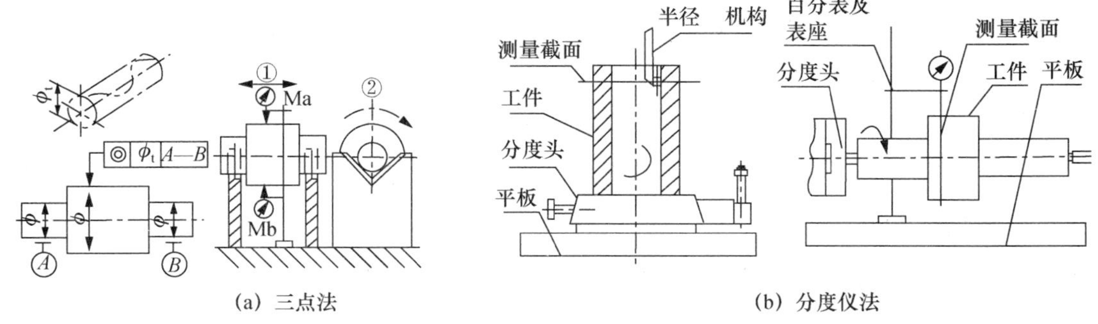

(a) 三点法　　(b) 分度仪法

图 3-21　测量圆度、圆柱度误差

（5）坐标测量法。将被测工件放置在有坐标装置仪器（三坐标测量机或有两坐标的万能工具显微镜等）的工作台上，并调整被测件轴线与仪器工作台面垂直且基本上同轴，按选定截面被测圆周上等分测量出各点坐标值，取其中最大的误差值为评定的圆度误差。坐标法测量圆度误差见图 3-22。

典型示例：内外圆同轴度的检验，在排除内外圆本身的形状误差时，可用圆跳动量的 1/2 来计算。

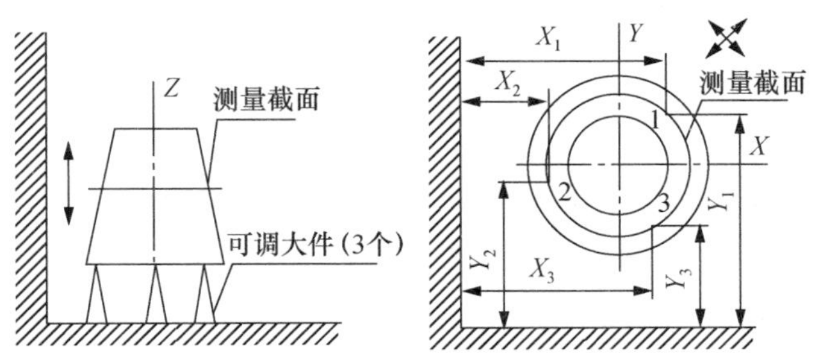

图 3-22　坐标法测量圆度误差

以内孔为基准时，可把工件装在两顶尖的心轴上，用百分表或杠杆表检验，见图 3-23(a)。百分表（杠杆表）在工件转一周的读数，就是工件的圆跳动。

以外圆为基准时，把工件放在 V 形铁上，见图 3-23(b)，用杠杆表检验。这种方法可测量不能安装在心轴上的工件。

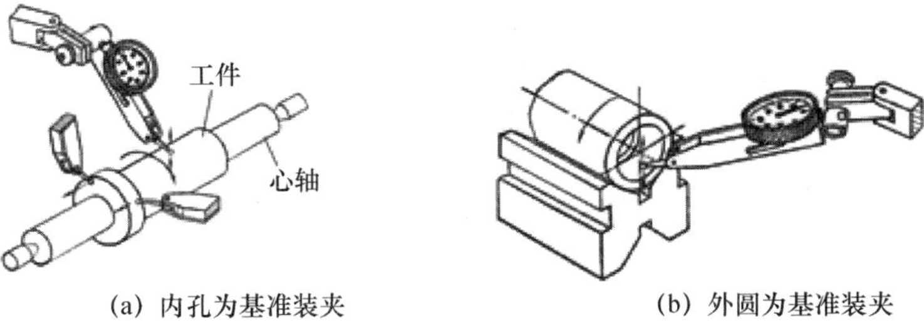

(a) 内孔为基准装夹　　(b) 外圆为基准装夹

图 3-23　百分表测量圆度误差

3.5.5 圆柱度误差检测方法

（1）圆度仪法。一般圆度仪可以测量圆柱度。将工件轴线找正，测量若干个横截面圆度，由计算机按最小条件给出圆柱度误差。也可以通过记录各截面的圆度误差图形，用透明同心圆模板求圆柱度误差。还可以用近似法求圆柱度误差，即取若干个截面圆度误差中的最大值为圆柱度误差，见图 3-24(a)。

（2）两点法。将工件放在平板上并靠紧方箱，用千分表测若干个截面的最大与最小读数，取所有读数中最大与最小读数差之半为该工件的圆柱度误差。

（3）三点法。将工件放在 V 形块内（V 形块长度应大于被测工件长度），工件转动用千分表测出若干个截面的最大与最小读数。取各截面所有读数中最大与最小读数差之半为该工件圆柱度误差。V 形块夹角 α，推荐使用 $\alpha=90°$ 和 $\alpha=120°$ 两种，见图 3-24(b)。

（4）三坐标测量法。将工件轴线与三坐标测量装置的 Z 轴调至平行，测量工件外圆各点的坐标值，通过计算机按最小条件求圆柱度误差。

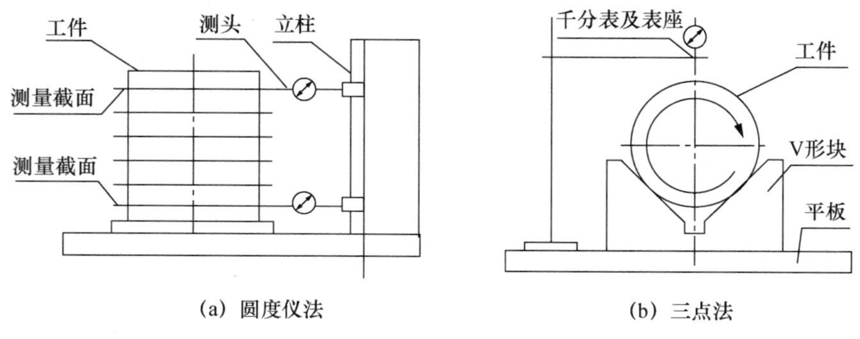

(a) 圆度仪法　　(b) 三点法

图 3-24 圆柱度误差测量

（5）指示器法（打表法）。将零件顶在仪器的两顶尖上轴线定位，在被测圆柱面的全长上，测量若干个截面轮廓，每个轮廓上可选取若干个等分点，得到整个圆柱面上各点的半径差值，如图 3-25 所示。

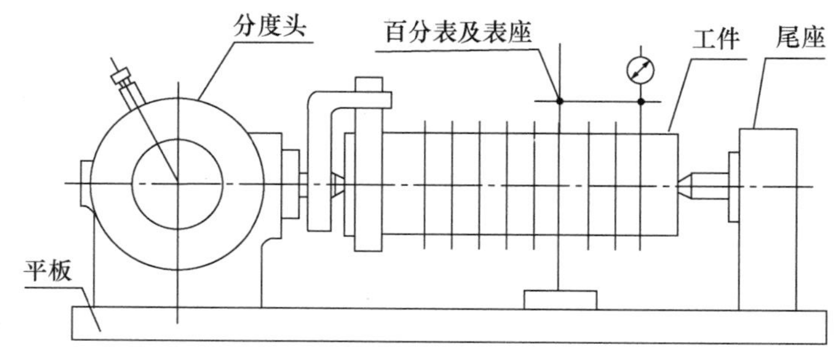

图 3-25 指示器法测量圆柱度误差

典型示例：轴类零件直线度、圆度、圆柱度及跳动检测（见图 3-26）。

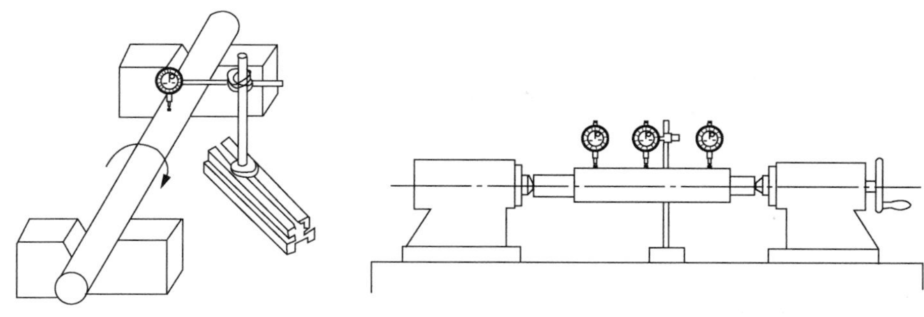

(a) 工件放在V形块上　　(b) 工件放在专用检验架（偏摆检查仪）上

图 3-26　轴类零件直线度、圆度、圆柱度及跳动检测

检测工件直线度（平直度）或平行度时，将工件放在平台上的检验架上，使测量头与工件表面接触，调整指针使表摆动 1/3～1/2 转之后使刻度盘零位对准指针，然后慢慢地移动表座或工件测**直线度**。当指针顺时针摆动时，说明工件偏高；若指针反时针摆动，则说明工件偏低了（具体数据读表上刻度）。

图形示例中，转动工件则可测得工件的**圆度**误差值。多测几个位置点的圆度，综合可得工件**圆柱度**误差值。该示意结构还可以测量工件的**跳动**等形位误差值。

3.5.6　线轮廓度误差检测方法

(1) 仿形法。利用仿形（靠模）机床检测线轮廓度误差。用此方法检测线轮廓度误差时，要求仿形测头形状应与千分表测头形状相同。

(2) 样板光隙法。用制作精确的检验样板检测工件，测量样板与工件的间隙，以此来确定工件线轮廓度误差。

(3) 坐标法。对于理论轮廓线用坐标（极坐标或直角坐标）法标注的线轮廓度误差检测，可用万能工具显微镜、有分度装置的转台、精密镗床等测量工件轮廓的坐标值，求出线轮廓度误差，如图 3-27(a) 所示。

(4) 投影仪法。将线轮廓度公差带放大成公差带图。将工件放到投影仪上按放大图的倍数放大，将工件轮廓与理论轮廓比较，检查工件轮廓是否超出极限轮廓，若在公差内则工件合格，如图 3-27(b) 所示。此方法适用于较小的薄形工件以及成型刀具的检验。

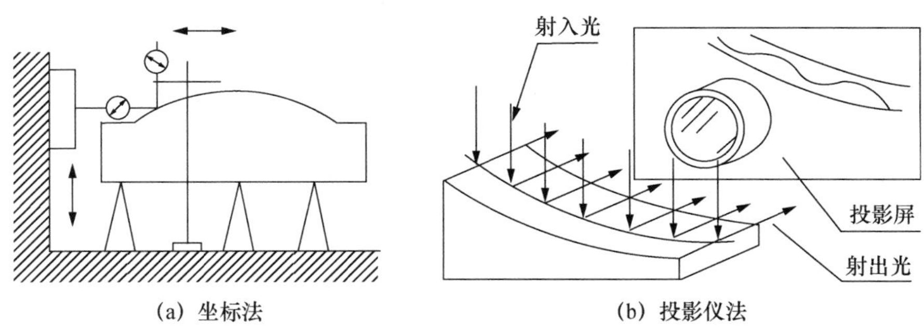

(a) 坐标法　　(b) 投影仪法

图 3-27　线轮廓度误差测量

3.5.7 面轮廓度误差检测方法

线轮廓度的检测方法基本适用于面轮廓度的检测（用样板光隙法检测时，应注意正确安放截面样板位置，最好将样板做成框架结构）。

3.6 位置误差检测

3.6.1 平行度误差检测方法

1. 打表法

将工件基准面放在平板上，用千分表测被测表面，读出最大数值与最小数值，其差即为平行度误差，如图 3-28 所示，三种检测应将所测数据换算到工件实际长度上，即

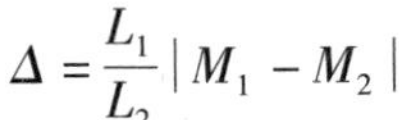

$$\Delta = \frac{L_1}{L_2}|M_1 - M_2|$$

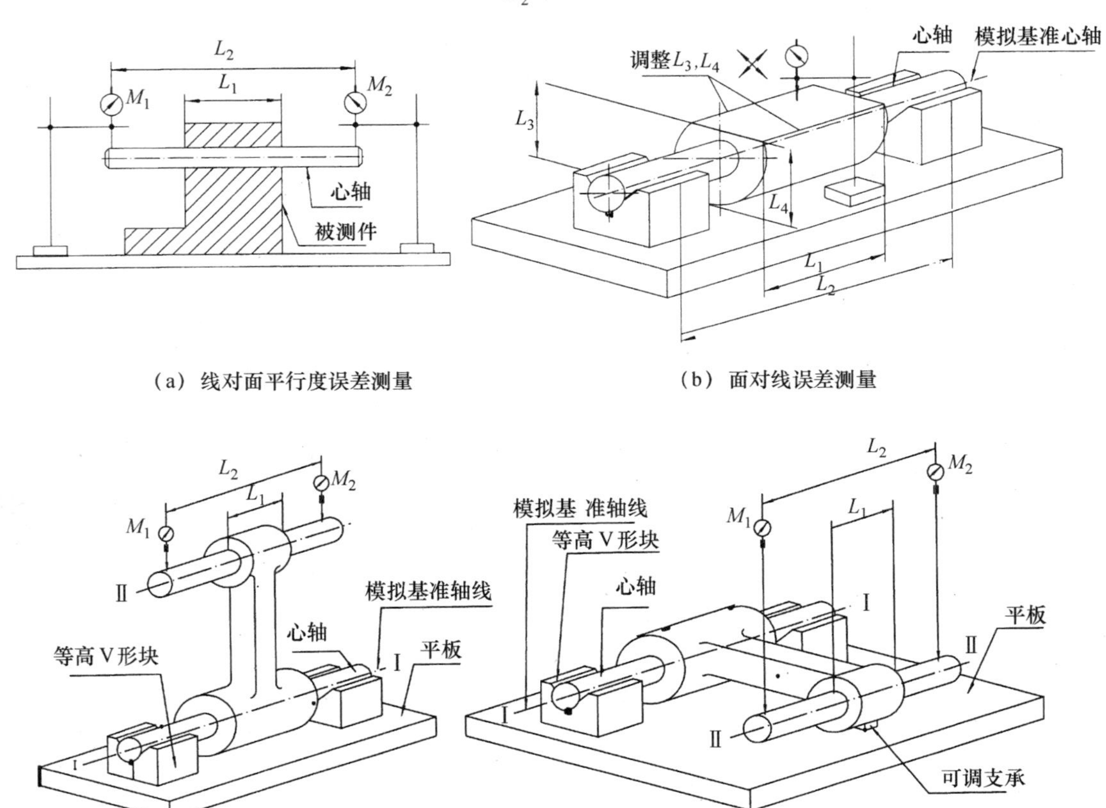

（a）线对面平行度误差测量　（b）面对线误差测量

（c）两个方向线对线平行度误差测量

图 3-28　平行度误差测量

典型示例：平行度检测（见图 3-29）。

检验车床主轴轴线对刀架移动平行度时，在主轴锥孔中插入一检验棒，把百分表固定在刀架上，使百分表测头触及检验棒表面。移动刀架，分别对侧母线 A 和上母线 B 进行检

验，记录百分表读数的最大差值。为消除检验棒轴线与旋转轴线不重合对测量的影响，必须旋转主轴 180°，再同样检验一次 A、B 的误差。两次测量结果的代数和之半就是主轴轴线对刀架移动的平行度误差（要求水平面内的平行度允差只许向前偏，即检验棒前端偏向操作者；垂直平面内的平行度允差只许向上偏）。

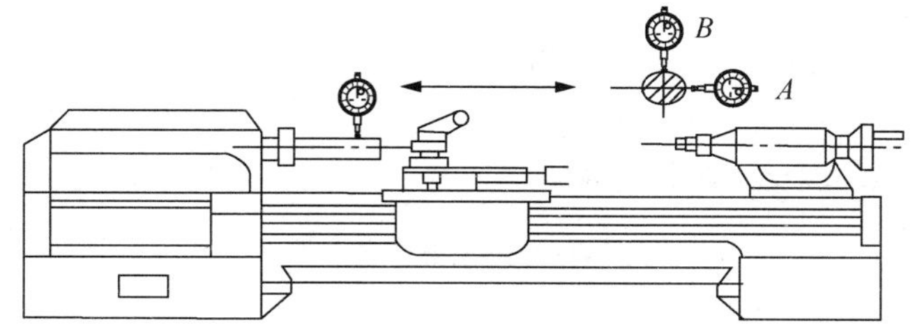

图 3-29　主轴轴线对刀架移动的平行度检测

2. 水平仪法

将工件放到平板上，将基准面找平，分别测出基准面与被测面的直线度后，即获得平行度误差。水平仪法参见图 3-31。

3.6.2　垂直度误差检测方法

1. 圆柱 90°角尺和 L 形 90°角尺互测

圆柱 90°角尺和 L 形 90°角尺互检互测示意见图 3-30。方法如下：

（1）在第一位置圆柱 90°角尺和 L 形 90°角尺的顶端有光隙 δ_1，将 L 形 90°角尺翻转（第二位置顶端有光隙 δ_2），如光隙 $\delta_1=\delta_2$，则圆柱 90°角尺角度准确，误差全在 L 形 90°角尺。

（2）如在第二检测位置，光隙变到 90°角尺根部且 $\delta_1=\delta_2$，则角度误差全在圆柱 90°角尺。

（3）如果 $\delta_1\neq\delta_2$，则圆柱 90°角尺和 L 形 90°角尺都有误差。

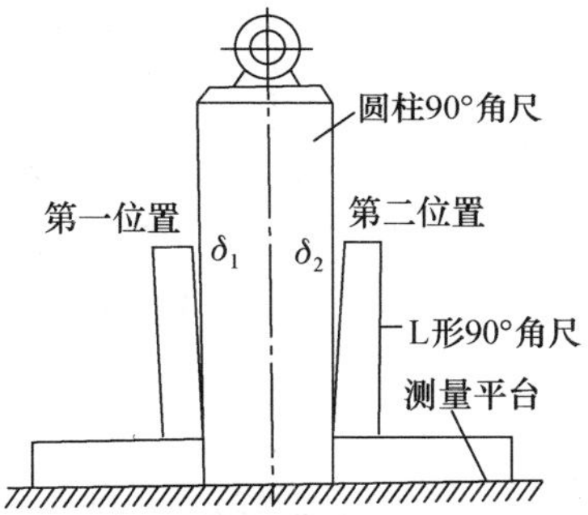

图 3-30　圆柱 90°角尺和 L 形 90°角尺互检互测

2. 垂直度检测方法

（1）光隙法。使用直角尺或标准圆柱在平板（或直接放在工件的基准面）上，检查直角尺的另一面与工件被测面的间隙，用塞尺检查间隙的大小。

（2）坐标转换法。将工件基准面固定到直角座或方箱上，在平板上用测平行度的方法测垂直度误差。

（3）光学仪器与水平仪法。对于一些大型工件的垂直度测量，可使用自准直仪或准直望远镜和直角棱检查垂直度误差；也可以用方框水平仪检查大型工件的垂直度误差。

注意事项：使用此法测量大型工件垂直度误差时，首先应将基准面找水平；测量结果进行数据处理时，应排除工件基准面的形状误差，见图 3-31(a)。

（4）打表法。线对线垂直度误差测量如图 3-31(b) 所示。基准轴线与被测轴线由心轴模拟，转动心轴轴线，在测量距离 L_2 的两个位置上测得读数为 M_1 和 M_2，垂直度误差为 $\Delta=\frac{L_1}{L_2}|M_1-M_2|$。

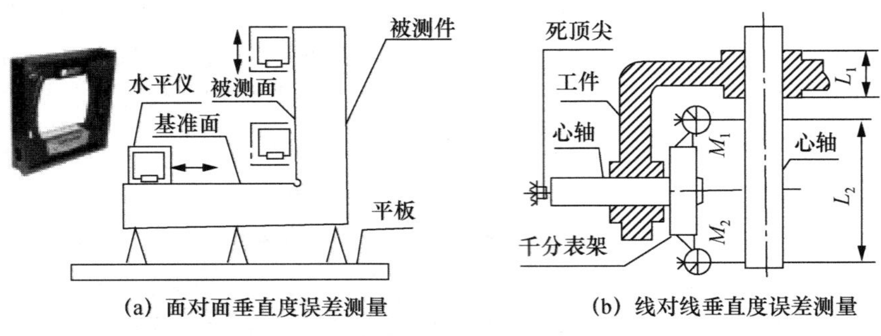

(a) 面对面垂直度误差测量　　(b) 线对线垂直度误差测量

图 3-31　垂直度误差测量

3.6.3　倾斜度误差检测方法

倾斜度误差检测中，一般将被测要素通过标准角度块、正弦尺、倾斜台等转换成与测量基准平行状态，然后再用测量平行度的方法测量倾斜度误差，见图 3-32。倾斜度误差测量方法类同 3.4 节中的小角度测量方法。

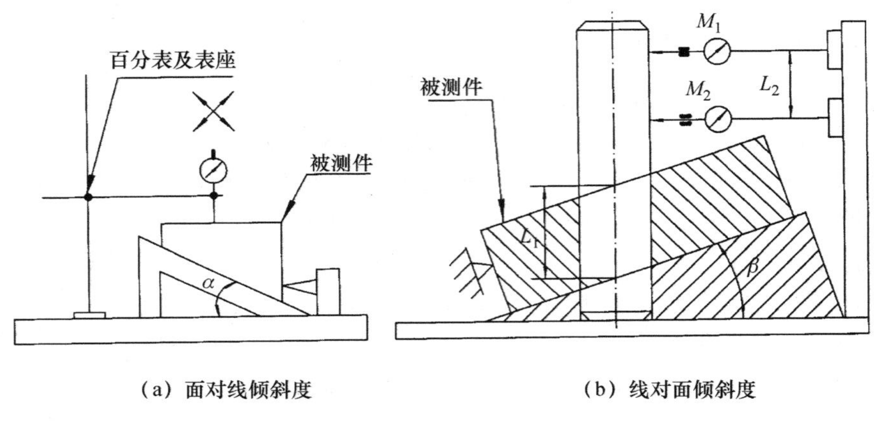

(a) 面对线倾斜度　　(b) 线对面倾斜度

图 3-32　倾斜度误差测量

3.6.4　同轴度误差检测方法

1. 圆度仪、同轴度测定仪法

将工件在圆度仪上找正，测被测要素若干个截面的圆度并绘出记录图，根据图形按定义求出同轴度误差。该方法较适用于测小型零件的同轴度误差。测量示意见图 3-33(a)。

2. 三坐标测量法

将工件在测量台上找正，测量被测圆柱表面若干横截面轮廓点的坐标，用计算机求被测圆柱实际轴线的位置，实际轴线与基准轴线间最大距离的 2 倍即为同轴度误差。测量示意见图 3-33(b)。

3. 壁厚差测量法

用量具直接测量壁厚均匀性，取厚度差最大值的 1/2 为同轴度误差。该方法适用于板形、筒形工件内外圆同轴度测量。

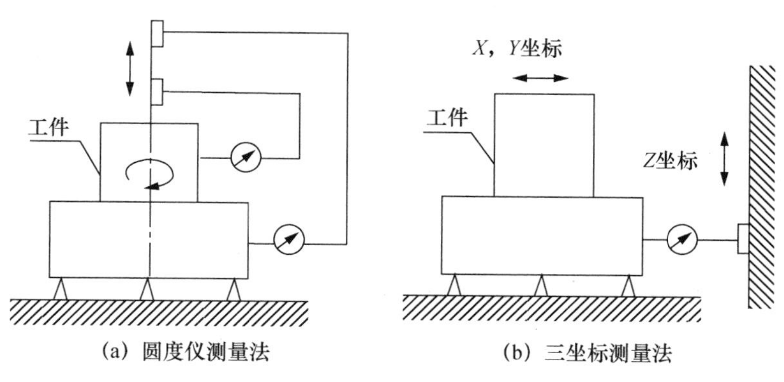

(a) 圆度仪测量法　　(b) 三坐标测量法

图 3-33　同轴度误差测量

4. 光轴法（光学仪器法）

使用准直望远镜，利用支架将目标放在孔的中心（靶心），用光学仪器找正基准孔后，测量靶心相对于光轴的偏移量，评定出被测轴线的同轴度误差。此方法适用于大型箱体等工件的孔系同轴度测量。

5. 指示器法（心轴打表法）

指示器法有多种方法。单个量表法是将工件基准圆柱放在等高刃口形 V 形架上，转动工件，读出千分表指针指示的最大读数与最小读数差即为同轴度误差，见图 3-34(a)。对于形位公差较小的同轴度测量，可采用两个量表的读数之差为同轴度误差，见图 3-34(b)。若基准指定为中心孔，则测量时应将中心孔用作支撑定位测量，此法也适用于测量圆度误差较小的工件。

此外，还有径向圆跳动替代法、同轴度量规法［也称综合量规法见图 3-34(c)］等检测同轴度误差的方法。

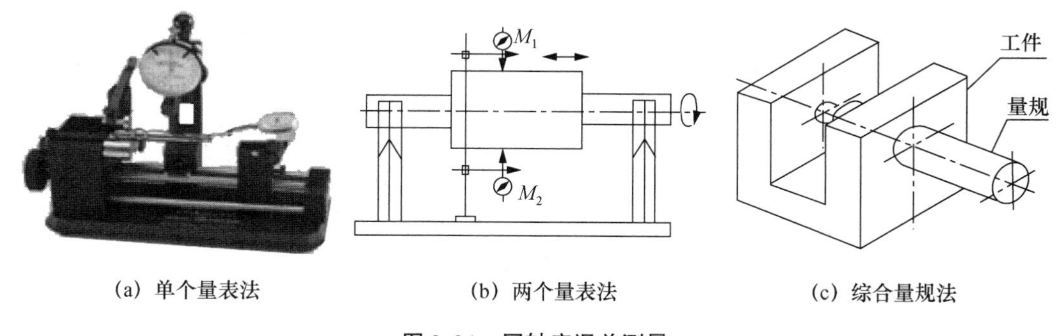

(a) 单个量表法　　(b) 两个量表法　　(c) 综合量规法

图 3-34　同轴度误差测量

3.6.5　跳动误差的检测方法

跳动和其他形位项目不同，在被测件上没有具体的几何特征，只能按测量方式来定义。

1. 跳动误差的检测

跳动误差的测量只限于被测件上的回转表面和回转端面上，如圆柱面、圆锥面、回转曲面、与回转轴心垂直的端面等。

跳动误差的测量项目有径向全跳动误差、径向圆跳动误差、斜向圆跳动误差、端面圆跳动误差等，如图 3-35 所示。

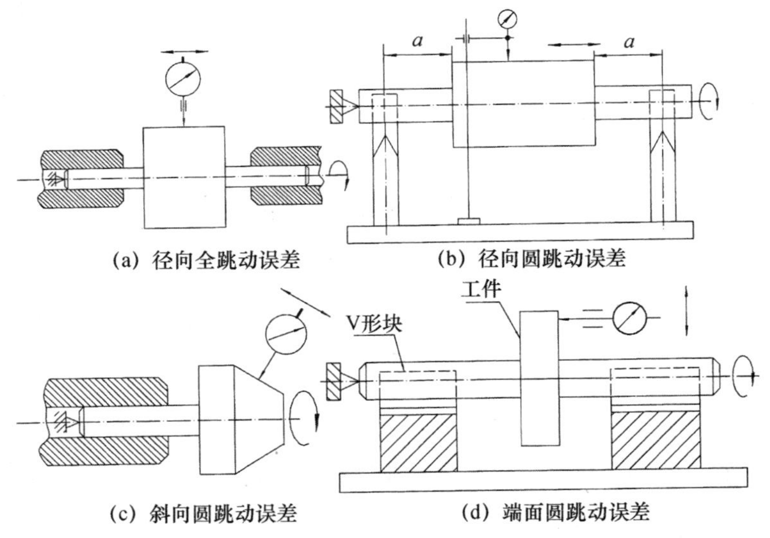

(a) 径向全跳动误差 (b) 径向圆跳动误差

(c) 斜向圆跳动误差 (d) 端面圆跳动误差

图 3-35 跳动误差测量

2. 跳动误差检测的特点

跳动误差的测量一般有三种方式：径向圆跳动与径向全跳动测量；端面圆跳动与端面全跳动测量；斜向圆跳动测量。跳动误差可采用顶尖、心轴、套筒、V 形块等装置配合打表进行测量。

跳动误差检测所使用的设备结构简单，可在一些通用仪器上测量。其特点是操作简单，测量效率高，并可在一定的条件下替代圆度、圆柱度、同轴度等的检测（参见圆度、圆柱度误差测量典型示例），故在生产中应用十分广泛。

进行跳动误差测量时的注意事项：

（1）顶尖的定位精度明显优于 V 形块和定位套，因此尽量选用顶尖定位；

（2）测量端面圆跳动和全跳动中使用 V 形块和定位套定位时，应注意确保轴向定位的可靠性；测量中应尽量避免振动和尘土脏物等对测量的影响；

（3）测量前，顶尖、顶尖孔、V 形块、定位套等的工作面、被测件的支撑面等部位应清理干净。

3.6.6 对称度测量方法

1. 打表直接检测法

将被测工件置于平板上，用百分表（或千分表）测量被测表面与平板之间的距离；将被测工件翻转，再测量另一被测表面与平板之间的距离。取各剖面内测得的对应点最大差值作为对称度误差。见图 3-36(a)。

2. 打表间接检测法

（1）打表间接检测法 1。将被测件置于两块平板之间，以定位块模拟被测中心面，再分别测出定位块与两平板之间的距离 a_1 和 a_2，对称度误差为：$\Delta = |a_1 - a_2|_{\max}$。见图3-36(b)。

（2）打表间接检测法 2。基准轴线由 V 形块模拟，被测中心平面由定位块模拟。

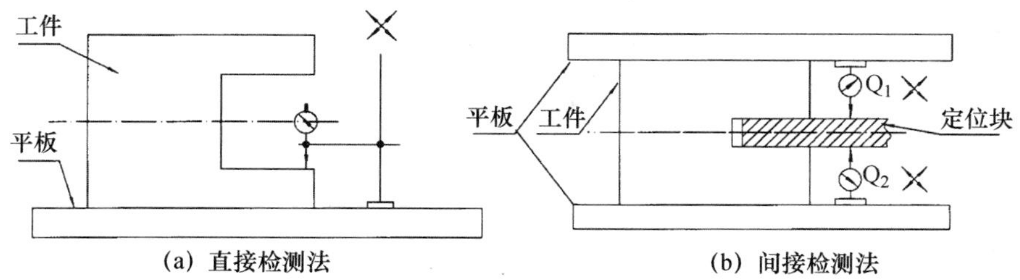

(a) 直接检测法　　(b) 间接检测法

图 3-36　面对面对称度误差测量

调整被测件，使定位块沿径向与平板平行，测量定位块与平板之间的距离。再将被测件翻转 180°后，在同一剖面图上重复以上操作。该剖面上下对应点的最大值为 a，则该剖面的对称度误差为：

$$\Delta = \frac{\frac{ah}{2}}{\frac{R-h}{2}} = \frac{ah}{R-h} \tag{3-1}$$

式中，R——轴的半径（mm）；

h——槽的深度（mm）；

a——量值（μm）。

沿键槽长度方向测量，取长向两点的最大读数值之差为长向对称度误差：$\Delta_{长} = a_{高} - a_{低}$。取两个方向误差值最大者为该零件的对称度误差，见图 3-37(a)。

3. 综合量规检测法

量规的两个定位块的宽度为基准槽的最大实体尺寸，量规直径为被测孔的实效尺寸。凡为量规能通过者为合格品。见图 3-37(b)。

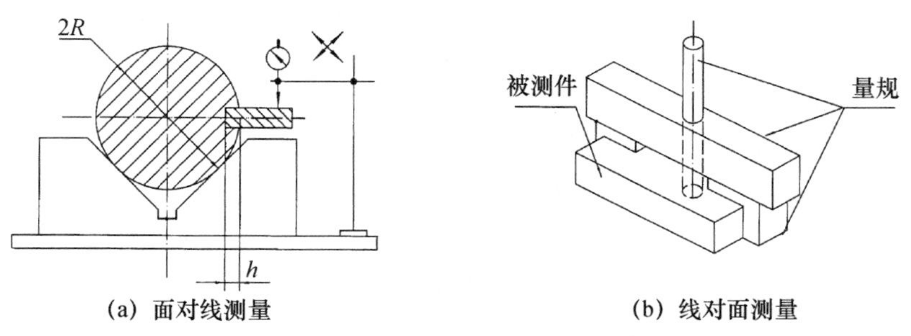

(a) 面对线测量　　(b) 线对面测量

图 3-37　对称度误差测量

4. 综合检测法

将零件的基准圆柱面用心轴支承在等高 V 形块上，并将被测基准表面调整与平板平行，测出读数；在同一剖面内，将被测件旋转 180°测量，百分表（或千分表）最大读数与最小读数之差则为该剖面对称度误差。再选其他剖面进行测量，各剖面所得测值的最大极限尺寸者，即为该零件的对称度误差，见图 3-38。

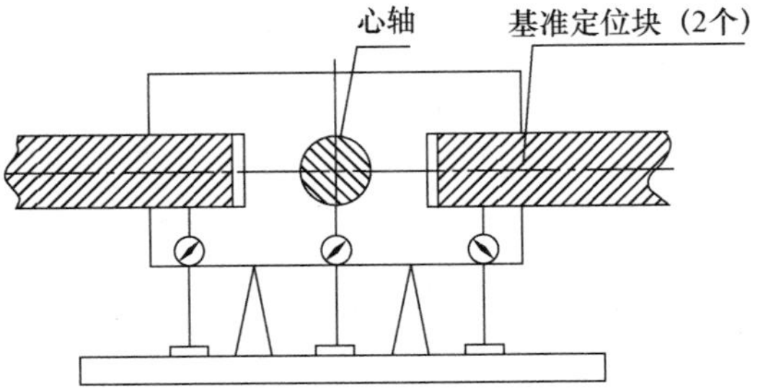

图 3-38 综合检测法测量对称度误差

3.6.7 位置度测量方法

1. 面位置度测量

打表综合检测法：调整被测件在专用支架上的位置，使百分表的读数差为最小。百分表按专用的标准件调至零位，在整个表面上按需要测量一定数量的测量点，将百分表读数绝对值的最大值乘以 2，作为零件的位置度误差，见图 3-39(a)。

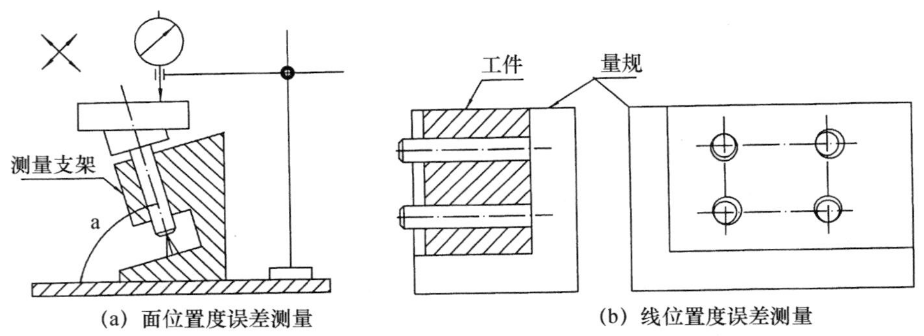

(a) 面位置度误差测量　(b) 线位置度误差测量

图 3-39 位置度误差检测

2. 线位置度测量

（1）综合量规检测法。量规销的直径为被测孔的实效尺寸，量规各销的位置与被测孔的理论位置相同，量规的测量基面与被测件的基面重合，凡是能通过量规销的零件均为合格品，见图 3-39(b)。

（2）心轴、坐标检测法。按基准调整被测件，使其与测量坐标方向一致，将心轴插入孔中，测量 x_1，x_2，y_1，y_2，测量点尽可能靠近被测件的平面。将被测件翻转，对其背面按上述方法进行测量，见图 3-40(a)，对每一面的测量结果分别按式（3-2）、式（3-3）计算坐标尺寸 x，y：

$$x = \frac{x_1 + x_2}{2} \tag{3-2}$$

$$y = \frac{y_1 + y_2}{2} \tag{3-3}$$

由 x，y 分别减去相应的理论尺寸，则得 Δx 和 Δy，见图 3-40(a)，其误差为：

$$\Delta = 2\sqrt{\Delta x^2 + \Delta y^2} \tag{3-4}$$

（3）两种综合检测法。

① 综合检测法1。按基准调整被测件，使其轴线与分度装置回转轴线同轴。

任选一孔，以其中心作角向定位，测出各孔的径向误差 ΔR，其位置度误差为：

$$\Delta = \sqrt{\Delta R^2 + (R\Delta a)^2} \tag{3-5}$$

式（3-5）中：Δa 为弧度值，$D=2R$ 或用两个百分表分别测出各孔的径向误差 Δy 和切向误差 Δx。

必要时，Δ 值可按定位最小区域进行数据处理。

翻转被测件，按上述方法重复测量，取其中较大值作为该要素的位置度误差，见图3-40(b)。

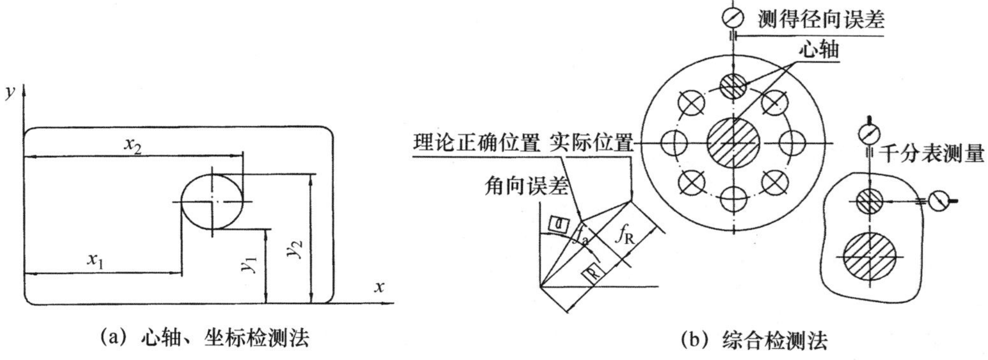

图3-40　线位置度误差检测

② 综合检测法2。将箱（壳）体置于千斤顶上，用心轴、角尺将基准要素找正。将心轴置于被测要素内，用百分表（或千分表）沿心轴轴向测量上母线读数，将最大读数、最小读数之差换算到被测孔长度尺寸上，所得之值即为两轴线的位置度误差值。见图3-41。

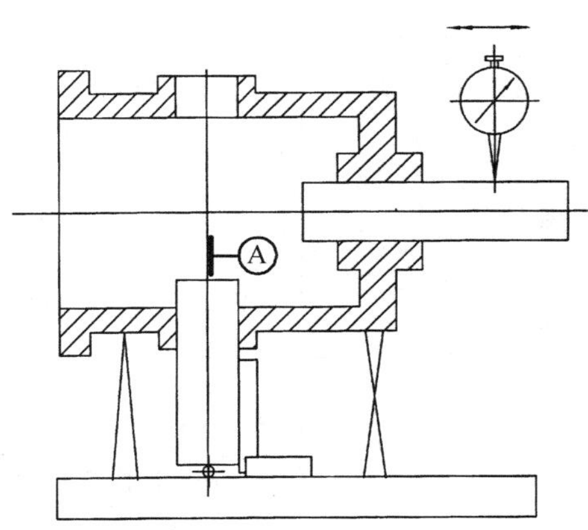

图3-41　线位置度误差测量

3. 点位置度测量

（1）坐标检测法。按基准调整被测件，使其与测量装置的坐标方向一致。测出被测点坐标值 x_0，y_0，分别和理论尺寸比较，得出 Δx 和 Δy。位置度误差为：$\Delta = 2\sqrt{\Delta x^2 + \Delta y^2}$，见图3-42(a)。

（2）综合检测法。被测件由回转定心夹头定位，再选择适宜直径的钢球，置于被测件球面坑内，以钢球球心模拟被测球面坑的中心，百分表先按标准调至零位，见图3-42(b)。

相对于基准 A 的径向误差 Δx 由被测件回转一周中百分表径向最大读数差的一半表示。

相对于基准 B 的轴向误差 Δy 由垂直方向百分表直接读出。

被测件的位置度误差为：$\Delta = 2\sqrt{\Delta x^2 + \Delta y^2}$。

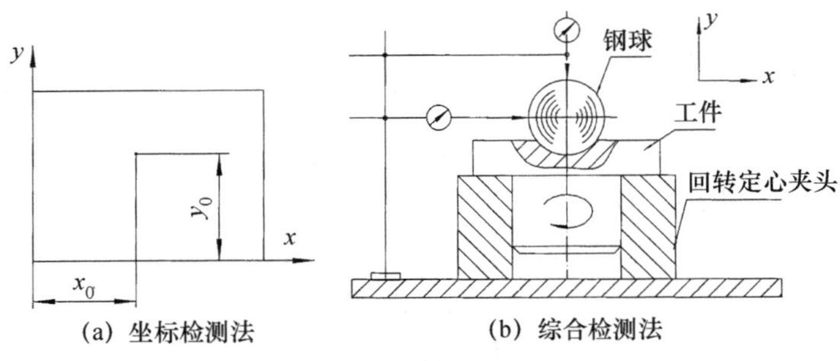

(a) 坐标检测法　　(b) 综合检测法

图 3-42　点位置度误差测量

3.7　螺纹精度检测方法

3.7.1　用螺纹量规进行综合检测

1. 批量生产、定型产品生产中的螺纹检验

批量生产、定型产品生产中的螺纹检验可采用量规综合检测。用螺纹量规综合检测内、外螺纹，能控制螺纹极限尺寸和可靠地保证互换，故被广泛应用于生产现场的检测。常见的光滑极限量规和普通螺纹量规使用规则分别见表 3-5、表 3-6。

表 3-5　光滑极限量规的名称、代号、使用规则

量规名称	代　号	功　能	特　征	使用规则
通端光滑塞规	T	检查内螺纹小径	外圆柱面	应通过内螺纹小径
止端光滑塞规	Z	检查内螺纹小径	外圆柱面	可以进入内螺纹小径的两端，但进入量不应超过一个螺距
通端光滑环规或卡规	T	检查外螺纹大径	内圆柱面或平等的两个平面	应通过外螺纹大径
止端光滑环规或卡规	Z	检查外螺纹大径	平等的两个平面或内圆柱面	不应通过外螺纹大径

2. 单件小批生产中的螺纹检测

单件小批生产中，除可用已有的螺纹量规外，精度要求不高的螺纹还可使用螺纹规、螺纹样板以及直接用螺纹配合件进行旋合的综合检测。用螺纹量规综合检测内、外螺纹是一种综合测量法，是对螺纹成品的较全面的、模拟工作实况的测量。

量规综合检测的优点是：螺纹大径、作用中径、小径、螺距、牙型角等参数只要有一个超标，就会被检测出来判为次品。

量规综合检测的缺点是：明知是次品，却不知道具体是哪一个参数超标，不利于分析修正。

在实际生产中，终检人员往往广泛使用量规综合检测，特别是在大批量生产中，其功效显著。

表3-6 普通螺纹量规的名称、代号、使用规则

量规名称	代 号	功 能	特 征	使用规则
通端螺纹塞规	T	检查工件内螺纹的作用中径和大径	完整的外螺纹牙型	应与工件内螺纹旋合通过
止端螺纹塞规	Z	检查工件内螺纹的单一中径	截短的外螺纹牙型	允许与工件内螺纹两端的螺纹部分旋合，旋合量应不超过两个螺距；对于三个或小于三个螺距的工件内螺纹，不应完全旋合通过
通端螺纹环规	T	检验工件外螺纹的作用中径和小径	完整的内螺纹牙型	应与工件外螺纹旋合通过
止端螺纹环规	Z	检查工件外螺纹的单一中径	截短的外螺纹牙型	允许工件外螺纹两端的螺纹部分旋合，旋合量应不超过两个螺距；对于三个或小于三个螺距的工件外螺纹，不应完全旋合通过
校通-31 通螺纹塞规	TT	检查新的通端螺纹环规的作用中径	完整的外螺纹牙型	应与新的通端螺纹环规旋合通过
校通-31 止螺纹塞规	TZ	检查新的通端螺纹环规的单一中径	截短的外螺纹牙型	允许与新的通端螺纹环规两端螺纹部分旋合，但旋合量应不超过一个螺距
校止-31 损螺纹塞规	TS	检查使用中通端螺纹环规的单一中径	截短的外螺纹牙型	允许与通端螺纹环规两端的螺纹部分旋合，但旋合量不应超过一个螺距
校止-31 通螺纹塞规	ZT	检查新的止端螺纹环规的单一中径	完整的外螺纹牙型	应与新的止端螺纹环规旋合通过
校止-31 止螺纹塞规	ZZ	检查新的此端螺纹环规的单一中径	完整的外螺纹牙型	允许与新的止端螺纹环规两端螺纹部分旋合，但旋合量应不超过一个螺距
校止-31 损螺纹塞规	ZS	检查使用中止端螺纹环规的单一中径	完整的外螺纹牙型	允许与止端螺纹环规两端的螺纹部分旋合，但旋合量应不超过一个螺距

3.7.2 三针法检测

三针法是目前通用的、高精度测量外螺纹中径的主要方法，在计量分析螺纹中径这个单一要素时广泛使用。该方法多用于对测量技术水平较高的专职检验人员，一线操作者也时有应用，单件生产高精度螺纹时也用此法。

1. 三针法检测程序

把三根直径相同的量针放在被测量螺纹的牙槽内，而且单根量针应放置在成对使用的两根量针对面的中间牙槽。图 3-43 为三根量针放置在被测单线螺纹槽内位置的示意图。

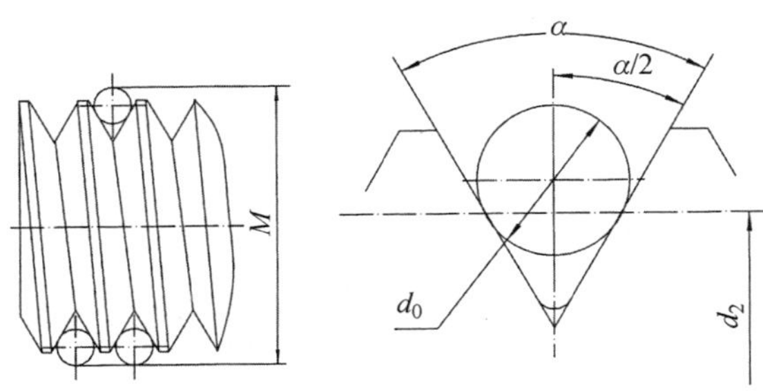

图 3-43 三针测量法

在一定的测量力作用下，三针与螺纹槽测面可靠接触，测量出三针的外尺寸 M 值后，再通过公式计算，即可求得被测螺纹的中径 d_2。测量 M 值时，可采用千分尺或测量仪与量块进行比较的相对测量。

2. 三针法计算公式

$$d_0 = \frac{P}{2\cos\frac{\alpha}{2}} \tag{3-6}$$

式中，d_0——最佳三针直径（mm）；

P——被测螺纹螺距（mm）；

$\frac{\alpha}{2}$——被测螺纹的牙型半角（度）。

$$d_2 = M - d_0\left(1 + \frac{1}{\sin\frac{\alpha}{2}}\right) + \frac{P}{2}\cos\frac{\alpha}{2} \tag{3-7}$$

式中 M——所测得尺寸（mm）；

d_2——被测螺纹中经（mm）；

P——被测螺纹的螺距（mm）；

α——被测螺纹的牙型角（度）。

当 $\alpha=60°$时：$d_2=M-3d_0+0.866P$

当 $\alpha=55°$时：$d_2=M-3.1657\ d_0+0.9605P$

当 $\alpha=30°$时：$d_2=M-4.8637\ d_0+1.866P$（螺旋升角≤3.5°时适用）

为了方便，上述中径计算公式可简化为：

$$d_2=M-A \tag{3-8}$$

式（3-8）中，A 值可通过查表求得。

采用三针法测量的注意事项如下。

（1）按公式计算后再按标准选用最接近的三针直径。在使用中为了使测量方便，最好配上三针支架（三针支架参见图 3-44）。

(2) 选用三针检测法时，三针的选用尤为关键。三针直径是有通用标准的，不能随便用普通圆棒代替。在使用中，注意要戴上白手套，以免手上的汗液导致三针锈蚀。

(3) 只有日本的检测三针标准更细化，多有几个规格，其他国家的规格标准都一样。

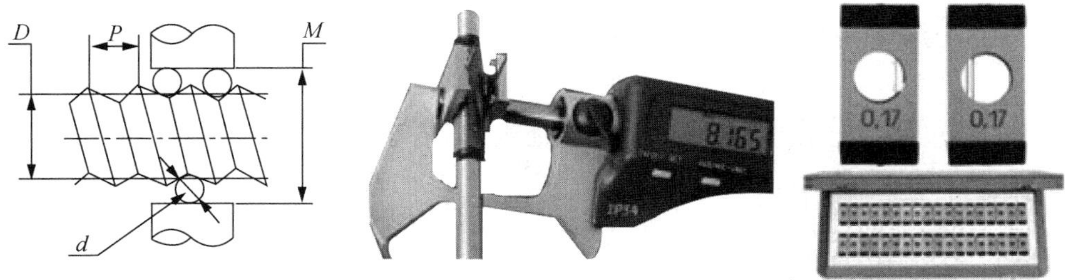

图 3-44　三针支架示意

3. 三针测量法所需螺纹参数

表 3-7 为常用普通螺纹的基本尺寸；

表 3-8 为常用普通螺纹的中径公差；

表 3-9 为常用普通螺纹的基本偏差和大、小径公差；

表 3-10 为常用普通螺纹的旋合长度；

表 3-11 为常用梯形螺纹基本尺寸；

表 3-12 为常用梯形螺纹中径偏差和大、小径公差；

表 3-13 为常用梯形螺纹中径公差、旋合长度。

表 3-7　常用普通螺纹的基本尺寸（GB/T 196—2003）　单位：mm

螺距 P	中径 D_2 或 d_2	小径 D_1 或 d_1	螺距 P	中径 D_2 或 d_2	小径 D_1 或 d_1
0.25	$d-1+0.838$	$d-1+0.729$	2.5	$d-2+0.376$	$d-3+0.294$
0.5	$d-1+0.675$	$d-1+0.459$	3	$d-2+0.051$	$d-4+0.752$
0.75	$d-1+0.513$	$d-1+0.188$	3.5	$d-3+0.727$	$d-4+0.211$
1	$d-1+0.350$	$d-2+0.917$	4	$d-3+0.402$	$d-5+0.670$
1.25	$d-1+0.188$	$d-2+0.647$	4.5	$d-3+0.077$	$d-5+0.129$
1.5	$d-1+0.026$	$d-2+0.376$	5	$d-4+0.752$	$d-6+0.587$
1.75	$d-2+0.863$	$d-2+0.106$	5.5	$d-4+0.428$	$d-6+0.046$
2	$d-2+0.071$	$d-3+0.835$	6	$d-4+0.103$	$d-7+0.505$

表 3-8　常用普通螺纹的中径公差（GB/T 2516—2003）

公称直径 D/mm	螺距 P/mm	内螺纹中径公差（TD_2）					外螺纹中径公差（Td_2）						
		公差等级					公差等级						
		4	5	6	7	8	3	4	5	6	7	8	9
> 2.8～5.6	0.5	63	80	100	125	—	38	48	60	75	95	—	—
	0.75	75	95	118	150	—	45	56	71	90	112	—	—
> 5.6～11.2	0.5	71	90	112	140	—	42	53	67	85	106	—	—
	0.75	85	106	132	170	—	50	63	80	100	125	—	—
	1	95	118	150	190	236	56	71	90	112	140	180	224
	1.25	100	125	160	200	250	60	75	95	118	150	190	236
	1.5	112	140	180	224	280	67	85	106	132	170	212	265
> 11.2～22.4	0.5	75	95	118	150	—	45	56	71	90	112	—	—
	0.75	90	112	140	180	—	53	67	85	106	132	—	—
	1	100	125	160	200	250	60	75	95	118	150	190	236
	1.25	112	140	180	224	280	67	85	106	132	170	212	265
	1.5	118	150	190	236	300	71	90	112	140	180	224	280
	1.75	125	160	200	250	315	75	95	118	150	190	236	300
	2	132	170	212	265	335	80	100	125	160	200	250	315
	2.5	140	180	224	280	355	85	106	132	170	212	265	335
> 22.4～45	0.75	95	118	150	190	—	56	71	90	112	140	—	—
	1	106	132	170	212	—	63	80	100	125	160	200	250
	1.5	125	160	200	250	315	75	95	118	150	190	236	300
	2	140	180	224	280	355	85	106	132	170	212	265	335
	3	170	212	265	335	425	100	125	160	200	250	315	400
	3.5	180	224	280	355	450	106	132	170	212	265	335	425
	4	190	236	300	375	475	112	140	180	224	280	355	450
	4.5	200	250	315	400	500	118	150	190	236	300	375	475
> 45～90	1	118	150	180	236	—	71	90	112	140	180	224	—
	1.5	132	170	212	265	335	80	100	125	160	200	250	315
	2	150	190	236	300	375	90	112	140	180	224	280	335
	3	180	224	280	355	450	106	132	170	212	265	335	425
	4	200	250	315	400	500	118	150	190	236	300	375	475
	5	212	265	335	425	530	125	160	200	250	315	400	500
	5.5	224	280	355	450	560	132	170	212	265	335	425	530
	6	236	300	375	475	600	140	180	224	280	355	450	560
> 90～180	1.5	140	180	224	280	355	85	106	132	170	212	265	335
	2	160	200	250	315	400	95	118	150	190	236	300	375
	3	190	236	300	375	475	112	140	180	224	280	255	450
	4	212	265	335	425	530	125	160	200	150	315	400	500
	6	250	315	400	500	630	150	190	236	300	375	475	600

表 3-9　常用普通螺纹的基本偏差和大、小径公差（GB/T 2516—2003）　单位：μm

螺距 P/mm	内外螺纹基本偏差						内螺纹小径公差（TD_1）					外螺纹大径公差(Td)		
	内螺纹 D_2、D_1		外螺纹 d、d_2				公差等级					公差等级		
	G EI	H EI	e es	f es	g es	h es	4	5	6	7	8	4	6	8
0.5	+20	0	−50	−36	−20	0	90	112	140	180	—	67	106	—
0.75	+22	0	−56	−38	−22	0	118	150	190	236	—	90	140	—
1	+26	0	−60	−40	−26	0	150	190	236	300	375	112	180	280
1.25	+28	0	−63	−42	−28	0	170	212	265	335	425	132	212	335
1.5	+32	0	−67	−45	−32	0	190	236	300	375	475	150	236	375
1.75	+34	0	−71	−48	−34	0	212	265	335	425	530	170	265	425
2	+38	0	−71	−52	−38	0	236	300	375	475	600	180	280	450
2.5	+42	0	−80	−58	−42	0	280	355	450	560	710	212	335	530
3	+48	0	−85	−63	−48	0	315	400	500	630	800	236	375	600
3.5	+53	0	−90	−70	−53	0	355	450	560	710	900	265	425	670
4	+60	0	−95	−75	−60	0	375	475	600	750	950	300	475	750
4.5	+63	0	−100	−80	−63	0	425	530	670	850	1060	315	500	800
5	+71	0	−106	−85	−71	0	450	560	710	900	1120	335	530	850
5.5	+75	0	−112	−90	−75	0	475	600	750	950	1180	355	560	900
6	+80	0	−118	−95	−80	0	500	630	800	1000	1250	375	600	950

表 3-10　常用普通螺纹的旋合长度（GB/T 2516—2003）　单位：mm

公称直径 D、d	螺距 P	旋合长度			
		S	N		L
		≤	>	≤	>
>2.8～5.6	0.5	1.5	1.5	4.5	4.5
	0.75	2.2	2.2	6.7	6.7
>5.6～11.2	0.5	1.6	1.6	4.7	4.7
	0.75	2.4	2.4	7.1	7.1
	1	3	3	9	9
	1.25	4	4	12	12
	1.5	5	5	15	15
>11.2～22.4	0.5	1.3	1.8	5.4	5.4
	0.75	2.7	2.7	8.1	8.1
	1	3.8	3.8	11	11
	1.25	4.5	4.5	13	13
	1.5	5.6	5.6	16	16
	1.75	6	6	18	18
	2	8	8	24	24
	2.5	10	10	30	30

续表

公称直径 D、d	螺距 P	旋合长度			
		S	N		L
		≤	>	≤	>
>22.4～45	0.75	3.1	3.1	9.4	9.4
	1	4	4	12	12
	1.5	6.3	6.3	19	19
	2	8.5	8.5	25	25
	3	12	12	36	36
	3.5	15	15	45	45
	4	18	18	53	53
	4.5	21	21	63	63
>45～90	1	4.8	4.8	14	14
	1.5	7.5	7.5	22	22
	2	9.5	9.5	28	28
	3	15	15	45	45
	4	19	19	56	56
	5	24	24	71	71
	5.5	28	28	85	85
	6	32	32	95	95
>90～180	1.5	8.3	8.3	25	25
	2	12	12	36	36
	3	18	18	53	53
	4	24	24	71	71
	6	36	36	106	106

表 3-11　常用梯形螺纹基本尺寸（GB/T 5796—2005）　单位：μm

螺距 P/mm	外螺纹		内螺纹和外螺纹中径 D_2、d_2	内螺纹	
	大径 d	小径 d_3		大径 D_4	小径 D_1
1.5	8～10	$d-1.8$	$d-0.75$	$d+0.3$	$d-1.5$
2	9～20	$d-2.5$	$d-1$	$d+0.5$	$d-2$
3	11～60	$d-3.5$	$d-1.5$	$d+0.5$	$d-3$
4	16～100	$d-4.5$	$d-2$	$d+0.5$	$d-4$
5	22～110	$d-5.5$	$d-2.5$	$d+0.5$	$d-5$
6	30～150	$d-7$	$d-3$	$d+1$	$d-6$
8	22～190	$d-9$	$d-4$	$d+1$	$d-8$
10	30～220	$d-11$	$d-5$	$d+1$	$d-10$
12	44～400	$d-13$	$d-6$	$d+1$	$d-12$
16	65～500	$d-18$	$d-8$	$d+2$	$d-16$
20	85～580	$d-22$	$d-10$	$d+2$	$d-20$

表 3-12　梯形螺纹中径偏差和大、小径公差（GB/T 5796.4—2005）　　单位：μm

螺距 P/mm	基本偏差				内螺纹小径公差 TD_1	外螺纹大径公差 Td
	内螺纹中径 精度 7、8、9 级	外螺纹中径 精度 7、8、9 级				
	H	c	e	h	公差等级	
	EI	es	es	es	4	
1.5	0	−140	−67	0	190	150
2	0	−150	−71	0	236	180
3	0	−170	−85	0	315	236
4	0	−190	−95	0	375	300
5	0	−212	−106	0	450	335
6	0	−236	−118	0	500	375
7	0	−250	−125	0	560	425
8	0	−265	−132	0	630	450
9	0	−280	−140	0	670	500
10	0	−300	−150	0	710	530
12	0	−335	−160	0	800	600
14	0	−355	−180	0	900	670
16	0	−375	−190	0	1 000	710
18	0	−400	−200	0	1 120	800
20	0	−425	−212	0	1 180	850
22	0	−450	−224	0	1 250	900
24	0	−475	−236	0	1 320	950
28	0	−500	−250	0	1 500	1 060
32	0	−530	−265	0	1 600	1 120
36	0	−560	−280	0	1 800	1 250
40	0	−600	−300	0	1 900	1 320
44	0	−630	315	0	2 000	1 400

表 3-13　常用梯形螺纹中径公差、旋合长度（GB/T 5796.4—2005）

公称直径 d/mm	螺距 P/mm	中径公差/μm						旋合长度/mm		
		内螺纹 TD_2 公差等级			外螺纹 Td_2 公差等级			N		L
		7	8	9	7	8	9	>	≤	>
>5.6～11.2	1.5	224	280	355	170	212	265	5	15	15
	2	250	315	400	190	236	300	6	19	19
	3	280	355	450	212	265	335	10	28	28
>11.2～22.4	2	265	335	425	200	250	315	8	24	24
	3	300	375	475	224	280	355	11	32	32
	4	355	450	560	265	335	425	15	43	43
	5	375	475	600	280	355	450	18	53	53
	8	475	600	750	355	450	560	30	85	85

续表

公称直径 d/mm	螺距 P/mm	中径公差/μm						旋合长度/mm		
		内螺纹 TD_2 公差等级			外螺纹 Td_2 公差等级			N		L
		7	8	9	7	8	9	>	≤	>
>22.4～45	3	335	425	530	250	315	400	12	36	36
	5	400	500	630	300	375	475	21	63	63
	6	450	560	710	335	425	530	25	75	75
	7	475	600	750	355	450	560	30	85	85
	8	500	630	800	375	475	600	34	100	100
	10	530	670	850	400	500	630	42	125	125
	12	560	710	900	425	530	670	50	150	150
>45～90	3	355	450	560	265	335	425	15	45	45
	4	400	500	630	300	375	475	19	56	56
	8	530	670	850	400	500	630	38	118	118
	9	560	710	900	425	530	670	43	132	132
	10	560	710	900	425	530	670	50	140	140
	12	630	800	1 000	475	600	750	60	170	170
	14	670	850	1 060	500	630	800	67	200	200
	16	710	900	1 120	530	670	850	75	236	236
	18	750	950	1 180	560	710	900	85	265	265
>90～180	4	425	530	670	315	400	500	24	71	71
	6	500	630	800	375	475	600	36	106	106
	8	560	710	900	425	530	670	45	132	132
	12	670	850	1 060	500	630	800	67	200	200
	14	710	900	1 120	530	670	850	75	236	236
	16	750	950	1 180	560	710	900	90	265	265
	18	800	1 000	1 250	600	750	950	100	300	300
	20	800	1 000	1 250	600	750	950	112	335	335
	22	850	1 060	1 320	630	800	1 000	118	355	355
	24	900	1 120	1 400	670	850	1 060	132	400	400
	28	950	1 180	1 500	710	900	1 120	150	450	450
>180～355	8	600	750	950	450	560	710	50	150	150
	12	710	900	1 120	530	670	850	75	224	224
	18	850	1 060	1 320	630	800	1 000	112	335	335
	20	900	1 120	1 400	670	850	1 060	125	375	375
	22	900	1 120	1 400	670	850	1 060	140	425	425
	24	950	1 180	1 500	710	900	1 120	150	450	450
	32	1 060	1 320	1 700	800	1 000	1 250	200	600	600
	36	1 120	1 400	1 800	850	1 060	1 320	224	670	670
	40	1 120	1 400	1 800	850	1 060	1 320	250	750	750
	44	1 250	1 500	1 900	900	1 120	1 400	280	850	850

3.7.3　螺纹常见缺陷及原因

螺纹常见缺陷及原因分析见表3-14。

表3-14　螺纹常见缺陷原因分析

缺陷内容	产生后果	原因分析
牙侧角变小	螺纹虽可旋入，但只在螺纹牙顶处成线状支承	工具的螺纹牙型不对（牙侧角变小）；用整形轮磨削螺纹时，尤其会出现
牙侧角变大	螺纹不能正常旋入，只有将中径加工得较小时，才能支承在螺纹牙底	工具的螺纹牙型不对（牙侧角变大）或工具已用旧、折断、牙顶烧损；用切入工具时，尤其会出现
牙侧角对螺纹轴线不对称	螺纹中能支承在一侧的局部范围内	工具的对称中线不与加工轴线相垂直
螺距有偏差	螺纹难旋入或根本不通	螺距调整错误或导向模板、导向螺杆螺母已磨损
螺纹牙底 R 大	螺纹较难旋入或不能旋入，用螺纹千分尺测量时会出现误测	工具尖端折断，材质较硬或局部较硬；工具尖端烧软或磨损，冷却或冷却剂量少或不适合
螺纹牙侧凹凸或未加工成直线	螺纹的支承能力减小或旋入困难	特别是在切削（加油）材质（如铝、铜）时，这些材质易使工具表面产生粗糙的切削瘤
螺纹沿轴向变化呈锥形	螺纹件不能结合或侧面重叠太少	工件轴线与加工轨迹不平行；加工细长螺纹时会弯曲
大径太小	由于侧面重叠太少，强度不够，测量中径时不会发现	预加工错误，或对大径的辅助切削刃安排不好

第 4 章　毛坯的类型与检测

毛坯的种类很多，每一种毛坯又有许多不同的制造方法。机械制造中，常用的毛坯类型有原材料（主要指型材）、铸件毛坯、锻件毛坯、焊接件毛坯、冲压件毛坯等金属毛坯，注塑件、压铸件等塑料毛坯，以及刀具常用的粉末冶金毛坯等。

在加工前，均需对毛坯的形状、尺寸、外表质量和内部性能等进行检验验收，以便满足加工中对毛坯的质量要求。

在机械加工中，以原材料（各类型材）、铸件、锻件以及焊接件四类毛坯最为常用，下面就这几种毛坯的检验、测量工艺基础进行讨论。

4.1　原材料的检测

原材料的检验一般由相应的检验机构和专业人员负责。原材料的检验主要存在三方面考量。

（1）原材料进厂检验。

进厂检验一般指原材料在进场入库前按质量标准要求对原材料进行检查和验收。

（2）原材料在库检验。

在库检验是指生产中为了防止原材料在搬运、装卸和储存中发生损坏变质，防止由于管理不善造成的原材料规格错乱，避免流转使用中发生的质量事故，对在库原材料实施的检查。

（3）原材料投产前检验。

投产前检验一般是指在投产前对原材料进行的质量检验，用于保证不合格的原材料不投产。

4.1.1　原材料相关知识

1. 检验相关知识

通常金属材料进厂后必须按企业规定的检验程序办理入库手续。入库前必须对采购的金属材料进行入库检验，检验验收程序见图 4-1。

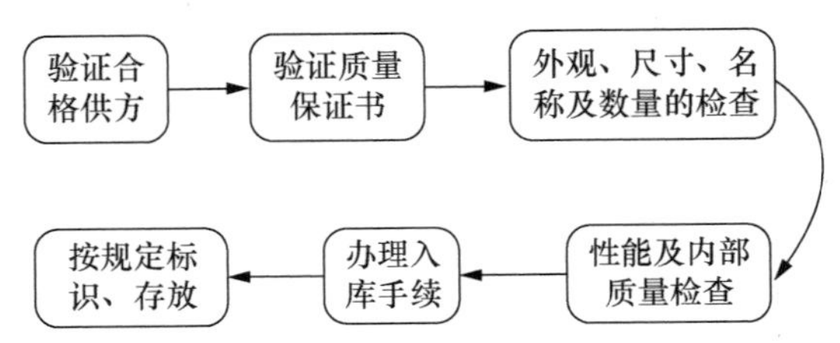

图 4-1　原材料检验程序

（1）验证合格供方。

在入库前，原材料检验员应对金属材料供方进行验证。根据质量管理体系的要求，所采购的材料须由合格供方提供，若不是合格供方提供的材料，检验员应拒绝入库检验并上报情况，经处置后可按处置意见执行。

（2）验证质量保证书。

金属材料采购后提交检验时，应提供所采购材料的质量保证书（合格证），要求质量保证书所填写的内容应包括供货日期、供货单位名称、材料名称、数量（重量）、规格、热处理状态、化学成分及机械性能等，质量保证书上应有供货单位印章。

（3）外观、尺寸、名称及数量的检查。

在验证合格供方及质量保证书符合要求后，要对所采购的金属材料进行外观、尺寸、名称及数量的检查。具体检验要求如下：

① 外观要求包装应完好、标识清楚，拆封后检查被包装物应无碰伤、划伤、变形、腐蚀和表面裂纹等现象；

② 尺寸及名称应符合采购合同或技术条件的要求；

③ 以数量为计数单位的应点清其数量；以重量为采购单位的，若能称重的应称其重量，若不能称重的应计算其重量。

（4）性能及内部质量检查。

不同牌号、不同规格和不同技术条件的金属材料其性能要求也不同。性能及内部质量检查主要是根据金相分析、成分分析、力学分析及内部缺陷检查报告对照验收标准做出符合性判断。

针对以上检验内容，检验合格的金属材料办理入库手续，入库后应按规定要求进行标识，不合格的金属材料以书面通知采购部门进行处置，检验员按处置意见执行。

2. 检验相关术语

（1）公称尺寸。

公称尺寸是人们在生产中想得到的理想尺寸，但它与实际尺寸有一定差距。

（2）尺寸偏差。

实际尺寸与公称尺寸之差值叫尺寸偏差。实际尺寸大于公称尺寸叫正偏差，小于公称尺寸叫负偏差。在标准规定范围之内叫允许偏差，超过范围叫尺寸超差，超差属于不合格品。

（3）精度等级。

金属材料的尺寸允许偏差规定了几种范围，并按尺寸允许偏差大小不同划分为若干等级，即精度等级。精度等级分普通、较高、高级等。

（4）交货长度（宽度）。

这是金属材料交货时的主要尺寸，指金属材料交货时应具有的长（宽）度规格。

（5）通常长度（不定尺长度）。

对长度不作一定的规定，但必须在一个规定的长度范围内（按品种不同，长度不一样，根据部、厂定）。

（6）短尺（窄尺）。

指长度小于规定的通常长度尺寸的下限，但不小于规定的最小允许长度。对一些金属材料，按规定可交一部分“短尺”。

（7）定尺长度。

指金属材料长度必须具有需方在订货合同中指定的长度（一般正偏差）。

（8）倍尺长度。

指金属材料长度必须为需方在订货合同中指定长度的整数倍（加锯口、正偏差）。

(9) 正弹性模量。

正弹性模量表示材料的刚度，也就是抵抗弹性变形能力的大小。在应力—应变图上，弹性模量是材料在弹性形变部分的斜率。

(10) 抗拉强度。

材料受拉力作用，直到破断时所能承受的最大应力，称为抗拉强度。

(11) 抗压强度。

材料受压力作用，直到破坏时所能承受的最大应力，称为抗压强度。

(12) 抗弯强度。

材料受弯曲力作用，直到破断时所能承受的最大弯曲应力，称为抗弯强度。

(13) 疲劳强度。

在变动负荷作用下，零件发生断裂的现象，叫金属疲劳。疲劳曲线的水平部分称为疲劳极限。当最大应力低于 $\sigma-1$ 时，材料可能承受无限次循环而不断裂，此应力称为材料的疲劳强度。

(14) 比例极限。

在拉伸图上，应力与伸长成正比关系的最大应力值，即拉伸图上开始偏离直线时的应力，称为比例极限。

(15) 弹性极限。

金属开始产生塑性变形时的抗力，称为弹性极限。

(16) 伸长率。

试样在断裂时相对伸长的大小，称为伸长率，以百分数表示

$$\delta=\frac{L_1-L_0}{L_0}\times100\%$$

其中，L_1 为断裂后试样长度（mm），L_0 为试样原始长度（mm）。

(17) 断面收缩率。

断裂后试样横截面积的减少量（F_0-F_k）与试样原始横截面积 F_0 之比，称为断面收缩率，以百分数表示

$$\psi=\frac{F_0-F_k}{F_0}\times100\%$$

(18) 冲击韧性。

材料抵抗冲击作用而不破坏的能力，称为冲击韧性。

3. 原材料检验项目（六大项）

(1) 包装检验。

金属材料的包装方式根据其种类、形状、尺寸、精度和防腐要求而定，其包装方式主要有散装、成捆、成箱（桶）、成轴（线材）等。

(2) 标志检验。

金属材料的标志主要用于说明其牌号、检验批号、规格、尺寸、级别及净重等，标志有涂色、打印、挂牌等。

(3) 规格尺寸检验。

规格尺寸指金属材料主要部位（长、宽、厚、直径等）的公称尺寸。

(4) 数量的检验。

金属材料的数量一般是指重量，除个别（如垫板、鱼尾板）以件数计。数量检验方法有按实际重量计量和按理论换算计量。

(5) 表面质量检验。

表面质量检验主要是对材料的外观、形状及表面缺陷的检验，视材质、形状等的不同，其检验内容也不同。

(6) 内部质量检验。

该项检验主要指机械性能、物理性能、化学性能、工艺性能、化学成分和内部组织检验。

4.1.2　金属原材料检验方法

1. 原材料检验依据

机械制造使用的原材料（如钢材、铸铁、有色金属和塑料等）由调拨、调剂或议价购买。对于入厂原材料必须有明确的检验依据。

(1) 原材料来源。

一般原材料主要有采购品、订购品之分。

(2) 采购品检验依据。

对一些采购的原材料，按国家标准或行业标准生产且质量合格，即能满足要求。原材料进厂时，检验员需要按国家标准或行业标准对各冶金工厂所提供的型号产品进行检测，必要时还应进行力学性能检验、理化性能测试，质量合格方能入库。

(3) 订购品检验依据。

在对材料的质量有特殊要求时，需要通过专门订货或外协的方法才能解决。在订货时提出质量要求，例如具体质量指标、检验项目、检验方法、合格与否的判别准则、质量索赔条款等，并写入采购合同。

2. 原材料检验制度

通常入厂原材料的检验制度有如下规定。

(1) 采购部门严格按照国家标准、行业标准和本企业技术要求采购原材料。

(2) 原材料入厂后，库房保管员及时填写原材料送检单，连同入厂原材料所附的合格证或质量证明书，交检验员进行送检。

(2) 检验员接到送检单以后及时取样化验。对理化检验用的试样严格按照国家标准、行业标准或本企业原材料复验细则等技术要求取样、送样。

(4) 试样按照相关国家标准、行业标准等要求及时化验或试验，并填写化验单或试验报告给原材料检验员。

(5) 原材料检验员根据试验结果，做出是否合格的结论。

(6) 经原材料检验员确定不合格的原材料，应提供检测数据，由原采购员负责退货、换货。

(7) 经检验合格后，由原材料检验员在入库单上盖章、签字后方能办理原材料入库手续。

(8) 原材料检验员对送检单、化验单或试验报告单应按批次理顺、登记入册，防止错批等事故发生，并对原材料的保管经常进行巡回检查，发现有影响质量的问题应及时通知库房保管员采取措施。

(9) 对于钢材等原材料，需要锯料的，应在剩余的钢材上保留一端的涂色标记，已锯好的钢材应码放整齐，并有明显的标记，不可与其他锯好的原材料相混淆。

3. 原材料检验标记

为了防止混料，必须加强材料标记的管理。

(1) 任何工序在开始前，都要核对材料的标记，如无标记或标记不符时，保管员有权拒绝验收，操作者有权拒绝接收该材料。

(2) 入库的原材料其标记应定向放置，并用白铅油圈定，以便识别。

(3) 材料因生产需分割发放，其标记也需移植。

(4) 标记在移植前，应征得原材料检验员认可后方可进行移植；标记字迹应清晰并用白铅油圈定。标记移植后，检验员要检查标记的正确性，并打上检查钢印，以示负责。

4.1.3 包装检验

金属材料的包装方式根据其种类、形状、尺寸、精度和防腐要求而定，其包装方式主要有以下几种。

(1) 散装：即无包装，如不怕腐蚀、不贵重的锭、块、大型钢材（大型钢、厚钢板、钢轨）、生铁等原材料一般采用散装方式。

(2) 成捆：指尺寸较小、腐蚀对其使用影响不大的产品，如中小型钢、管钢、线材、薄板等原材料，一般采用绑扎成捆方式。

(3) 成箱（桶）：指防腐蚀、小、薄产品，如马口铁、硅钢片、镁锭等原材料，一般将其放于箱（或桶）中保存、运输。

(4) 成轴：指线、钢丝绳、钢绞线等。

对于成捆、成箱、成轴的包装产品应首先检查其包装是否完整。

4.1.4 标志检验

金属材料的标志主要用于说明其牌号、检验批号、规格、尺寸、级别及净重等，其标志有三种。

(1) 涂色：在金属材料的端面、端部涂上各种颜色的油漆，主要用于钢材、生铁、有色原料等。

(2) 打印：在金属材料规定的部位（端面、端部）打钢印或喷漆的方法，说明材料的牌号、规格、标准号等，主要用于中厚板、型材、有色材等。

(3) 挂牌：成捆、成箱、成轴等金属材料在外面挂牌说明其牌号、尺寸、重量、标准号、供方等。

金属材料的标志检验时要认真辨认，在运输、保管等过程中要妥善保护。

4.1.5 规格尺寸、数量的检验

1. 规格尺寸的检验

规格尺寸指金属材料主要部位（长、宽、厚、直径等）的公称尺寸，规格尺寸的检验要注意测量材料部位和选用适当的测量工具。

2. 数量的检验

金属材料的数量一般是指重量（除个别以件数计），数量检验方法有两种。

(1) 按实际重量计量。

按实际重量计量的金属材料一般应全部过磅检验。对有牢固包装（如箱、桶等），在

包装上均注明毛重、净重和皮重的，如薄钢板、硅钢片、铁合金等，可进行抽检，数量不少于一批的5%，如抽检重量与标记重量出入很大，则须全部开箱称重。

（2）按理论换算计量。

以材料的公称尺寸（实际尺寸）和比重计算得到的重量，对一些定尺寸的型板等均可按理论换算，但在换算时要注意换算公式和材料的实际密度。

4.1.6　表面质量检验

表面质量检验主要是对材料的外观、形状及表面缺陷的检验。根据材料的材质、形状等的不同，其检验内容也不同。表面质量的常规检验内容见表 4-1。

表 4-1　表面质量的检验

检验内容	定　义
椭圆度	椭圆度是指圆形截面的金属材料在同一截面上各方向直径不等的现象。椭圆度用同一截面上最大与最小的直径差表示，对不同用途材料标准不同
弯曲、弯曲度	弯曲就是轧制材料在长度或宽度方向不平直、呈曲线形状的总称。如果把它们的不平程度用数字表示出来，就叫弯曲度
扭转	扭转是指条形轧制材料沿纵轴扭成螺旋状
镰刀弯（侧面弯）	镰刀弯指金属板、带及接近矩形截面的型材沿长度（窄面一侧）的弯曲，一面呈凹入曲线，另一面对面呈凸出曲线。以凹入高度表示
瓢曲度	瓢曲度指在板或带的长度及宽度方向同时出现高低起伏的波浪现象，形成瓢曲形状。表示瓢曲程度的数值叫瓢曲度
表面裂纹	表面裂纹指金属材料表层的裂纹
耳子	由于轧辊配合不当等原因，出现的沿轧制方向延伸的突起，称为耳子
括伤	括伤指材料表面呈直线或弧形沟痕，通常可以看到沟底
结疤	结疤指不均匀分布在金属材料表面呈舌状、指甲状或鱼鳞状的薄片
黏结	黏结是指金属板、箔、带在迭轧退火时产生的层与层间点、线、面的相互粘连。经掀开后表面留有黏结痕迹，叫黏结
氧化铁皮	氧化铁皮是指材料在加热、轧制和冷却过程中，在表面生成的金属氧化物
折叠	折叠是金属在热轧过程中（或锻造）形成的一种表面缺陷，表面互相折合的双金属层，呈直线或曲线状重合
麻点	麻点指金属材料表面凹凸不平的粗糙面
皮下气泡	金属材料的表面呈现无规律分布大小不等、形状不同、周围圆滑的小凸起、破裂的凸泡呈鸡爪形裂口或舌状结疤，称为气泡

4.1.7　内部质量检验

金属材料的内部质量检验主要有机械性能、物理性能、化学性能、工艺性能、化学成分和内部组织检验。

1. 内部质量检验的保证条件

金属材料内部质量的检验依据通常是根据材质适应不同的要求，保证条件亦不同，在出厂和验收时必须按保证条件进行检验，并符合要求。其保证条件分为以下几种：

（1）基本保证条件。对材料质量的最低要求，无论是否提出都必须保证，如化学成分、基本机械性能等。

（2）附加保证条件。指根据需方在订货合同中注明才进行检验的要求，并保证检验结果符合规定的项目。

（3）协议保证条件。供需双方协商并在订货合同中加以保证的项目。

（4）参考条件。双方协商进行检验项目，但仅作参考条件，不作考核。

2. 化学成分检验

化学成分是决定金属材料性能和质量的主要因素。因此，标准中对绝大多数金属材料规定了必须保证的化学成分，有的甚至作为主要的质量、品种指标。

化学成分可以通过化学的、物理的多种方法来分析鉴定。目前应用最广的是化学分析法和光谱分析法，除化学成分检验外，设备简单、鉴定速度快的火花鉴定法，也是对钢铁成分鉴定的一种实用的简易方法。

（1）化学分析法。

化学分析是研究物质的化学组成及其测定含量的方法的一门科学。我国已制定GB/T223《钢铁及合金化学分析方法》等一系列的标准，它是以化学反应（如酸碱反应、络合反应、沉淀反应和氧化还原反应等）来确定金属材料的组成成分的，这种方法统称为化学分析法。

（2）光谱分析法。

各种元素在高温、高能量的激发下都能产生自己特有的光谱，根据元素被激发后所产生特征光谱来确定金属材料的化学成分及大致含量的方法，称光谱分析法。

常见的光谱分析法有发射光谱分析（摄谱法、看谱法和光电直读法）、原子吸收光谱分析和荧光X射线谱分析等。光谱分析方法是材料成分测定的极其重要的手段。

（3）火花鉴别法。

该法主要用于钢铁，指在砂轮磨削下由于摩擦、高温作用，各种元素、微粒氧化时产生的火花数量、形状、颜色等不同，以此鉴别材料化学成分（组成元素）及大致含量的一种方法。

3. 力学、工艺性能检验

（1）力学、工艺性能检验内容。

该项内容共包含三个部分。

① 金属材料入库前的力学性能检验。包括硬度、强度、韧性和疲劳等，还包括金相、成分、表面质量、尺寸公差等内容。

力学性能检验需按要求截取试样，然后送物理试验室用万能材料试验机检验。

② 钣金件加工工艺过程中的中间热处理或最终热处理的力学性能检验。当钣金零件经受中间或最终热处理之后，必须依据有关技术文件要求进行力学性能测试，其试样应从与钣金零件相同批次的原板材中切取，并与受试钣金毛坯或零件同炉热处理。

③ 标准件使用之前的力学性能检验。重要标准件，如螺栓、螺钉、铆钉、弹簧垫圈等，在用于装配产品之前必须按有关技术条件要求进行力学性能测试，试样应从受检母体中按规定比例随机抽取。

注意，材料力学性能检验还可以应用于材料、零件管理中发生混料、热处理状态不明、合格证遗失等问题。借助力学性能检验，可以弥补管理工作中的失误。

（2）力学性能检验方法。

为了便于分析、研究、评定材料的力学性能，通常把复杂的应力状态分解为几种简单的受力形式，如单向拉伸、单向压缩、弯曲、剪切、压入、扭转等。工程上，常以这种简单而典型的受力状态下所呈现的特性来评定金属材料的力学性能。

① 静拉伸试验。静拉伸试验是一种最简单的力学性能试验，在测试的范围（标距）内，受力均匀，应力、应变及其性能指标测量稳定、可靠，理论计算方便。

通过静拉伸试验，可以测定材料弹性变形、塑性变形和断裂过程中最基本的力学性能指标（如正弹性模量 E，屈服强度 σ_s、抗拉强度 σ_b、伸长率 δ 以及断面收缩率 ψ 等）。

静拉伸试验中获得的力学性能指标（如 E、σ_s、σ_b、δ 和 ψ 等）是材料固有的基本属性，也是工程设计中的重要依据。静拉伸试验方法在国标 GB 228—2010 中有详细规定，静拉伸试样分为比例试样与非比例试样两种。

② 压缩试验。压缩试验是拉伸试验的反向加载。

压缩试验时，应力—应变曲线有两种情况：对于塑性材料，试样可以压得很扁而仍然达不到破坏的程度，因此对塑性材料很少应用；对于脆性材料或低塑性材料，在静拉伸、弯曲、扭转试验中不能较好地显示塑性时，采用压缩试验时有可能使它们转为韧性状态，较好地显示塑性。因此，压缩试验对于评定脆性材料具有重大意义。

通过压缩试验，可以测定材料的压缩强度和压缩弹性模量等指标。

金属压缩试验方法详见国标 GB 7314—2005 中的详细规定。压缩试验时，试样端部的摩擦阻力对试验结果影响很大。因此，试验端面应通过精整加工、涂油或涂石墨粉予以润滑，或者采用特殊设计的压头，使端面的摩擦阻力减至最小。另外，在进行脆性材料的压缩试验时，在压缩破坏时易发生碎片飞出，为了防止危险应考虑加防护罩装置。

③ 弯曲试验。弯曲试验不受试样偏斜的影响，可以稳定地测定脆性和低塑性材料的抗弯强度，同时用挠度表示塑性，能明显地显示脆性或低塑性材料的塑性。所以这种试验很适合评定脆性或低塑性材料，如铸铁、工具钢、渗碳钢、硬质合金及陶瓷等。

弯曲试验通常用于脆性材料（铸铁）的抗弯强度测定及特殊用途钢板、焊接接头的弯曲角测定。此外，弯曲试验对表面缺陷比较敏感，所以常用它来比较和鉴定渗碳等表面化学热处理、高频淬火等表面处理的零件的材料质量和表层强度等性能的差异。

④ 剪切试验。剪切试验主要有双剪切试验、单剪切试验及冲压剪切试验等。剪切试验数据主要用于紧固体（螺钉、铆钉等）、焊接体、胶接件、复合材料及轧制板材等剪切强度设计。

⑤ 冲击试验。冲击试验是把要试验的材料制成规定形状和尺寸的试样，在冲击试验机上一次冲断，用冲断试样所消耗的功或试样断口形貌特点，经过整理得到规定定义的冲击性能指标，如冲击韧度、冲击吸收功以及纤维断口所占断口面积的百分比等。

到目前为止，冲击试验是工程上获得材料动态强度和变形能力最方便、最简单的方法，工程上习惯用冲击值来表示材料抵抗冲击载荷能力的大小。

经验表明，冲击试验在检验材料品质、内部缺陷、工艺质量等方面非常敏感。例如，疏松、夹杂、流纹、白点、过烧、过热等品质、内部缺陷以及变形时效、回火脆性等都可以从冲击值大小明显反映出来。

⑥ 硬度试验。硬度是金属材料力学性能中最常用的性能指标之一，主要表征金属在表面局部体积内抵抗变形或破裂的能力。

硬度试验方法有压入法、锉刀法和无损检验法三种，常用于热处理的工序质量检验、材料的入厂复验、零件状态的鉴别等工作。

4. 宏观组织检验

宏观（低倍）组织检验是指用肉眼或放大镜（10～30 倍）检查材料或零件在冶炼、轧制以及各种加工过程中所带来的化学成分及组织等的不均匀性或因某些工艺因素导致材料的内部或表面产生缺陷的一种方法。宏观组织可以揭示金属材料的宏观组织及宏观缺陷，对应可用于材料性能、加工工艺的探讨。

常见的宏观组织检验方法有酸蚀法、印痕法、液体渗透着色法和断口（金相）组织检验法等。

（1）酸蚀法检验。

酸蚀检验包括热酸蚀法、冷酸蚀法及电解浸蚀法等。这种方法常用于对钢的检验。

钢的低倍组织检验采用国家标准 GB 226—1991《钢的低倍组织及缺陷酸蚀检验方法》。生产检验时可从三种酸蚀方法中任选一种，但仲裁时规定以热酸蚀法为准。

热酸蚀法主要用于显示偏析、疏松、枝晶、白点等低倍组织及缺陷。而冷酸蚀检验的目的与热酸蚀检验相同。

冷酸蚀检验一般用于：

① 工件过大，难于进行热酸蚀；

② 工件已加工好，若进行热酸蚀将有损于工件表面粗糙度；

③ 工件经热处理硬化，具有较大内应力，若进行热酸蚀易产生开裂；

④ 有的组织和缺陷用热酸蚀不易显示。

金属中常见宏观组织和缺陷见表 4-2。在经过酸蚀的试样上，对所观察到的宏观（低倍）组织进行辨认和评定可根据 GB/T 1979—2001《结构钢低倍组织缺陷评级图》进行。该标准是指导性的，适用于各类钢材。

表 4-2　金属中常见宏观组织缺陷

缺陷名称	宏观特征	形成原因	评定原则
偏析 （a）锭型偏析 （b）点状偏析	在试样上表现为侵蚀较深的，并有暗点和空隙组成，与原锭型横截面形状相似的框带。一般为方形；在试样上呈不同形状和大小的暗色斑点，不论暗色斑点与气泡是否同时存在，这种暗色斑点统称点状偏析。当斑点分散分布在整个截面上时称为一般点状偏析，当斑点存在于试样边缘时称为边缘点状偏析	在钢锭结晶过程中，由于结晶规律的影响，柱状晶区与中心等轴晶区交界处的成分偏析和杂质聚集所致。结晶条件不良，钢液在结晶过程中冷却较慢产生的成分偏析。当气体和夹杂物大量存在时，使点状偏析严重	根据方框形区域的组织疏松程度和框带的宽度而定，以斑点的数量、大小和分布状况而定

续表

缺陷名称	宏观特征	形成原因	评定原则
疏松 (a) 中心疏松 (b) 一般疏松	在试样的中心部位呈集中分布的空隙和暗点。它和一般疏松的主要区别是空隙和暗点仅存在于试样的中心部位，而不是分散在整个截面上。在试样上表现为组织不致密，呈分散在整个截面上的暗点和空隙。暗点多呈圆形或椭圆形。孔隙在放大镜下观察多为不规则的空洞或圆形针孔	在钢液凝固时体积收缩引起的组织疏松及钢锭中心部位因最后凝固使气体析集和夹杂物聚集较为严重所致。钢液在凝固时产生的微空隙和析集一些低熔点组元、气体和非金属夹杂物，经酸侵蚀后呈现组织疏松	以暗点和空隙数量、大小及密集程度而定。根据分散在整个截面上的暗点、空隙和数量、大小及分布状态，并考虑树枝晶的粗细程度而定
残余缩孔	在试样的中心区域呈不规则的折皱裂缝或空洞，在其上或附近常伴有严重的疏松、夹杂物和成分偏析等	钢液在凝固时发生何种集中收缩而产生的缩孔并在热加工时因切除不尽而部分残留，有时也出现二次缩孔	以裂缝或空洞大小而定
白点	除试样边缘区域外的部分表现为锯齿形的细小发纹。呈放射状、同心圆形成不规则形态分布。在纵向断口上依其位向不同呈圆形或椭圆形亮点或细小裂缝	钢中含氢量高，经热加工后在冷却过程中，析出的原子氢在缺价处聚集，形成分子氢，产生很大压力出现微裂纹。白点是钢中不允许存在的低倍缺陷	以裂缝长短、条数而定
气泡 (a) 皮下气泡 (b) 内部气泡	在试样上于钢材（坯）的皮下呈分散或成簇分布的细长裂缝或椭圆形气孔。细长裂缝多数垂直于钢材（坯）的表面，在试样上呈直线或弯曲状的长度不等的裂缝，其内壁较为光滑，有的伴有微小可见夹杂物	由于钢锭模内壁清理不良和保护渣不干燥等原因造成，由于钢中含有较多气体所致，该缺陷是钢材所不允许存在的	测量气泡离钢材（坯）表面的最远距离及试样直径或边长的实际尺寸
翻皮	在试样上呈亮白色弯曲条带，并在其上或周围有气孔和夹杂物；有的呈不规则的暗黑线条；有的为由密集的空隙和夹杂物组成的条带	在浇注进程中表面硬化膜翻入钢液中，凝固前未能浮出所造成。翻皮是钢材内部不允许存在的低倍缺陷	以在试样上出现的部位为主，并考虑翻皮的长度而定
非金属夹杂物	在试样上呈不同形状和颜色的颗粒	冶炼或浇注系统的耐火材料或脏物进入并留在钢液中所致	按规定对夹杂物进行检验与评定
异类金属夹杂物	在试样上颜色与基体组织不同，无一定形状的金属块，有的与基体组织有明显界限，有的界限不清	由于冶炼操作不当，合金料未完全熔化或浇注系统中掉入异类金属所致	
轴心晶间裂纹	在试样上呈现于轴心部位区域的蜘蛛网状裂纹	可能与凝固时的热应力有关，一般多出现于高合金钢中，以晶间裂缝形式出现	根据缺陷存在的严重程度而定
发纹	在塔形试样的各个阶梯上呈现与轴向平行的细小裂纹，可以是单一或集中的，局部出现，有时甚至布满整个阶梯	是钢中夹杂和气孔在加工变形时沿变形方向延伸所形成的细小裂纹	按有关条文进行检验与评定

续表

缺陷名称	宏观特征	形成原因	评定原则
缩尾	缩尾多出现在铝材制品的后端，在横向低倍试样上，呈现出漏斗状、环状和月牙状的缺陷	是在挤压时尾料没有完全切除掉，而沿金属流动方向形成的分层、夹杂或裂纹，这是不允许存在的缺陷	视缺陷是否在可切除范围而定
分层	材料加工时被压延长“分层”，此种缺陷破坏了材料的延续性	由于切尾不够或内存夹渣、气泡等造成材料加工时被压延长“分层”，是一种不允许存在的缺陷	
粗晶环	粗晶环是变形铝合金挤压、锻造、压延制品及棒材、型材、管材、板材、锻材等表层常见的组织，严重时可扩展到整个截面	粗晶环组织使机械性能变坏，工艺性能下降，零件表面粗糙，对此应该限制	视缺陷存在严重程度而定

（2）印痕法检验。

印痕法是用涂有试剂的相纸紧贴在试样表面上，使试剂和钢中的某一成分在相纸上发生反应并形成具有一定色彩斑点的检验方法。常用的印痕法有硫印法和磷印法。要检验硫、磷在钢材截面上的分布情况，必须借助印痕法。

注意：酸蚀法及印痕法为破坏性试验，一般均在被切取的试样上进行。

（3）液体渗透着色法。

液体渗透着色法是利用液体的毛细管作用，使液体着色渗透剂渗入试样表面不易被肉眼觉察的开口缺陷中，通过显示，在日光下观察缺陷的形貌。

（4）断口（金相）组织检验法。

断口检验广泛应用于检验金属材料、毛坯、半成品的内部缺陷和分析生产工艺中金属的质量，可以发现缩孔、疏松、白点、气泡、内裂等缺陷。

断口分析一般包括宏观分析和微观分析两方面。宏观指用肉眼或 20 倍以下的放大镜分析断口，微观指用光学显微镜或电子显微镜研究断口。两者不可分割，互相补充，不能互相替代。

5. 显微组织分析与检验

显微组织分析是用光学显微镜或电子显微镜观察金属内部的组成相和组织组成物的类型，以及它们的相对量、大小、形态及分布等特征。显微组织分析的主要检验内容有脱碳层深度、球化组织、网状碳化物、带状碳化物、碳化物液析、共晶碳化物不均匀度、奥氏体中 α 相、非金属夹杂、过热组织、过烧组织等。

（1）脱碳层深度。

脱碳是钢材在热加工及热处理中不可避免的，它是钢材的一种表面组织缺陷，导致工件表面硬度、耐磨性及疲劳强度等降低。

测定脱碳层深度已成为质量检验的重要内容。碳钢及低合金钢脱碳层深度的测定在 GB 224—2008 中作了规定，其中有金相法、硬度法及化学分析法。

高速钢脱碳层深度测定有等温淬火法、退火态测定法和显微硬度法三种。

（2）网状碳化物。

通常用金相检验法测定网状碳化物深度。测定表面淬火、化学热处理及其他各种表面强化层深度也是金相检验的重要内容。测定表面硬化层深度还可以参考硬度法测量。

(3) 球化组织。

碳素工具钢、合金工具钢、滚珠轴承钢的出厂状态一般为球化退火。

球化组织的好处是消除内应力，降低硬度，改善切削性能，降低最终热处理的过热倾向。因此，对其球化组织的金相检验是控制球化退火工艺质量的有效办法。

球化组织评级规定在 500 倍下进行，碳素工具钢球化组织分为 10 级，合金工具钢球化组织分为 6 级，滚珠轴承钢的球化组织分为 6 级。

(4) 带状碳化物。

铬轴承钢中的带状碳化物，是钢锭在浇注时冷凝过程中生成树枝状结晶而造成的成分偏析，后经热加工延伸形成的。带状碳化物的存在，会导致金属机械性能呈现各向异性，热处理后工件变形、硬度不均、过早疲劳失效。

带状碳化物应按 GB 1299—2000 进行检验。

(5) 共晶碳化物不均匀性。

它是高速钢、合金工具钢中的一种低倍缺陷，是因共晶反应所生成的鱼骨状莱氏体在热加工过程中破碎不足而致。这种缺陷会导致工件在热处理过程中过热和开裂。

共晶碳化物应在 100 倍下进行评级。

(6) 碳化物液析。

这种碳化物是由于钢液成分不均匀而直接从液相析出的粗大碳化物，一般是 Cr7C3，具有很高的硬度与脆性。这种缺陷会导致轴承钢淬火裂纹，从而降低轴承的耐磨与疲劳性能。

碳化物液析要在 100 倍下进行观察评定。

(7) 非金属夹杂物。

钢中的非金属夹杂物主要是铁及其他合金元素与氧、氮、硫等化合而生成的氧化物、氮化物、硫化物、硅酸盐等，混杂在钢中而形成。

非金属夹杂物会降低钢的力学性能、工艺性能、抗腐蚀性能和使用性能。

(8) 奥氏体 α 相、不锈钢晶间腐蚀倾向试验。

18-8 型不锈钢在正常情况下经固溶处理可得到纯奥氏体组织，但在一定条件下也可以出现 α 相。α 相会降低 18-8 型不锈钢的耐蚀性。α 相的评级一般在 300 倍下进行，试验面为纵截面。

18-8 型（如 1Cr18Ni9Ti）奥氏体不锈钢在很多介质中都具有高的化学稳定性，但在 400～800℃温度范围内加热或在该温区内缓慢冷却后，置于腐蚀介质中易产生晶间腐蚀。晶间腐蚀的基本特征是沿晶界进行并导致产生晶间裂纹。

(9) 过热组织。

当热处理温度或锻造温度偏高时，就会形成过热组织。过热可引起晶粒过分长大（可达 1～2 级），会明显降低钢的力学性能。高倍观察时会发现晶粒粗大，晶界平直，第二相明显减少。在断口上也有明显特征，如高速钢过热时断口会形成萘状断口，有鱼鳞状的自亮闪光。

(10) 过烧组织。

当热处理温度严重偏高时，就会形成过烧组织，高倍观察时会发现许多显微组织的过烧特征。如铝合金过烧时，在其显微组织中呈现共溶球、晶界发毛变粗、三角晶界等特征。

注意： 过烧组织严重影响力学性能指标，必须予以避免。

6. 无损检验

无损检验包括磁力探伤、荧光探伤和着色探伤三种方法。

磁力探伤主要用于检验钢铁等铁磁性材料接近表面的裂纹、夹杂、白点、折叠、缩孔、结疤等。

荧光探伤和着色探伤主要用于无磁性材料（如有色金属、不锈钢、耐热合金）的表面细小裂纹及松孔的检验。

7. 超声波检验

超声波检验又称超声波探伤。利用超声波在同一均匀介质中作直线性传播，但在不同两种物质的界面上便会出现部分或全部反射的特性；当超声波遇到材料内部有气孔、裂纹、缩孔、夹杂时，则在金属的交界面上发生反射。异质界面愈大，反射能力愈强；反之愈弱。这样，内部缺陷的部位及大小就可以通过探伤仪荧光屏的波形反映出来。

常用的超声波探伤有 X 射线探伤、γ 射线探伤和高能射线探伤。

4.1.8 轧制件（型材）的检测

1. 轧制件的概念

（1）轧制件。

轧制件也称型材，主要包括各种热轧和冷拉的圆钢、方钢、六角钢、八角钢、工字钢、角钢、管材等类。轧制件的制作分热扎和冷拉两种状态，热轧的型材毛坯精度较低，冷拉的型材毛坯精度较高。

（2）轧制件毛坯。

机械加工中，一般在结构形状较简单、生产批量为单件小批生产且不太重要的零件，其毛坯选择型材。

2. 轧材质量检验规范

（1）钢轧材质量检验规范。

① 送检和取样按相关工艺文件规定执行，对照标准核对质量证明书或合格证上的技术参数。

② 每一冶炼炉批的轧材，应逐根进行形状和尺寸的检验，不符合要求的应作为不合格品处理。

③ 每一炉批的棒材，应逐根进行表面质量的检验。棒材表面不允许有肉眼可见的裂纹、龟裂、疤痕、夹杂、夹渣和折叠。允许用机械加工法去除表面缺陷。允许存在麻点、划痕等缺陷，但应按相应合金技术标准判断是否合格。

④ 每一炉批的轧材，应取有代表性的一根材料作化学成分检查。检查方法可采用光谱或化学分析。当分析结果有矛盾时，应以化学分析为准，分析结果应符合相应合金技术标准的规定。

⑤ 除非另有规定，每一炉批的轧材均应逐根进行无损检测。无损检测方式可用超声波、涡流、磁粉或渗透法，其结果应符合相应技术标准规定。

⑥ 每一炉批的轧材，应取有代表性的一根进行酸浸低倍和断口检查。酸浸低倍和断口试样上不允许有肉眼可见的缩孔、缩孔残余、气泡、空洞、针孔、裂纹、夹杂、夹渣和分层等缺陷。对结构钢不允许有肉眼可见的白点、点状偏析、银亮斑点、白斑、石状断口和层状断口。一般疏松、中心疏松和方形偏析应符合相应的技术标准规定。

⑦ 应按相应合金技术标准规定，检查晶粒度。

⑧ 每一炉批的轧材，应取有代表性的轧材作力学性能检查，其结果应符合相应合金技术标准规定。

（2）非铁合金轧材质量检验规范。

① 送检和取样按相关工艺文件规定执行，对照标准核对质量证明书或合格证上的技术参数。

② 每一炉批的轧材，应逐根检验形状和尺寸，凡不符合相应技术标准规定或订货合同要求者，应视为不合格品。

③ 铝、镁合金板材表面不允许有裂纹、裂边、过烧气泡、腐蚀斑点、金属和非金属压入物、包铝层脱落、处理不掉的油斑和硝酸盐痕迹等。允许有不影响产品质量的划伤、擦伤、乳液痕、光滑发亮区、压坑、印痕氧化色、松树枝痕、顺压延方向的暗色区、蒙皮小黑色和折痕等。

④ 钛合金板表面不允许有裂纹、起皮、压折、金属及非金属夹杂物和过酸洗痕迹等。允许有不影响产品质量的划伤、压痕、凹坑等，表面氧化皮应清除。钛合金棒材表面不允许有裂纹，但允许有不大于该尺寸允许偏差之半的轻微划痕、压痕、麻点等缺陷。

⑤ 每一炉批的轧材，应取有代表性的一根轧材作化学成分检验，结果应符合相应合金技术标准的规定。

⑥ 每一炉批的棒材，应取有代表性的一根棒材作横向低倍检查，用目视或低倍放大镜观察，不允许有裂纹、气孔、金属及非金属夹杂物、缩尾及其他宏观可见的缺陷。发现有上述缺陷时，应按相应合金技术标准判定。

⑦ 每一炉批的轧材，应取有代表性的一根轧材做力学性能试验，结果应符合相应合金技术标准要求，不符合要求时退货或报废。

（3）钢材挤压棒材、型材质量检验规范。

① 送检和取样按相关工艺文件规定执行，对照标准核对质量证明书或合格证上的技术参数。

② 每一根棒材或型材都应进行表面质量的检验，表面上不允许有肉眼可见的裂纹、龟裂、头部开裂和夹杂等缺陷。但允许存在不大于该尺寸允许偏差之半的轻微划痕、压痕、麻点等不影响材质的缺陷。表面局部缺陷应予以清除，清除宽度不小于深度的5倍，同一截面上只允许清除一处，清除之后尺寸应符合要求。

③ 除非另有规定，每一炉批的棒材或型材，应逐根进行无损检测，以控制表面和内部质量。可以采用超声波、着色或磁粉等方法检查，检查结果应符合相应技术标准要求，不符合者应作不合格品处理。

④ 每一炉批的棒材或型材中，取一根有代表性的棒材或型材进行化学成分的检验。可采用光谱或湿法化学分析方法试验。当试验结果发生矛盾时，应以湿法化学分析结果为准。试验结果应符合相应合金化学成分技术标准要求，不符合要求时应退货或报废。

⑤ 每一炉批的棒材或型材中，应取具有代表性的棒材或型材，切取断口和横、纵向酸洗试片作内部质量检验，不允许有肉眼可见的裂纹、气孔和缩尾等缺陷；分层和疏松可参考相应技术标准评定。同时可以作显微组织观察，评定晶粒度等。

⑥ 每一炉批的棒材或型材中，应取具有代表性的一根棒材或型材，切取力学性能试样，按有关标准进行测试，测试结果应符合相应合金力学性能技术标准的要求，不符合要

求的应退货或报废。

（4）非铁合金挤压棒材、型材质量检验规范。

① 送检和取样按相关工艺文件规定执行，对照标准核对质量证明书或合格证上的技术参数。

② 每一炉批的挤压棒材或型材，应逐根检验其外形和尺寸，并应符合相应技术标准或订货合同要求，不符合者应判定为不合格品。

③ 每一炉批的棒材或型材，可用目视或量具逐根进行表面质量检验。

铝合金制品不允许有裂纹、腐蚀斑点和硝酸痕迹，但允许有不超过负偏差的起皮、压伤、压痕、表面气泡，以及深度不超过负偏差一半的划伤、表面粗糙和个别擦伤。但型材在 1 m 长度内所有允许缺陷的总面积不应超过表面积的 4%。氧化色、不粗糙的白色和暗色的斑点也允许存在。

镁合金制品则不允许有经打磨不能除掉的斑点、磨伤、疤痕、裂纹、气泡、压痕、压陷、擦伤、分层、粗划伤和伤痕，但允许有经打磨不超过负偏差的个别碰伤、磨伤、压伤等缺陷，以及深度不超过负偏差一半的擦伤、划痕和点状划痕。在型材 1 m 长度内所有允许缺陷的总面积不应超过表面积的 4%。

④ 每一炉批的棒材或型材，应取其有代表性的一根作化学成分分析，结果应符合相应技术标准的要求，不符合者退货或报废。

⑤ 除非另有规定，每一炉批的棒材或型材，应逐根进行无损检测，可用超声波或着色检查，结果应符合相应技术标准要求，不符合者应予以退货或报废。

⑥ 每一炉批的棒材或型材，应取其有代表性的一根切取低倍浸蚀试样，不允许有偏析聚集、非金属夹杂物、裂纹、缩尾、分层和夹渣等缺陷。供制造压气机叶片的钛合金棒材其低倍组织应不超过四级。

⑦ 每一炉批的棒材或型材，应取其一根作高位组织检查，不得有过烧组织，否则整个热处理炉批按规定判废。其余按相应合金技术标准的规定进行检验。

⑧ 每一炉批的棒材或型材，应取其有代表性的一根作力学性能试验，其结果应符合相应合金的技术标准或图样的规定，不符合者应退货或按规定判废。

3. 金属材料轧制件的检测项（七项）

（1）金属物理性能检测（64）；

（2）金属力学性能检测（61）；

（3）金属工艺性能检测（19）；

（4）金属金相组织检测（33）；

（5）金属无损伤检测（61）；

（6）金属化学性能检测（52）；

（7）钢铁与铁合金化学分析（22）。

注意：括号内是该检测项目的国家标准数，共计 312 个标准。本教材只列举部分检测项目以馈读者。

4. 轧制件的外观缺陷及检测方法

（1）轧制件的外观缺陷。

轧制件毛坯外观缺陷检查的主要内容有不圆度、形状不正确、裂纹、弯曲度、锈蚀、非金属夹杂物、金属夹杂物、脱碳等指标。

(2) 外观缺陷检测方法。

型材具体缺陷的特征与检测方法见表 4-3。

表 4-3　型材常见缺陷的特征与检测方法

序　号	缺陷名称	特　征	检测方法
1	不圆度	圆形截面的轧材，如圆钢和圆形钢管的横截面上，各个方向上的直径不等	用游标卡尺检测同一截面的不同方向，并沿轴向选择所需检测的截面进行检测
2	形状不正确	轧材横截面几何形状歪斜、凹凸不平，如六角钢的六边不等、角钢顶角大、型钢扭转等	用游标卡尺、万能角尺、样板、直尺棱边等进行检测
3	裂纹	一般呈直线状，有时呈 Y 形，多与轧制方向一致，但也有其他方向，一般开口处为锐角	小裂纹可用磁粉探测，较大裂纹可凭肉眼观察
4	弯曲度	轧件在长度或宽度方向不平直，呈曲线状	用较长的直尺棱边检测
5	锈蚀	表面生成铁锈，其颜色由杏黄色到黑红色，除锈后，严重的有锈蚀麻点	凭肉眼观察
6	非金属夹杂物	在横向酸性试片上见到一些无金属光泽且呈灰白色、米黄色和暗灰色等的色彩，系钢中残留的氧化物、硫化物、硅酸盐等	凭肉眼观察或进行化学试验
7	金属夹杂物	在横向低倍试片上见到一些有金属光泽且与基体金属显然不同的金属盐	凭肉眼观察或进行化学试验
8	脱碳	钢的表层碳分较内层碳分降低的现象称为脱碳。全脱碳层是指钢的表面因脱碳而呈现全部为铁素体组织；部分脱碳是指在全脱碳层之后到钢的含碳量未减少的组织处	金相组织观察或进行化学试验

5. 轧制件力学、工艺性能检测

所谓金属材料的工艺性能，是指金属材料所具有的能适应各种加工工艺要求的能力。工艺性能是机械、物理、化学性能的综合表现。

金属材料常用铸造、压力加工、焊接和切削加工等方法制造成零件，各种工艺方法均对材料提出了不同的要求。

(1) 拉伸试验。

拉伸试验的内容包括在室温下拉伸、在高温下拉伸、金属薄板拉伸、焊缝及堆焊金属材料的拉伸等。

① 拉伸试验目的。测试材料的非比例伸张应力 σ_p、残余伸张应力 σ_r、屈服点 σ_s、抗拉强度 σ_b、断后伸长率 δ、断面收缩率 ϕ 等力学性能。

② 拉伸试验设备。油压万能材料试验机、杠杆试拉力试验机、引伸计等。

(2) 冲击试验。

冲击试验是一种动力学试验，又称冲击韧性试验。用这种试验测定材料的抗冲击韧性 a_k 值。

根据试样的形状和断裂方法，冲击试验可分为拉伸冲击、弯曲冲击和扭转冲击等。按冲击试验次数，冲击试验可分为一次冲击试验和多次冲击试验。按冲击形态，冲击试验又可分为摆锤式试验和落锤式试验等。按所用的试样，冲击试验分有缺口和无缺口两种方法。

有缺口试验的目的是改变试样的应力分布状态。目前，工程技术上广泛采用的是一次性摆锤弯曲冲击试验。

（3）硬度试验。

金属材料抵抗硬物体压陷表面的能力称为硬度。硬度不像强度、伸长率等，它不是一个单纯的物理和力学量，而是代表着弹性、塑性形变强化率、强度、韧性等一系列不同物理量组合的一种综合性能指标。

① 硬度试验分为压入法和刻划法。在压入法中，根据加载速度不同又分为静载压入法和动载压入法；按试验温度高低可分为高温和低温下的硬度试验。目前生产中常用的是静载压入法。硬度与强度之间可以进行换算，参见表4-4。

表4-4 硬度与强度的换算

序号	金属材料	硬度范围（供货状态）	经验公式
1	未淬硬钢（碳钢）	HBS < 175 HBS > 175	$\sigma_b \approx 0.362$HBS $\sigma_b \approx 0.345$HBS
2	未淬硬钢（碳钢）	HRC < 10	$\sigma_b \approx 51.32 \times 10^4/(100-\text{HRC})^2$
3	铸钢（碳钢铸件）	HRC < 40 HRC > 40	$\sigma_b \approx$ （0.3～0.4） HRC $\sigma_b \approx 8.61 \times 10^3/(100-\text{HRC})$
4	灰铸铁	HRC 10～40	$\sigma_b \approx$ （HBS − 40） /6 $\sigma_b \approx 48.86 \times 10^4/(100-\text{HRC})^2$
5	高碳钢	HBS < 255	$\sigma_b \approx 0.304$HBS ± 5
6	铝	HBS 25～32	$\sigma_b \approx 0.27$HBS
7	硬铝	HBS < 100	$\sigma_b \approx 0.36$HBS
8	铝合金（ZL_{11}）	HBS < 45	$\sigma_b \approx 0.266$HBS
9	铜	HBS < 150	$\sigma_b \approx 0.55$HBS
10	黄铜（H90，H80，H68）	HBS < 150	$\sigma_b \approx 0.35$HBS
11	黄铜（H62）	HBS < 164	$\sigma_b \approx$ （0.43～0.46） HBS
12	Cu − Zn − Al 合金	HBS 80～90	$\sigma_b \approx 0.48$HBS

② 静载压入法试验方法。常用的有布氏硬度试验法、洛氏硬度试验法、维氏硬度试验法和显微硬度试验法等。

不同的硬度适用于不同的场合，各种硬度的测试方法也不相同。

③ 不同硬度之间可以近似换算。当 HBS > 220 时，1HRC ≈ 10HBS。

6. 轧制件无损伤检测

金属无损伤检测，金属化学性能检测，钢铁与铁合金化学分析等检测项，具体检测方法参考4.1.7节。

4.2　铸件毛坯检测

4.2.1　铸件相关知识

铸造适用于床身、支架、变速箱、缸体、泵体等形状较复杂的零件毛坯。铸造的制造方法主要有砂型铸造、金属型铸造、压力铸造、熔模铸造、离心铸造等，其中较常用的是砂型铸造。

当毛坯精度要求低、生产批量较小时，采用木模手工造型；当毛坯精度要求较高且产量很大时，采用金属模机器造型。当毛坯的强度要求较高且形状复杂时，可采用铸钢；有特殊要求时，可采用铜、铝等有色金属。

1. 检验相关术语

（1）金属的铸造性。

金属的铸造性是指浇注金属时液态金属的流动性、凝固时的收缩性和偏析倾向性等。流动性好的金属材料具有良好的充填铸型的能力，能够铸出大而薄的铸件。在常用的铸造金属材料中，灰铸铁和青铜具有良好的铸造性能。

（2）收缩。

收缩是指液态金属凝固时体积收缩和凝固后的线收缩，收缩小可提高金属的利用率，减小铸件产生变形或裂纹的可能性。

（3）偏析。

偏析是指铸件凝固后各处化学成分的不均匀。若偏析严重，将使铸件的力学性能变坏。

2. 铸造检验职能

（1）检验职能内容。

铸造生产进行的各种检验工序，应当具备保证、预防、报告三个方面的职能，即铸造检验应包括下列内容：

① 原材料及设备工具的检验；

② 工艺过程的检验；

③ 铸件缺陷的分析；

④ 成品铸件的检验。

（2）影响铸件质量的因素：

① 原材料质量；

② 管理水平落后；

③ 工艺技术水平相对落后；

④ 铸造测试技术缺乏。

4.2.2　铸件缺陷

1. 铸件缺陷检验

铸件缺陷的检验方式一般有按工序不同分类、按检验性质不同分类、按铸件缺陷特征不同分类等多种分类方法。

（1）按工序分类。

铸件缺陷的检验方式按工序可分为：造型废检验、浇废检验、料废检验、毛坯废检验、芯废检验、混砂废检验。

（2）按检验的性质分类。

铸件缺陷的检验方式按检验的性质可分为：预先检验、工艺过程检验、成品检验。

① 预先检验。包括原材料、工具、模具、设备等投入使用之前的检验。

② 工艺过程检验。工艺过程是否按规定执行直接影响产品质量。

③ 成品检验。具有把关的作用。通过成品检验来判断产品的成、废、优、劣。

（3）按铸件缺陷的特征分类。

铸件缺陷的检验方式按铸件缺陷的特征不同可分为以下几类：

① 多肉类缺陷。包括：飞边、毛刺、外渗物、黏膜多肉、冲砂、掉砂、胀砂、抬箱。

② 多孔类缺陷。包括：气孔、气缩孔、针孔、表面针孔、皮下气孔、呛火、缩孔、疏松、渗漏。

③ 裂纹及冷隔类缺陷。包括：冷裂纹、热裂纹、缩裂、热处理裂纹、龟裂、白点（发裂）、冷隔、浇注断流、重皮。

④ 表面类缺陷。包括：表面粗糙、化学黏砂、机械黏砂、夹砂结疤、涂料结疤、沟槽、龟纹（网状花纹）、留痕（水纹）、缩陷、鼠尾、印痕、皱皮、拉伤。

⑤ 残缺类缺陷。包括：浇不足、未浇满、漏箱、机械损伤、炮火、漏空。

⑥ 形状及重量差错类缺陷。包括：铸件变形、形状不合格、尺寸不合格、拉长、挠曲、错箱、错芯、偏芯、型芯下沉、串皮、型壁移动、缩沉、缩尺不符、坍流、铸件超重。

⑦ 夹杂类缺陷。包括：夹渣、黑渣、涂料渣孔、冷豆、磷豆、内渗物、砂眼、锡豆、硬点、渣气孔。

⑧ 成分组织及性能不合格类缺陷。包括：力学性能不合格、化学成分不合格、金相组织不合格、白边过厚、菜花头、断品、反白口、过烧、巨晶、亮皮、偏析、反偏析、正偏析、宏观偏析、微观偏析、重力偏析、晶间偏析、晶内偏析、球化不良、球化衰退、组织粗大、石墨粗大、石墨集结、铸态麻口、石墨漂浮、表面脱碳等。

2. 铸件毛坯缺陷及修补方法

（1）铸造毛坯件常见铸造缺陷。包括：气孔、缩孔、缩松、夹渣、砂眼、裂纹、冷隔、披缝、毛刺、黏砂、胀砂、浇不足、损伤、尺寸偏差、变形、错箱、错芯、偏芯、抬箱等。这些缺陷将使毛坯使用受限甚至造成报废。

（2）铸件缺陷修补方法。

修补方法一般有矫正、焊补、熔补、浸渗、填腻修补、塞补、金属喷镀、粘接等。

4.2.3 铸件的检测内容

1. 铸造工序检验

毛坯的检测内容中，毛坯工序检验是在铸造工序过程中进行的，机械加工人员仅作一般性了解要求。

铸造工序的检验项。包括：造型材料的检验；模型的检验；造型、型芯的检验；合箱的检验；浇注的检验；清理的检验。

2. 铸件成品检验

铸件成品检验包括：相关技术条件的检验、表面质量检验及几何尺寸检验等。

（1）相关技术条件的检验。

相关技术条件的检验包括铸件化学成分、机械（力学）性能等检验内容。机械性能检验和金相及化学成分检验等技术条件的检验，均须按相关国家标准执行检验。

力学性能检验试样由附铸试块或单铸试样制成，也可以直接从铸件中切取样。

在合理选用金属材料的基础上，正确确定热处理工艺并妥善安排工艺路线，对充分发挥金属材料本身的性能潜力、保证材料具有良好的加工工艺性能、延长产品使用寿命、节省金属材料和降低生产成本等方面具有重大的作用。

加热、保温、冷却是各种热处理工艺过程的三个阶段，都容易产生的质量情况是变形。根据工件的类别不同，质量问题分析参见表 4-5。

表 4-5　工件的类型与质量问题分析

工件类型	质量问题简要分析与说明	备　　注
大中型铸件	① 大中型铸件壁厚差度较大，加热时距火源远近不够合理，容易产生变形； ② 大中型铸件放置不平稳，加热、冷却的各段过程均会引起变形	热处理工艺稳定性好，工件变形量小些；热处理后续工序一般不是切削加工便是校直、校平加工等，这就要对热处理之前的制造工序提出留出余量、考虑热处理变形量不得超过热处理前留的余量的要求等
条状、棒式工件	① 吊挂加热、冷却的全过程中，工件歪斜、摇晃等均会产生变形； ② 金属框装加热、冷却时，工件堆放不合适、金属框被压变形等	
较长轴与板条工件	吊挂式加热、保温、冷却的情况多，装备不够精确，操作不够稳妥，致使工件歪斜、摇摆不定，都会产生变形	
套筒、槽钢式工件、角铁式工件	① 这些工件加热时，工件哪个方向迎着热源的问题； ② 这些工件保温、冷却时，怎样放、怎样吊挂与工件过程完成了的变形形状密切相关； ③ 薄壁异形工件吊挂式工艺又与稳妥程度有关	

（2）表面质量检验。

机械加工中生产一线人员在工艺过程中对铸造毛坯的检查主要是对其外观铸造缺陷（如有无沙眼、沙孔、疏松，有无浇不足、铸造裂纹等）的检验；以及对毛坯加工余量是否满足加工要求的检验。

铸件外观质量检验见表 4-6，粗糙度值检验见表 4-7。

表 4-6　铸件外观质量检验项目

序号	检验项目	检验方法	检验依据	检验频次	检验人员
1	铸件表面无飞边、毛刺、黏砂、氧化皮等	目视检查	技术条件	100%	操作者
2	铸件表面无气孔、缩孔	目视检查	技术条件	100%	检验员
3	铸件表面无夹渣、多肉、缺肉	目视检查	技术条件	100%	检验员
4	加工定位表面平整光洁，浇冒口小于 0.5 mm	目视检查	图纸要求	100%	检验员
5	铸件非加工面允许有小于加工余量 2/3 的缺陷存在	卡尺	技术条件	100%	检验员
6	铸件表面无裂纹	磁粉探伤	技术条件	100%	检验员
7	铸件表面粗糙度	与标准样块对比	技术条件	抽查	检验员
8	铸件表面均匀涂防锈漆或防锈油	目视检查	技术协议	100%	检验员

表 4-7 铸件表面粗糙度（*Ra* 值）

材　质	小件（<100kg）		中件［(100～1000)kg］		大件（>1 000kg）	
	一般件	较好件	一般件	较好件	一般件	较好件
铸钢砂型	50	25	100	25	100	50
铸铁砂型	25	12.5	50	25	100	50

（3）几何尺寸检验。

铸件成品几何尺寸检验主要的一种方法是采用画线法检查毛坯的加工余量是否足够。另一种方法是：用毛坯的参考基准面（也称工艺基准面）作为毛坯的检验基准面的相对测量法（需要测量相对基准面的尺寸及进行简单换算）。

铸件成品几何尺寸检验分别参照表 4-8、表 4-9、表 4-10。

表 4-8 铸件尺寸公差数值（GB 6414—1986） 单位：mm

基本尺寸		公差等级 CT						
大于	至	3	4	5	6	7	8	9
—	3	0.14	0.20	0.28	0.40	0.56	0.80	1.2
3	6	0.16	0.24	0.32	0.48	0.64	0.90	1.3
6	10	0.18	0.26	0.36	0.52	0.74	1.0	1.5

表 4-9 单件小批量生产的铸件公差等级（GB 6414—1986）

序号	造型材料	公差等级 CT					
		铸钢	灰铸件	球墨铸铁	可锻铸铁	铜合金	轻合金
1	干、湿型砂	13～15	13～15	13～15	13～15	13～15	11～13
2	自硬型砂	12～14	11～13	11～13	11～13	10～12	10～12

注：铸件基本尺寸≤10 mm 时，其公差等级提高 3 级；大于 10 mm 至等于 15 mm 时，其公差等级提高 2 级；大于 16 mm 至 25 mm 时，其公差等级提高 1 级。

表 4-10 大批量连续生产的铸件公差等级（GB 6414—1986）

序号	造型方法	公差等级 CT					
		铸钢	灰铸件	球墨铸铁	可锻铸铁	铜合金	轻合金
1	砂型、手工	11～13	11～13	11～13	11～13	10～12	9～11
2	砂型、机械	8～10	8～10	8～10	8～10	8～10	7～9
3	金属型		7～9	7～9	7～9	7～9	6～8
4	低压铸造		7～9	7～9	7～9	7～9	6～8
5	压力铸造					6～8	5～7
6	熔模铸造	5～7	5～7	5～7		4～6	4～6

4.3　锻件毛坯检测

4.3.1　锻件相关概念

1. 锻造特点

(1) 锻造是机械制造业中提供毛坯的主要途径之一，其特点是强度要求较高、形状比较简单。

(2) 锻造的优越性在于它不但能获得金属零件的外形，而且能改善金属的原来组织，提高金属的力学性能和物理性能。

(3) 锻造方法生产的优质毛坯，对很多零件的制造过程来说是一种经济合理的制坯方法。如果采用铸造、轧制、挤压的原坯料直接加工零件，不仅切削加工量大、材料损耗多，而且金属纤维组织常常被切断，使零部件使用性能降低。这不仅是增加成本的问题，同时也增加了制造周期，很不经济。

2. 金属材料的锻造性

金属材料的锻造性是指材料在压力加工时，能改变形状而不产生裂纹的性能，它是材料塑性好坏的表现。铝、钢等材料能承受锻造、轧制、冷拉、挤压等形变加工，表现出良好的锻造性。钢的锻造性能与化学成分有关，低碳钢的锻造性好，碳钢的锻造性一般较合金钢好，铸铁则无锻造性。

3. 锻造方法

(1) 根据金属锻造变形时温度的不同，可分为热锻、冷锻（含冷挤）、温锻、液态锻造等四种。热锻应用最广泛，冷锻尺寸精确强度高，温锻适合特殊钢种和特殊锻件，液态锻是一种新的锻造工艺。

(2) 根据所用设备和工具的不同，锻造的方法有自由锻、胎模锻、模锻、特种锻造等四种。

① 自由锻。自由锻毛坯精度低、加工余量大、生产率低，对操作者技能水平要求高，适用于单件小批生产以及大型零件毛坯。

② 胎模锻。胎模锻是在自由锻设备上使用胎模终锻成形生产锻件的一种方法。与自由锻相比，胎模锻能锻出形状复杂、尺寸精确的锻件，从而节省金属材料，减少机械加工工时，提高劳动生产率。

③ 模锻。模锻毛坯精度较高、加工余量小、生产率高，但模具制造费用高，故其适于中批以上生产的中小型毛坯。模锻常用的材料有中、低碳钢及低合金钢。

④ 特种锻造。特种锻造是在专用锻造设备上或在特种工具与模具内使金属坯料成形的一种特殊锻造方法，如等温锻、等温超塑性锻造、粉末锻造等。

4.3.2　锻件缺陷

锻件常见缺陷主要分为六大类，即由原材料引起的锻件缺陷、下料时产生的锻件缺陷、加热或热处理时产生的缺陷、锻造时产生的缺陷、锻件冷却时产生的缺陷和锻件清理时产生的缺陷等。

1. 原材料引起的锻件缺陷

由原材料引起的锻件缺陷见表 4-11。

表 4-11 原材料引起的锻件缺陷

缺陷名称	缺陷特征	产生原因分析	排除方法
结疤	在金属轧材表面有一层易剥落的薄膜，厚度约 1.5 mm 左右，锻造时压入锻件表面，清理后形成凹坑	钢锭浇注时，由于钢液飞溅而凝结在钢锭表面的金属粒子，碾轧时，被压成薄膜贴附在轧材表面形成结疤	在锻造前对表面用砂轮打磨
非金属夹杂物	在锻件剖面上，可见到呈灰暗色的、大片的，或被拉长了的、断续的非金属夹杂物	因矿物含杂质较多，或在熔化浇注时，由于耐火材料、砂子等夹杂物落入钢液，则浇注后的钢锭就带有非金属夹杂物	表面的非金属夹杂物可以打磨掉，内部采用超声波探伤检查，不合格报废
白点	沿锻件纵向断口上出现表面光滑的银白色斑点即为白点。这是合金钢锻件常见的缺陷，铬钢、铬镍钢，铬镍钨钢最为敏感；多分布在大型锻件中心或距表面一定距离，在锻件横截面经磨光酸蚀的切片上。白点呈细长发纹状，约 1～20 mm，甚至更长，有时呈辐射状分布，或平行于变形方向，也有无规则分布	钢水中溶解较多的氢，结晶时，原钢液中溶有超过固溶体溶解度的氢，则以原子状态过饱和溶于钢中。如锻轧后冷却较快，则析出的氢原子来不及向钢材表面扩散逸出，而集中在钢材的微隙处（如疏松、孔穴、晶界等），形成氢分子，并产生巨大的压力，致使钢材内部出现裂纹，即为白点	发现白点则锻件报废； 对容易产生白点的材料锻后可直接进入电炉进行炉冷或炉冷后进行扩氢退火，使氢充分逸出
层状断口	这种缺陷在合金钢中较多，碳钢中也有发现。其截面或断口与折断了的石板、树皮很相似	主要是原材料本身的问题。往往在轴心部分出现，一般认为钢中存在非金属夹杂物、枝晶偏析及气孔、疏松等缺陷，在锻轧过程中沿轧制方向被拉长，使钢材断口呈片层状	钢材明显的层片状缺陷不合格
裂纹发裂	金属表面有深约 0.5～1.5 mm 的小裂纹	在轧碾金属时，轧压钢锭的皮下气泡而产生的，经过酸洗而显示出来	对原材料表面打磨
叠缝	常产生在锻件表面上，而与钢材溶线方向平行，深度大于 0.5 mm	因轧辊上轧槽定位不对或因轧槽磨损而产生了毛刺，所轧成的叠缝在直径两端相反位置	对原材料表面打磨
气泡	① 皮下气泡：在横向切片上，多为垂直于钢材表面分布的小裂纹，深度由几毫米到 10 余毫米，裂纹边缘有时有脱碳现象，裂纹内有氧化皮； ② 蜂窝气泡：存在于钢锭内部的气泡多垂直于锭边排列，尺寸大，数量多	① 皮下气泡是在钢锭的表层由于气体而形成的空洞，因暴露在表面内壁被氧化，污染，锻压时不能焊合。钢锭模内壁涂料含有大量水分。浇注时钢液发生飞溅，溅粒落在模壁上成氧化铁，当与上升的钢液接触后边也会产生气体而形成皮下气泡； ② 主要原因是钢液脱氧去气不良，钢中含气过多	减少钢中气体，不使锭模内壁涂料含水过多，浇注时注意不使钢液发生飞溅

续表

缺陷名称	缺陷特征	产生原因分析	排除方法
金属夹杂物	金属夹杂物也叫异型金属，由于它们与基体金属化学成分不同，酸侵时受腐蚀程度也不同，在低倍切片上有明显区别	① 钢锭浇注时“塞子”插入太深，一部分锻入钢中形成金属夹杂物； ② 炼高合金钢时，加入铁合金量大或块较大，未全部熔化形成金属夹杂物；用铝热剂加入保温帽时用量过多，堆积在一起来不及熔化； ③ 钢液浇注时发生飞溅形成小颗粒，未能熔化而分散于钢中； ④ 出钢时，操作疏忽而落入盛钢桶的其他金属被钢液熔化成金属夹杂物	锻件内出现金属夹杂物一般应报废
偏析	① 树枝状偏析； ② 方框形偏析（亦称凝形偏析）； ③ 点状偏析	① 钢液浇注时的温度过高及冷却缓慢所致； ② 在铸锭结晶时，在柱状晶的末端与锭心等轴晶压之间，聚积了较多的杂质和孔隙而形成的； ③ 与钢中存在大量气体和杂质有关	高温加热扩散退火，加大锻压比；采用较大的锻压比进行压力加工；从冶炼、浇注采取措施，特别减少钢中杂质和气体

2. 下料时产生的锻件缺陷

锻件下料时产生的缺陷检验见表 4-12。

表 4-12　下料产生的锻件缺陷检验

缺陷名称	缺陷特征	产生原因分析	排除方法
下料切斜	毛坯端面与轴线倾斜	剪床刀口间隙不当；材料装夹不当；锯片变形；下料时进刀过快	打磨或重锯
端部弯曲	端面弯折翘曲	剪床上下口间隙过大；压紧力不够；剪切温度过高	调整间隙、压紧力
端面裂纹	端部裂纹	剪切温度过低；刀片刃口圆弧半径过大	调整刃磨刀片
端面毛刺	端面不平	剪床上下刃口间隙过小；锯片磨损被撕裂；下料后未清理端面；	打磨清理

3．加热或热处理时产生的缺陷

锻件加热或热处理时产生的缺陷检验见表 4-13。

表 4-13　锻件加热及热处理时产生的缺陷检验

缺陷名称	缺陷特征	产生原因分析	排除方法
过热	① 晶粒过分长大，锻造塑性降低，热处理后力学性能下降； ② 试片截面可见针状铁素体粗大晶粒，过共析钢冷却形成网状渗碳体	① 加热时温度过高（炉温稍低于过烧温度）； ② 在规定温度区停留时间过长； ③ 用电炉加热时仪表失灵跑温	① 对过热未锻的可重新加热再锻； ② 对可正火、退火细化的材料采用正火、退火； ③ 对高铬镍奥氏体等材料严格控制加热温度和保温时间

续表

缺陷名称	缺陷特征	产生原因分析	排除方法
过烧	① 金属加热到接近熔点时呈白炽状晶间物质氧化，一般锻打就破裂； ② 切片晶粒特别粗大，裂口间表面呈浅灰蓝色	① 加热时炉温过高或仪表失灵跑温； ② 在高温区停留时间过长，锻造时会产生开裂	① 严格控制加热温度和保温时间； ② 电炉加热前认真检查仪表； ③ 过烧结论的锻件报废
氧化	加热时锻件表面产生氧化麻点，影响表面尺寸	① 炉中有氧化气体； ② 在高温区停留时间过长	采用快速加热，减少燃料中水分，或无氧化加热，锻前除去氧化皮
脱碳	在高温下钢中所含碳被氧化表面含碳量减少，严重时锻后产生龟裂，降低力学性	① 加热时间太长； ② 含碳量越高的材料脱碳越深，1000℃左右脱碳更严重； ③ 炉中含 H_2O、CO_2、H_2 等	可快速加热，改善炉气成分，加热完成后尽快锻打
裂纹	坯料表面裂开或内部产生裂纹	① 加热时间过快； ② 大截面毛坯未先预热，表里存在温度差； ③ 毛坯中有残余应力	遵守加热规范，增加预热
温度	温度不均引起变形不均（中心比外部、中间比两头温度低），重者锻造时出现裂纹	① 坯料装炉太多； ② 被加热的料上温不均匀； ③ 翻料不勤； ④ 保温时间不够	① 保证加热温度和保温时间，使坯料均匀热透； ② 装炉量要适当均匀； ③ 勤翻料
渗铜	① 锻造时飞溅出暗红星点； ② 锻件清理后呈网状龟裂； ③ 表面有时见有黏合的铜色斑点； ④ 抗拉强度显著下降	① 炉内混入铜合金的氧化皮碎屑； ② 含铜屑的废油混入燃料中； ③ 同时加热钢、铜料	① 同一炉中不混合装钢、铜料； ② 废油燃料要经过过滤； ③ 发现渗铜的锻件报废
萘状断口	① 断面晶粒粗大并闪烁着结晶萘一样的光泽； ② 结构钢的萘状断口是过热断口； ③ 高速钢萘状断口不是过热断口，不易用热处理法消除	① 结构钢的萘状组织：加热温度过高；保温时间太长； ② 高速钢萘状组织：在1150℃以上重复淬火时形成，随淬火温度提高和重复淬火次数增加而严重	① 采用热处理方法改善或消除； ② 尽量避免重复淬火； ③ 必须重复淬火时应将锻件在840℃以上完全退火，不能消除时报废
石状断口	① 石状断口是结构钢过烧的表征； ② 在淬火和调质断口上呈粗大而凹凸不平的沿晶界断裂的粗晶断口，粗大晶粒如灰白色小石块镶嵌在断口上	① 加热温度过高； ② 在高温下长时间加热	① 制定正确的加热规范； ② 严格执行加热规范； ③ 一旦发现石状断口则锻件报废

4. 锻造时产生的缺陷

锻造时产生的缺陷参见表4-14。

表 4-14　锻造时产生的缺陷

缺陷名称	产生原因
凹陷	加热不当；毛坯表面氧化皮厚，未清除；炉膛清理不干净
未充满	加热温度不够，塑性差；锻压设备吨位小；锻模设计有缺陷，模具内腔不光滑，坯料尺寸不够，润滑油过多或过少
错移	锤头与导轨之间的间隙过大；锤杆弯曲变形；锻模设计有缺陷；模具调整不当或模具松动；毛坯形状和尺寸超差或安放位置不当
弯曲变形	长锻件起模时产生弯曲，薄小锻件易变形；冷却时放置不当，热态锻件随便乱抛；切边或冲孔时易产生变形
切伤	锻模与切边模配合不当；切边锻件未放正；操作不当
毛刺	锻模与切边模配合不当；切边模间隙不合理；切边模磨损
折叠	锻模设计有缺陷；砧子形状不合适，毛坯尺寸过大；模具产生错移；操作不当，终锻前未清理干净，钢坯氧化皮在延展时压入钢中
裂纹	毛坯质量差；坯料形状不合格；加热不规范；温度低时继续锤击；冷却速度过快；燃料含硫量高引起红脆和龟裂；铜渗入晶界引起红脆
尺寸超差	锻模磨损；锻件冷却收缩考虑不当；模具制造超差；终锻温度过高；氧化皮厚；锻件毛坯的下料尺寸不足或错用；对收缩量考虑不周
偏斜偏心	锻造工艺或操作不当；加热不均匀
碰伤	锻件卡在模具内取出撬伤或敲伤，运转过程损伤，切边时压伤等；遵守工艺纪律，修模具
锻坏（打坏）	坯料未放好，操作不当打连锤，设备问题控制不好，检修设备，锻件报废
欠压	加热温度过低，终锻锤击次数不够，设备吨位不够，毛坯尺寸过大，火次不够
分层	坯锭中缩孔或疏松辗轧时挤入毛边，淬火后暴露出来，锤击力过重，(锻件报废)
内部裂纹	原材料质量不高；保温时间不够；V 形砧角度过大或用平形砧拔长圆形工件；终锻温度过低；打击力太大或反复拔长等
晶粒粗大	铝合金采用了未完全消除粗晶环的坯料，终锻时变形量太大或太小
毛边裂纹	模具设计不当；切边间隙太大切边温度不当；淬火加热过烧；锻造操作不当；坯料内部质量不高
气泡起皮	毛坯质量不高；高温和炉中水蒸气反应；在电路中加热时毛坯带有残留润滑剂；环轧润滑剂不足；形成表面部分分层淬火加热和冷却后鼓包
穿筋	锻件形状设计不当；与材料性能有关；工艺不合理；锤击过重；操作不当

5. 锻件冷却时产生的缺陷

锻件冷却时产生的缺陷参见表 4-15。

表 4-15　锻件冷却时产生的缺陷

缺陷名称	缺陷特征	产生原因分析	排除方法
裂纹	锻后冷却不当引起裂纹	组织转变时引起应力大；锻后冷却快（空冷）常发生裂纹	① 一般碳钢、低合金钢和铁素体以及奥氏体钢锻件可在空气中冷却； ② 中碳合金结构钢锻件尺寸不大（小于 60 mm），可以空气中冷却；尺寸较大的采用缓冷（坑冷、砂冷、炉冷）； ③ 高碳钢、高合金钢及具有马氏体组织的合金结构钢，锻后宜炉冷或锻后立即进入电炉退火或高温回火
变形	长条形和薄壁类锻件冷却后变形，不符合图纸要求	冷却后放置的位置不当，或受压、受碰等原因造成	改进冷却方式和存放条件

6. 锻件清理时产生的缺陷

锻件清理时产生缺陷参见表 4-16。

表 4-16　锻件清理时产生的缺陷

缺陷名称	缺陷特征	产生原因分析	排除方法
吹砂、喷丸过度	锻件表面经吹砂后，超出图纸要求的下公差，碰伤、变形等	锻件表面吹砂时间过长，所用压缩空气的压力过大	按工艺要求控制吹砂（喷丸）压力和时间
酸洗过度	锻件表面粗糙、凹坑较多	酸液浓度不符合规定要求，酸洗时间过长	按比例配制酸液浓度控制好酸洗时间
表面腐蚀	主要表现在铝合金锻件表面，经酸洗后显出大面积的麻孔状	① 润滑剂不干净或未清洗干净； ② 与碱性材料接触造成腐蚀； ③ 库房条件不好，保管不当，有水分或变潮而腐蚀	① 注意润滑剂的纯洁； ② 改善清理和保管条件； ③ 打磨光洁酸洗后可以去除（不超出图纸尺寸要求）
尺寸不合格	锻件尺寸不符合图纸要求	① 清理时间长； ② 锻件余量和公差较小； ③ 锻件氧化皮严重； ④ 修伤打磨不规范	控制清理时间，增加余量控制加热时间，提高修伤打磨质量

4.3.3　锻件质量检测要求

1. 锻件用原材料质量检验规范

（1）普通产品。通常只复验化学成分。

（2）重要产品。增加力学性能、低倍检查；如锻件（自由锻、模锻）必须按相应技术标准进行力学性能测试，试样从锻件的工艺余料、飞边或者直接从锻件中切取。试样取向应在申请单中注明。

（3）有特殊要求的产品。按相关标准复验。

2. 锻坯质量检验规范

（1）送检和取样按相关工艺文件规定执行，对照标准核对质量证明书或合格证上的技术参数。

（2）锻坯表面的结疤、折叠和表面裂纹等缺陷，都应在锻制锻件以前用机械加工方式予以去除；如超过加工余量者，经技术人员确认不影响锻件变形的可以使用，锻坯作为产品交货的应予以报废或改做他用。

（3）锻坯内部存在缩孔、气孔、裂纹、白点、过烧组织、层状和夹层缺陷时，锻坯应作报废处理；存在石状断口组织而又不能用锻造和热处理方法消除时，也应作报废处理；存在疏松或树枝晶缺陷时，一般应按疏松级别的相关冶金标准或树枝晶评级参考标准评估后，再采取相应对策。

（4）锻坯显微组织中的非金属夹杂物，在继续锻造时只能改变其形状、大小和分布状态，无法将其去除，应按有关标准评估以判断合格或报废；生产过程中，因锻造和热处理温度控制不当，或锻造时变形量控制不当引起的晶粒度不合格，又无法用热处理方法加以细化时，应予以报废。

3. 结构钢、耐热钢的锻坯（含饼类坯料）检验规范

（1）每一炉批的锻坯均应符合锻坯图样的几何外形和尺寸要求，可以用量具或其他方

法测定。凡不符合要求的，作不合格品处理。

（2）每一炉批的锻坯，其表面均应无结疤、折叠和裂纹等缺陷。允许加工的表面若经加工之后发现有结疤、折叠、裂纹和氧化夹杂等缺陷，则该锻坯应予以报废。

（3）除非另有规定，每一炉批的锻坯，应逐个进行超声波检查，发现有缩孔、裂纹等缺陷时，该锻坯应予以报废；或依照锻坯规定的超声波检验级别，按照超声波检验标准判断锻坯合格、降级或报废。

（4）每一冶炼炉批的锻坯，应进行化学成分检查，结果若不符合相应合金的化学成分规定，则该批锻坯应予以报废。

（5）除非另有规定，每一冶炼炉批锻坯中，抽取一个锻坯作低倍组织和断口检验。纵向和横向低倍组织可用目视或低倍放大镜观察。不允许有白斑、白点、缩孔、气孔、空洞、翻皮、分层、裂纹、夹杂、点状偏析、银亮斑点、针孔、层状断口、石状断口和萘状断口等缺陷。

（6）根据锻坯锻造工艺过程情况，每一炉批锻坯中，取一个锻坯作酸浸低倍流线检查，观察流线是否符合图样规定的方向。当有流线不顺的情况出现时，应采取工艺措施，使流线分布达到规定的要求。

（7）锻坯生产企业，通常在每个铸锭头部规定切头量的后面，切取规格为 90×90×280 的熔检试样，并分锭节号管理，从铸锭头部开始分节号顺序。熔检试样应加工成表面光滑平整的样块，满足超声波探伤要求。熔检试样的原锻造变形量不宜太大。为防止试样产生中心裂纹，从 200×200～90×90 的锻制过程中，应严防变形区有升温现象。熔检试样不得回炉空烧。

从 90×90 的熔检试样上切取低倍组织、显微组织、力学性能试样进行检验。检验结果中，若有一个试样不合格时，则取该不合格项目的双倍试样进行复验；若仍有一个试样不合格时，可在每一炉批的锻坯中另取一个锻坯做试验。

除非另有规定，每一冶炼炉批的锻坯中，取一个锻坯作相应技术标准规定的性能试验，试验结果不合格时，该冶炼炉批的锻坯应予以报废。

（8）大锻件一般均属于重要锻件，因此锻坯检验应包含检验余料。这样做可对每一个锻件做出比较完整的性能合格与否结论。余料的试验工作通常由锻件制造厂在锻件图样上加以标注并负责完成，该项检查通常称为本体取样。

（9）除非另有规定，每一炉批的锻坯，除应检查晶粒度大小外，同时还应检查非金属夹杂物，它们均应符合相应合金的技术标准及订货合同的要求，不符合者作报废处理。

4. 航空锻件锻坯检验规范

（1）高温合金。

用于航空大锻件用的高温合金，由于合金化复杂、工艺塑性较低，更容易产生锻造裂纹和晶粒度不均匀等缺陷，因此在气体含量和夹杂物的控制等方面要求较严，在性能测试方面则要增加高温蠕变、高温持久和高温疲劳等试验项目。

（2）铝合金锻坯检验。

铝合金锻坯及饼坯对应变速率敏感，超硬铝锻造时容易产生表面裂纹和中心裂纹，锻造加热和热处理时容易产生过热和过烧，在性能检验方面要增加应力腐蚀试验项目，同时进行低倍检查粗晶环或晶粒度试验。

（3）钛合金锻坯检验。

钛合金铸锭质量与自耗电极和熔炼工艺密切相关，如控制不当，在锻坯和饼坯中容易产生偏析和不同金属夹杂等缺陷；同时它对锻造工艺参数的控制要求比较严格，因为它直接影响锻件的组织和性能，其中对相变点附近的加热温度控制和含氢量的控制要求尤为严格，否则容易产生锻造裂纹、过热魏氏组织等缺陷；氢含量急剧增加将导致性能不合格（氢脆），从而需要增加真空除氢退火工艺。在检测方面，对各类合金的高低倍组织均有较严格的要求，而且还要增加热稳定性的力学性能试验。

4.3.4 锻件毛坯检验方法

测量锻件常用的工具有通用工具和专用工具，以及各种类型的夹具。

通用工具有卡尺、卡钳、游标卡尺等，这些测量工具通用性大，为锻造车间的主要检验工具。

成批或大批量生产时，常用专用的测量工具，如卡规、塞规、样板以及专用夹具。

模锻件的画线检验，因工作量很大，只用于头几个（首检）和最后几个（末检）从模膛中取下来的锻件，以便确定新锻模的制造精度和生产一段时间后模膛的磨损情况。

1. 模锻件几何形状与尺寸的检验方法

（1）新开锻模结构检验。

① 观察第一个锻件的飞边外形与飞边均匀程度，目的在于检查制坯或预锻模膛中金属分布是否合理，亦即检查制坯或预锻模膛设计是否合理；

② 清理（吹砂、酸洗）第一批（小量的）锻件，可以显露出是否由于锻模圆角、凸缘、筋肋部位设计不合理而造成锻件折叠、充填不足、轮廓不清等缺陷。

③ 检查锻件重要截面的低倍组织，目的在于观察纤维分布是否符合图纸设计要求。

（2）终锻模膛几何尺寸检验。

① 新制造锻模或旧模翻新后，一般浇铸一个样件作全面画线检验；样件可用铅浇铸，其收缩率为1%；用2/3硝酸钠和1/3硝酸钾混合物浇铸，其收缩率为0.5%～0.75%。

② 锻出第一个锻件作全面画线检验，目的在于检验锻件尺寸是否符合锻件图纸设计要求。

（3）模具（锻模和切边模）安装质量检验。

① 首先观察带飞边的锻件，目的在于检验锻模安装是否错移；

② 切去飞边后检验锻件的切边质量，确定是否由于切边模安装不好而造成间隙不均，或由于凸、凹模间隙过大而在薄的截面部位造成翘曲、弯扭，或由于间隙过小而将金属挤压而形成凸起。

（4）锻件错移检验。

① 如果锻件外表面高出分模面并与直壁成7°～10°的斜度，或分模面的位置在锻件本体中间，即可在切边前发现锻件是否错移；

② 如果不易发现，可将锻件下半部固定，上半部进行画线检验，或用专用样板检验。

③ 圆柱形锻件（轴类、杆类）有横向错移时，可用游标卡尺测量分模线的直径误差，即可算出错移量大小是否超过允许值。

（5）锻件高度与直径检验。

一般情况用卡钳或游标卡尺测量，如果批量大可用专用的极限卡板测量。

(6) 锻件壁厚检验。

可用卡钳或游标卡尺测量。若生产批量大时，通常用带有扇形刻度的外卡钳来测量。

(7) 锻件圆柱形与圆角半径检验。

可用半径样板与外半径、内半径极限样板测量。圆角半径还可用半径规（R 规）测量检验。

(8) 锻件孔径检验。

① 如孔没有斜度，游标卡尺的内测量爪能自由进入被测量的孔内，则用游标卡尺测量；

② 如孔有斜度，生产批量又大时，可用极限塞规测量；

③ 如孔径很大，可用大刻度的游标卡尺，或用样板检验。

(9) 锻件挠度检验。

① 对于长的等截面轴类锻件（或在限制长度内为等截面），可将锻件放置在平板上，慢慢地反复旋转锻件，观察轴线的翘曲程度，再通过测量工具，即可测出轴线的最大挠度值；

② 在两端专门设计的 V 形块或滚棒上旋转锻件，观察锻件旋转时的表面摆动，通过仪表可测出锻件两支点间的最大挠度值。

(10) 锻件平面垂直度检验。

锻件切边冲孔时容易产生扭曲，如需检验某一端面（如突缘）与锻件中心线的垂直度，可将锻件放置在两个 V 形铁上，再通过测量仪测量其某一面（突缘），即可在测量仪的刻度上，读出端面与中心线的不垂直度。

(11) 锻件平面度检验。

锻件切边冲孔，常会发生弯曲、翘曲，如需测量平行面间的误差，可选定锻件某一端面作为基准，借助测量仪即可测量出平行面间的平行度。

(12) 锻件长度尺寸测量。

① 如果只测量锻件的某一个尺寸（全长），则用卡钳或卡尺检验较为方便准确；对于测量精度要求较高的尺寸，可用刻有极限槽的杆形样板检验或带刻度的游标卡尺检验；

② 以锻件某一部分作为基准，同时检验几个项目时，可采用专用成形样板测量。

2. 各类自由锻件尺寸和形状的检验方法

(1) 方坯、圆饼和圆环类带凸角锻件。

方坯、圆饼和圆环类带凸角锻件经常出现秃角（塌角），容易导致机加工余量不够。这种缺陷可用通用量具直观地查出，有时需借助样板和画线才能发现。

(2) 断面外形呈圆形类锻件。

断面外形呈圆形的锻件有圆轴、圆饼或圆环，检查此类锻件外形尺寸时应检查其椭圆度或局部压扁，以免局部尺寸小于机加工尺寸而报废。该类锻件有三种可能：

① 局部超上差，可以使用；

② 局部超上差和局部超下差，可以改锻修到加工尺寸；

③ 局部超下差，最大值满足工艺尺寸，不能改锻的不可用。

(3) 方轴和扁板类锻件。

检查方轴和扁板类锻件的外形和尺寸时，应注意是否出现棱形状，单独检查单边尺寸能满足要求但不能满足加工要求的情况，需检查一边的角点与对应平行边的对角水平和垂直尺寸，才能确定是否能满足机械加工要求。

（4）方截面或矩形截面锻件。

检查方截面或矩形截面锻件尺寸时，应注意断凹陷、凸肚和棱形情况，需测准确最小尺寸，以满足加工要求，假象尺寸不能作为验收依据。

（5）相对较长的方轴和圆轴锻件。

检查相对较长的方轴和圆轴锻件外形和尺寸时，应注意轴线弯曲和中心扭曲的情况，一般可通过直观或画线检查出来。

（6）轴类锻件的端部。

轴类锻件的端部可能存在于轴端的各种断料缺陷，如断面切斜、端部弯曲且带毛刺、端部凹陷或凸起、端部切断裂纹等，都会影响锻件的可用长度。

（7）筒类锻件。

检验筒类锻件时，用直尺或画线检查端部的不平整度和内、外圆不同心度，需检查最小壁厚做参考。

（8）法兰类锻件。

检验法兰类锻件时，注意检查各圆台的不同心度，一般可通过画线检查出锻件的不同心度。

3. 特定自由锻件的检验规则

（1）台阶轴最大直径轴身的长度应不计斜面，按最短处尺寸计算。

（2）曲轴拐柄长度，以顶端长度为准。

（3）工艺规定不滚圆的圆饼类锻件和不平整侧面的宽板，其鼓肚不计，按端面尺寸计算。

（4）芯棒拔长的筒类锻件。芯棒拔长的筒类锻件，长度按直线部分最短处检查，两端弧形长度不计，内孔允许有15/10 000～30/10 000（5′～10′）的斜度。

（5）用简易胎模锻造的锻件。用漏盘或垫模等简易胎模锻造的锻件，如连杆、齿轮、叶轮坯件，按端面尺寸检查，模子或漏盘的斜度不得大于10°。

（6）大型圆轴类锻件。不能用甩子锻的大型圆轴（包括多台阶轴）和大圆的外圆尺寸按多边形的对边测量，不能量凸起的棱角处。

（7）有凹挡的锻件。有凹挡的锻件，如中间轴、推力轴等，当凸缘部分长度和锻件总长在公差范围之内时，凹挡的长度即为合格；在总长超上差、凸缘部分长度合格的情况下，应确定凹挡的实际加工余量。

4.3.5　锻件力学性能检验

1. 硬度

锻件热处理后的硬度测量是生产中判断零件力学性能最简单有效的常用方法。

（1）检测硬度的目的。

① 检查锻件机械加工时，是否具有正常的切削加工性能；

② 发现锻件表层脱碳等情况；

③ 概略了解锻件内部组织（剖开锻件作硬度试验）的不均匀程度及偏析对力学性能的影响。

（2）常用硬度检验。

布氏硬度——HB；洛氏硬度——HR；维氏硬度——HV。

2. 拉伸

拉伸试验是金属材料力学性能试验中最基本的方法。它可以测定金属材料在单向静拉力作用下的屈服极限 σ_s（$\sigma_{0.2}$）、抗拉强度 σ_b、延伸率 δ、断面收缩 ψ 等。

3. 冲击

冲击试验是测量材料的韧性，即测量材料对缺口的敏感性。

只是对某些冲击与振动载荷的或在高温高速下工作的锻制零件（如涡轮盘、涡轮叶片、汽车与拖拉机等机器上用的曲轴、连杆等)，才进行冲击试验。

4. 其他相关的力学性能试验

对于某些重要的和大型的锻件，或在特殊条件下工作的锻制零件，根据需要还应进行疲劳、弯曲、扭曲、高温蠕变与持久强度等试验。

疲劳试验是测定零件在重复或交变载荷作用下的强度性能。

持久强度是检验零件在给定温度与时间的特定条件下断裂的极限强度。

5. 力学性能试样要求

(1) 取样应在同一熔炉、同一热处理炉批中抽取的锻件或毛坯上切取，在用户同意的情况下可以另锻试块做力学性能试验。

(2) 试样的切取位置按工艺文件规定。

(3) 试样的规格按有关标准、规范加工。

4.3.6　锻件表面质量检验

1. 目视检验

对锻件表面缺陷的检验，最普通、最常用的方法是表面目视检查。检验人员凭肉眼细心观察锻件表面有无折叠、裂纹、压伤、斑点、表面过烧等缺陷。

目视检查可用于锻造生产的全过程，一般每个锻件必须经过两次目视检查：即切去飞边后进行与热处理后进行。如果检验隐蔽较深的缺陷，常在热处理后采用酸洗或喷沙，或在滚筒内清除表面氧化皮后再进行。

锻件外观质量检验规则如下。

(1) 检查锻件（特别是大锻件）各部表面是否有结疤和重皮。

(2) 检查锻件各部表面是否有氧化皮凹坑。

(3) 检查锻件各部表面是否有覆盖面积较大的蜂窝状麻点。这种缺陷在大锻件中可因钢锭表面质量不良而引起，在小锻件中则可因酸洗过度而引起。

(4) 检查锻件各部表面是否有压伤和压痕。这类缺陷可因运输、操作不当等引起。

(5) 检查锻件各部表面是否有各种可见的裂纹，如轴类件上的纵裂、横裂、角裂、轴端十字裂，镦粗件上的侧面裂、冲孔内裂、表面折叠裂、弯裂和因冷却不当所产生的裂纹。

(6) 检查锻件切头处是否平整，是否带毛刺，是否切斜。

(7) 检查锻件阶梯处压肩是否平整，是否有压伤。

(8) 检查模锻件的上下错移情况和飞边切除遗留量的大小。

(9) 检查锻件棱角充满情况，是否影响加工尺寸。

(10) 检查锻件模锻斜度和圆角半径，是否有因模具磨损而引起的超差。

2. 磁粉检验

(1) 磁粉检验通称磁粉探伤或磁力探伤。它可以发现凭肉眼不能检查到的表面缺陷，如细微裂纹、孔洞、夹杂、疏松等。

(2) 磁粉检验只能用于铁磁性材料，而且锻件表面要求平整、光滑（最好是磨过的），若用粗糙的表面有可能得出错误的结论。表面过深的缺陷，磁粉检查不能发现。

（3）磁粉检验应安排在容易发生缺陷的加工工序（如热处理、冷成形、机加工、锻造、电镀、焊接、矫正、磨削、载荷试验、铸造等）之后，特别是在最终产品时进行；必要时也可在工序间安排检验。

（4）磁粉检验应安排在涂层、镀层、阳极化、发蓝、磷化等其他表面处理之前进行。

（5）磁粉检验可以在电镀之后进行。对于镀铬、镀镍层厚度大于 50 μm 的超高强度钢（拉伸强度极限等于或超过 1 240 MPa）锻件，在电镀前后均应进行磁粉检验。

（6）磁粉检验的工作场地太脏，因检验时磁粉喷撒容易飞扬，对检验人员的健康有损，所以使用不普遍。但磁粉检验比较简单、经济，既不损坏锻件或零件本体，又能保证一定的检验质量。

3. 荧光检验

（1）对于某些非铁磁性材料（不锈钢、铜合金等）锻件的表面缺陷，可采用荧光检验，也称荧光探伤。

（2）荧光检验的原理。根据矿物具有渗透到裂纹中的特有能力，并借助显示剂的作用，在紫外线的照射下，显示剂在锻件缺陷之处发生清晰的荧光，发光之处就是缺陷的位置。

（3）荧光探伤能够显示肉眼看不到的表面裂纹，也不受材料性质的限制，尤其对有色金属与小型件的检验更为合适。

4.3.7 锻件内部缺陷检验

1. 超声波检验

（1）利用超声波检验大型锻件的产品质量，是近代无损探伤的新发展，它可以穿透几米甚至十几米深的金属。超声波检验操作简便迅速，且能较准确地发现缺陷（如裂纹、夹杂、缩孔、气孔等）的形状、位置及大小。

（2）超声波检验是其他无损探伤法（如 X 光、γ 射线、磁粉检验、荧光检验）所不能胜任的。

（3）超声波检验的不足之处是对缺陷性质不易准确判断，必须配合其他方法或积累丰富的经验加以推理比较。其次，超声波检验对被检工件的表面光洁度要求较高，否则由于表面粗糙而产生的假反射会引起错误的结论。同时，超声波检验对于过于复杂或太薄太小的锻件容易产生误差而造成误判，因此限制了超声波检验的广泛应用。

（4）超声波检验的注意事项。

① 表面粗糙度要求。一般锻件工作表面的粗糙度要求 *Ra* 6.3～1.6，相互垂直面探伤即可判定缺陷，大型锻件在机械加工前或粗加工后（*Ra* 50～12.5）需相对两面探伤、综合判定。

② 缺陷大小的确定。缺陷大小的确定主要根据经验判断。同时，预先制作好各种不同性质（标准试块的材料最好与被检工件的材料相同）、不同深度、不同大小的人为缺陷的标准试块，进行反复试验比较，然后绘出标准图片，作为缺陷实际生产中对缺陷大小的判定依据。

③ 缺陷的具体位置与形状判断。对于大型锻件（如大曲轴、转子等），其内部微小的裂纹、偏析、夹杂等缺陷总是不易避免的，问题在于缺陷大小与其位置所在，这对大锻件是一个重要问题。有些大的锻件在探伤技术条件中规定，表面不允许有任何缺陷，且内部缺陷不超过规定范围。一般在一个面上的探测只能大致决定缺陷的位置与形状。必须在相

互垂直的面上进行探测，才能测出缺陷的立体形状。

④ 对于裂纹、夹杂等缺陷的探测。对于裂纹、夹杂等缺陷的探测，超声波的穿透方向必须与缺陷方向垂直，否则裂纹无法显示。

⑤ 对于气孔、疏松等缺陷的探测。对于气孔、疏松等缺陷的探测，可从四个面上进行探测。

⑥ 超声波检验主要用来检查大型的、重要的锻件，配合力学性能数据统合判定合格或报废。

2. 低倍检验

锻件的低倍检验，实际上是用肉眼或借助于 10～30 倍的放大镜，检查锻件断面上的缺陷。生产中常用的检验方法有酸蚀、断口、硫印等。

(1) 酸蚀检验。

在生产实际中，宏观检验主要靠酸蚀，对于流线、枝晶、缩孔痕迹、空洞、夹渣、裂纹等缺陷，一般用酸蚀法检验其横向或纵向断面。酸蚀表面粗糙度要求 Ra 1.6 以上。

一般中小锻件取横向试样，以便检查整个断面质量情况。若为了检查流线分布、带状组织等缺陷，则以取纵向试样为好。如果为了检查表面裂纹、表面淬裂、淬火软点等缺陷，则应保留锻件外表层进行酸蚀检验。

对于特别贵重的材料与大型锻件，不宜破坏锻件的完整性。同时，为了节省金属材料，可在有代表性的局部区域的锻件表面，用胶泥作为挡酸墙，堆成酸蚀池进行酸蚀检验。

(2) 断口检验。

断口检验可以发现钢锻件由于原材料本身所造成的缺陷，或由于加热、锻造、热处理所造成的缺陷，或在零件使用过程中而引起的疲劳破裂。

一般较少用断口来判断锻件的内部缺陷。对于过热、过烧、白点、分层、萘状、石板状断口等缺陷，则采用断口检查最容易发现。

(3) 硫印检验。

硫印检验主要用于钢中含硫量及其分布情况。对于金属偏析，特别是硫分布不均匀等缺陷，采用硫印法为一有效的措施。

试样制备与酸蚀基本相同，硫印检验仅是化学分析与其他检验的一种补充，只有发现原材料含硫量过大或硫的偏析严重时，才做硫印检验，一般不单独应用。

4.3.8　锻件微观（高倍）缺陷检验

锻件微观检验，就是在各种显微镜下检验锻件内部（或断口上）组织状态与微观缺陷。锻件微观检验方法参见 4.1.7 节的内容。

微观检验用的金相试样必须具有充分的代表性，特别是研究产生的原因时，需要选择和采取与研究目的有直接联系的试样。例如，检验锻件的表面缺陷，如脱碳、折叠、粗晶粒、渗碳、淬硬层等，应切取横向试样。

试样的制作过程，按顺序进行粗磨—细磨—抛光—浸蚀—显微镜下检验。

4.3.9　锻件成品检验

锻件成品检验见表 4-17，锻造外观缺陷特征、原因分析及排除方法见表 4-18。

表 4-17　锻件成品检验

检验项目	检验内容	检验依据	检验方法
表面质量	检查锻件表面缺陷（伤痕、过烧、裂纹、折叠、凹陷） 检查锻件表面各种印讫	锻件图纸及技术要求	目测、磁粉检验、渗透检验、荒铲、荒车
几何形状及尺寸	分模面错移、各部尺寸检验、弯曲检验、平行度、垂直度、圆角半径、垂直度、偏心度	锻件图纸	目测、专用样板、画线、角尺、R 规、万能角尺、专用检具等
内部质量检验	容易出现缺陷的断口处或内部的各种缺陷、无损伤检验	GB/T 13299—1991	样件、超声波检验（用于大型锻件）
机械性能检验	硬度、拉伸、冲击测试	GB228—1994 GB229—1994	参见有关资料

表 4-18　锻造外观缺陷特征、原因分析及排除方法

缺陷名称	缺陷特征	产生原因分析	排除方法
凹陷	锻造氧化皮、炉渣及夹杂物压入锻件表面，经清理后氧化皮等剥落而留下的痕迹	① 加热质量不高，氧化皮过厚； ② 炉内清理不干净； ③ 锻造前，毛料表面的氧化皮等物清理不净	① 提高加热质量； ② 认真清理炉子，保持炉腔清洁； ③ 及时清除毛料上的氧化皮等物，在最终成形前，更应清理干净
碰伤	锻件表面有机械损伤	① 锻件卡在模内，取件时因钳子撬伤或榔头敲伤； ② 转运过程中任意抛掷； ③ 切边时因切边模与锻件不吻合而压伤	① 加强管理遵守工艺纪律； ② 找出卡模原因及时排除； ③ 修理切边模
锻坏	锻件不成形状	① 毛料未放好就锤击； ② 操作不熟练，打连锤； ③ 设备有问题，控制不好	① 注意操作之间的配合； ② 提高岗位操作技术； ③ 检修设备； ④ 锻件报废

4.4　焊接件毛坯检验

4.4.1　焊接件相关概念

1. 基本概念

（1）焊接性。

金属材料的焊接性是指材料在通常的焊接方法和工艺条件下，能否获得质量良好焊缝的性能。焊接性能好的材料，易于用一般的焊接方法和工艺进行焊接，焊缝中不易产生气孔、夹渣或裂纹等缺陷，其强度与母材相近。焊接性能差的材料，需要用特殊的焊接方法和工艺进行焊接。

（2）材料的焊接性能。

通常可以从材料的化学成分估计其焊接性能。在常用的金属材料中，低碳钢有良好的焊接性能，高碳钢、合金钢和铸铁的焊接性能差。

（3）焊接接头。

焊接接头由焊缝及热影响区两部分组成。根据组织特征一般可将热影响区划分为熔合区、过热区、相变重结晶区和不完全重结晶区四个区域。其中熔合区和过热区组织晶粒粗大，塑性很低，是产生裂纹、局部脆性破坏的发源地，也是焊接接头的薄弱环节。

焊接接头必须 100% 地进行目视检查。对局部可疑焊接接头允许使用不大于 10 倍放大镜检查，焊缝余高、焊脚尺寸和长度等应用焊缝测绘仪、游标卡尺、卷尺等量具测量。

（4）检验依据。

设计、工艺文件是焊接质量检验的依据。外观检查和无损探伤都无法检查的焊接接头，若必须检查时，则检验方法由双方协定，并规定在设计文件中。

2. 焊接检验相关术语

（1）焊接技术。

一般指各种焊接方法、焊接工艺、焊接材料以及焊接设备等的总称。

（2）热影响区。

在焊接或切割过程中，材料因受热的影响（但未熔化）而发生金相组织和机械性能变化的区域。

（3）焊缝区。

焊缝及其邻近区域的总称。

（4）焊接工艺参数。

焊接时，为保证焊接质量而选定的各物理量（如焊接电流、电弧电压、焊接速度、线能量等）的总称。

（5）可焊性。

主要指金属材料在一定的工艺条件下获得优质焊接接头的难易程度。

（6）熔池。

熔焊时在焊接热源作用下，焊件上所形成的具有一定几何形状的液态金属部分。

（7）弧坑。

弧焊时由于断弧或收弧不当，在焊道末端形成的低洼部分。

（8）焊波。

焊缝表面的鱼鳞状波纹。

（9）焊层。

多层焊时的每一个分层。每个焊层可由一条并排相搭的焊道所组成。

（10）正接。

焊件接电源正极，电极接电源负极的接线法。正接也称正极性。

（11）反接。

焊件接电源负极，电极接电源正极的接线法。反接也称反极性。

（12）熔核直径。

点焊时，垂直于焊点中心的横截面上熔核的宽度；缝焊时，垂直焊缝横截面上测量的熔核宽度。

(13) 焊透率。

点焊、凸焊和缝焊时焊件的焊透程度，以熔深和板厚的百分比表示。

(14) 压深率。

点焊和缝焊后，压痕深度与母材厚度的百分比。

(15) 焊接缺陷。

焊接过程中，在焊接接头中产生的不符合设计或工艺文件要求的缺陷。

(16) 电弧偏吹。

焊接过程中，因气流的干扰、磁场的作用或焊条偏心的影响，使电弧偏离电极轴线的现象。

(17) 碳当量。

把钢中合金元素（包括碳）的含量按其作用换算成碳的相当含量。碳当量可作为评定钢材焊接性的一种参考指标。

(18) 焊接循环。

完成一个焊点或一条焊缝所包括的全部程序。

3. 焊缝质量等级

焊缝质量等级及缺陷分级见表4-19。

表4-19 焊缝质量等级及缺陷分级 单位：mm

焊缝质量等级		一级	二级	三级
内部缺陷超声波检验	评定等级	Ⅱ	Ⅲ	——
	检验等级	B级	B级	——
	探伤比例	100%	20%	——
外观要求	未焊满（指不足设计要求）	不允许	≤0.2+0.02t且≤1.0	≤0.2+0.04t且≤2.0
			每100.0焊缝内缺陷总长≤25.0	
	根部收缩	不允许	≤0.2+0.02t且≤1.0	≤0.2+0.04t且≤2.0
			长度不限	
	咬边	不允许	≤0.05t且≤0.5 连续长度≤100.0，且焊缝两侧咬边总长不大于10%焊缝总长	≤0.1t且≤1.0，长度不限
	裂纹	不允许		
	弧坑裂纹	不允许		允许存在个别长小于等于5.0的弧坑裂纹
	电弧擦伤	不允许		允许存在个别电弧擦伤
	飞溅	清除干净		
	接头不良	不允许	缺口深度小于等于0.05t且小于等于0.5	缺口深度小于等于0.1t且小于等于1.0
			每米焊缝不得超过一处	

续表

焊缝质量等级		一级	二级	三级
	焊瘤	不允许		
	表面夹渣	不允许		深≤0.2t， 长≤0.5t 且≤20
	表面气孔	不允许		每 50 长度焊缝内允许直径小于等于 0.4t 且小于等于 3.0 气孔 2 个；孔距大于等于 6 倍孔径
	角焊缝厚度不足（按设计焊缝厚度计算）	——		≤0.3+0.05t 且≤2.0 每 100 焊缝长度内缺陷总长小于等于 25.0
	焊脚不对称	——		差值≤2+0.2h

注：t——接头母材厚度；h——焊角高度。

4.4.2　焊接件缺陷

1. 焊接缺陷

焊接缺陷是指在焊接过程中，在焊接接头中产生的不符合设计或工艺文件要求（使用要求）的缺陷。

2. 焊接缺陷类型

在金属焊接中，常见的焊接缺陷可分为三类，即熔焊接头常见缺陷、点（缝）焊接头常见缺陷及钎焊接头常见缺陷。

（1）国际标准将金属熔焊焊接缺陷分为以下六类。

① 裂纹。由于冷却和应力作用，引起局部断裂，造成材料的不连续，如纵向裂纹、横向裂纹、放射裂纹、弧坑裂纹、微裂纹等。

② 气孔。由熔入焊缝金属的气体引起的空洞，如球状气孔、均布气孔、局部密集气孔、链状气孔、表面气孔、弧坑缩孔等。

③ 夹渣。焊缝金属中残留的外来固体物质，如有条状夹渣、块状夹渣、夹钨、夹铜、氧化物夹渣、氧化膜夹渣等。

④ 未熔合和未焊透。焊缝金属与母材金属或焊缝金属之间未结合在一起，即未熔合、未焊透。

⑤ 形状缺陷。焊缝金属外表面缺陷或焊接接头几何尺寸的缺陷，如咬边、根部收缩、焊缝超高、角焊缝过凸、塌漏、焊瘤、错边、角变形、下垂、烧穿、坡口未填满（凹陷）、角焊缝不对称、焊缝宽度不规则、根部疏松、焊缝表面不规则、缩根、焊道搭接不良等。

⑥ 其他缺陷。如电弧擦伤、飞溅、表面撕裂、磨痕、錾伤、打磨过量、钨飞溅等其他未包括在上述 5 类中的缺陷。

（2）熔焊、钎焊焊接常见缺陷。未焊透、凹坑、缩孔、钎料流失、表面气孔、内部飞溅。

（3）焊接缺陷分析。

焊接件毛坯的缺陷即认为是焊接接头常见缺陷。熔焊焊接时的缺陷特征以及原因分析见表 4-20，点（缝）焊接头常见缺陷见表 4-21，钎焊接头常见缺陷见表 4-22。

表 4-20　熔焊接头缺陷特征及原因分析

缺陷名称	特　　征	原因分析
气孔	焊缝表面及焊缝内部形成圆形、椭圆形或带状的孔洞及不规则的孔洞（有连续、密集或单个之分）	① 环境湿度大； ② 保护气体中有水分或碳氧化合物； ③ 电弧不稳定，气体保护不良； ④ 焊丝焊件清理不干净有油污； ⑤ 焊接速度过高，冷却快，气体也不易跑出； ⑤ 氩气流量小或喷嘴直径不合适； ⑦ 焊接材料不致密，焊丝有夹渣； ⑧ 焊接垫板潮湿
烧穿	焊接过程中，熔化金属自坡口背面流出，形成穿孔的缺陷	① 焊接电流过大； ② 焊接装配间隙太大； ③ 焊接速度太慢，电弧在焊缝处停留时间过长； ④ 焊机故障； ⑤ 焊接件变形（没压紧）； ⑥ 操作不正确造成短路
裂纹	① 在过渡区上的裂纹； ② 在焊缝上的纵向、横向裂纹； ③ 从焊缝延伸到基本金属上的裂纹； ④ 补焊处的裂纹； ⑤ 熄弧处弧坑裂纹； ⑥ 按温度及时间不同分热裂纹和冷裂纹	① 结构不合理使焊缝过于集中； ② 装配件不协调造成内应力过大； ③ 焊接顺序不当，造成强大的收缩应力； ④ 焊件结构刚性太强，焊接收缩应力超过焊缝金属的强度极限； ⑤ 现场温度低，冷却速度快； ⑥ 定位焊点距离太大； ⑦ 加热或熄弧过快； ⑧ 加热或补焊次数多； ⑨ 焊丝材料不对； ⑩ 急剧过渡
未焊透	焊接时接头根部未完全熔透的现象	① 焊接电流太小； ② 焊接速度太快； ③ 焊缝装配间隙过小； ④ 焊丝加入过早、过多； ⑤ 坡口不正确； ⑥ 焊件清理不彻底，有油污； ⑦ 自动焊焊偏
未熔合	指在熔化金属和母材间或焊道金属间未完全结合的部分。 有三种形式：侧壁未熔合、层间未熔合、焊缝根部未熔合	① 焊接电流太小或焊接速度太快； ② 焊缝装配间隙过小； ③ 坡口不正确； ④ 焊丝加入过早、过多； ⑤ 定位焊点过大、过密； ⑥ 焊件清理不彻底，有油污； ⑦ 钨极距溶池距离大
咬边	在焊缝边缘与基体金属交界处形成的凹陷沟槽（即在焊趾或焊根处的沟槽）	① 焊接电流、电弧电压过大； ② 焊接速度太快； ③ 焊接顺序不对； ④ 焊件放置的位置不对； ⑤ 操作方法不正确

续表

缺陷名称	特　　征	原因分析
弧坑	在焊缝熄弧处留下一个凹坑（有下陷现象）	① 操作不当，收弧太快，熄弧时间短； ② 收弧时焊丝添加不足； ③ 薄件焊接时电流过大
凹陷	焊缝高度低于基本金属	① 焊接电流大； ② 加入焊丝不及时； ③ 焊件与整板间有间隙； ④ 对缝间隙大； ⑤ 焊丝直径小； ⑥ 焊机故障
焊瘤	熔化金属流淌在未熔化的基体金属表面，在焊缝中间始末端形成瘤状的金属瘤	① 焊接规范不正确； ② 金属溶敷不均匀； ③ 焊件位置放置不正确； ④ 操作不熟练
夹渣	残留在焊缝中的熔渣	① 焊丝、焊件清理不彻底； ② 焊丝内外部有夹渣，表面粗糙有缺坑； ③ 焊缝装配间隙小； ④ 气体保护不好，焊丝及工件氧化； ⑤ 焊接电流小
夹钨	钨极熔化后滴在焊缝表面或熔池内	① 焊接电流大或钨极直径小； ② 钨极碰到焊件熔池，发生短路； ③ 保护气体有水分或含氧量高； ④ 气体保护不良，钨极烧损； ⑤ 引弧或操作方法不正确
焊缝尺寸不正确	焊缝高度、宽度及焊脚高度尺寸超标准	① 焊接坡口不正确； ② 焊丝移动不正确； ③ 焊接速度不均匀； ④ 焊丝直径或送丝速度不正确； ⑤ 焊接规范不正确，操作不熟练
根部收缩	由于对接焊缝根部收缩而造成的浅的沟、槽	垫板涨圈有潮气
错边	两个焊件没有对正而造成板的中心线平行偏差	① 零件尺寸不协调； ② 焊接工夹具、气囊涨圈撑压不紧； ③ 焊接顺序不对
电弧擦伤	母材金属表面上的局部电弧损伤	在焊接坡口外部引弧或打弧
飞溅	在焊缝及母材上黏附的金属颗粒及熔渣	① 焊条未按规定烘干或焊丝生锈； ② 焊接电流过大或过小； ③ 母材表面有水或油污； ④ 保护气体含水超标

表 4-21　点（缝）焊接头缺陷特征及原因

缺陷名称	特　征	原因分析
压痕过深（凹坑）	印痕中心有超过技术要求的凹坑	① 电流脉冲时间过长； ② 电流过大； ③ 装配间隙过大； ④ 内部严重飞溅； ⑤ 电极形状不对
未焊上（或焊点核心直径小）	焊件分离或撕成扣子直径小	① 焊接电流太小； ② 电极压力过大； ③ 电极接触面过大； ④ 焊点间距过小或电极与焊件垂直壁相碰有分流； ⑤ 焊件清理不良； ⑥ 电极工作表面磨损； ⑦ 焊机故障
焊点及焊缝位置不正确	焊点及焊缝的中心位置（点距、边距）不符合图纸及技术条件规定要求	① 画线位置不对； ② 操作不熟练； ③ 电极直径过大，与零件垂直面相碰
熔透过大（焊点核心过高）	低倍检查焊透过大	① 焊接电流过大； ② 电极压力不足
焊核偏（核心不对称）	低倍检查焊透率，不对称或不成比例	电极接触表面大小选择不当
焊点表面暗	焊点印痕表面黑	① 焊接电流过大或焊接时间长； ② 焊件或电极表面不清洁； ③ 电极压力不足； ④ 电极冷却不良； ⑤ 电极端头太薄
外部飞溅	外表面印痕边缘有金属飞溅物	① 电极压力过小； ② 焊件或电极表面不清洁； ③ 焊接时间长或电流过大； ④ 电极工作表面形状不正确
内部飞溅	在夹层间有金属的飞溅物或粉状物	① 电极压力小； ② 焊接电流过大或焊接时间过长； ③ 焊件不清洁； ④ 焊件焊前装配间隙大； ⑤ 焊接时焊件倾斜； ⑥ 焊件边距小
接头边缘近旁的金属被压坏和裂纹		① 焊点边距小； ② 电流过大； ③ 电流脉冲时间长； ④ 锻压压力过大
外部裂纹		① 电极压力过小； ② 锻压压力小或加得过迟； ③ 电极冷却不良； ④ 焊接时间过短或焊接电流过大
内部裂纹及缩孔	X 射线底片上有裂纹、漏孔	① 焊接时间过短； ② 电极压力小； ③ 锻压压力小或加得过迟； ④ 焊件表面不清洁

续表

缺陷名称	特 征	原因分析
烧伤或烧穿	印痕上有不规则的小坑或孔洞	① 电极及焊件表面不清洁； ② 电极压力不足； ③ 电极接触表面形状不正确； ④ 缝焊速度太快
印痕直径大（或小）		① 焊接规范大（或小）； ② 电极端面形状或直径不当；
铜痕	印痕表面有铜	① 电极不清洁； ② 电流大； ③ 电极冷却不良
缝焊接头不气密		① 点距不当； ② 焊接时焊件放置不当； ③ 上下滚轮的直径差过大； ④ 焊接规范不稳定

表 4-22 钎焊接头缺陷特征及原因

缺陷名称	特 征	原因分析
浸蚀（流蚀）	母材表面被钎料熔蚀	① 钎焊温度过高； ② 钎焊保温时间过长； ③ 钎料和基体金属的强烈扩散作用； ④ 钎焊面倾斜角度较大
咬边	母材表面沿钎焊缝，边缘被钎料熔蚀	① 钎料熔点过高； ② 钎焊温度过高，保温时间过长
钎料未熔化	钎料保持或部分保持原有形状	① 钎焊温度不够； ② 保温时间不够； ③ 熔剂数量不足
表面气孔	气体逸出钎缝，在焊角区造成的圆而光滑的可见空穴	① 零件表面清理不良； ② 熔剂作用不够； ③ 钎缝金属过热
未焊透	钎焊间隙未被钎料填满，包括钎缝内部的气孔、夹渣、孔洞等缺陷（不包括焊角）	① 零件表面准备工作不良； ② 熔剂颗粒太大； ③ 熔剂数量不够； ④ 装配间隙不正确； ⑤ 钎焊时熔剂被流动的钎料包围； ⑥ 钎料和熔剂选择不合适； ⑦ 加热不均匀，温度不够
表面严重氧化	母材表面严重氧化发黑	① 气保护钎焊：保护气体不纯，钎焊箱漏气； ② 真空钎焊：保护气体不纯，钎焊箱或产品漏气
基体金属过烧	钎焊铝及铝合金时表面发暗（黑）起皮，出现微裂纹	① 钎焊温度过高； ② 钎焊保温时间太长
钎料堆集（溢瘤）	熔化的钎料流积于一处，超过正常焊角高度或离开焊角形成溢瘤	① 钎料流动性不合适； ② 钎料量过多； ③ 钎焊温度过高，保温时间过长
堵塞	熔化的钎料流积于一处，将产品通道堵塞	当产品通道较小时易出现此现象，原因同“钎料堆集”

续表

缺陷名称	特　征	原因分析
接头有残余活性熔剂	铝及铝合金钎焊接头，铝合金与不锈钢钎焊接头，清洗后表面有残余熔剂或由钎缝孔隙中析出残余熔剂	① 溶剂没有清洗干净 ② 清洗液化学成分，温度不合适 ③ 清洗时间不够
无焊角		① 钎料的流动性不好，焊接熔剂数量不足 ② 钎焊温度过高，保温时间过长 ③ 加热不够均匀
裂纹	焊角或钎焊面有裂纹	① 钎料凝固时零件移动 ② 钎料的结晶间隔太大 ③ 钎料与基体金属的热膨胀系数相差太大

4.4.3 焊接件检验方法

1. 焊接件检验方法的分类

焊接件检验可分为破坏性检验和非破坏性检验。破坏性检验是从焊件或试件上切取试样，或以产品（或模拟体）的整体破坏做试验，以检验其各种力学性能、化学成分和金相组织等的试验方法。焊接检验细分类型如下。

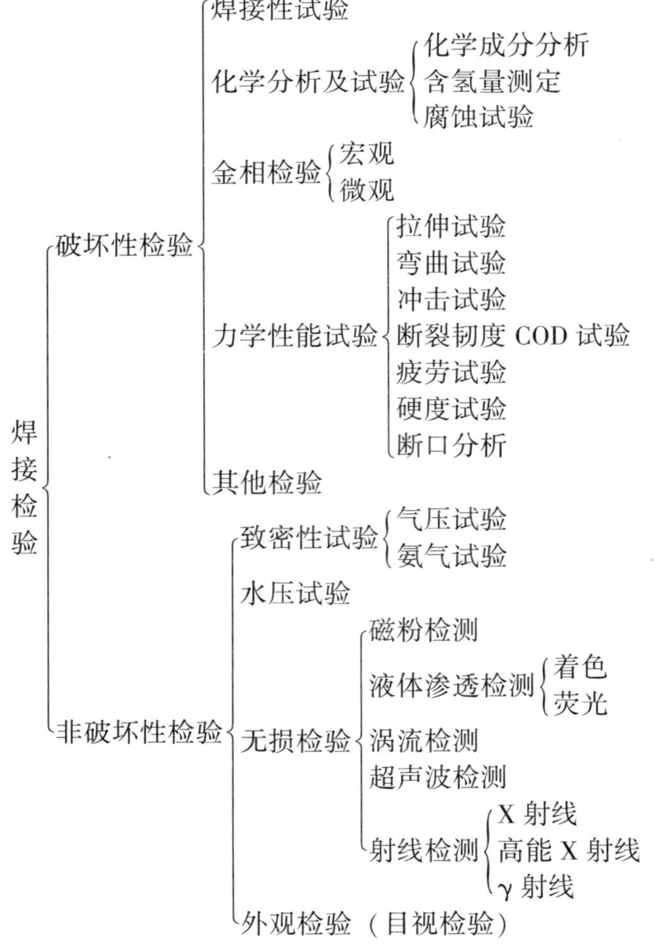

2. 化学分析及试验

（1）化学成分分析。

化学成分分析主要是对焊缝金属的化学成分进行分析，其中从焊缝金属中钻取试样是关键。除应注意试样不得氧化和沾染油污外，还应注意取样部位在焊缝中所处的位置和层次。

不同层次的焊缝金属受母材的稀释作用不同，一般以多层焊或多层堆焊的第三层以上的成分作为熔敷金属的成分。

（2）含氢量测定。

熔敷金属中扩散氢的测定有 45℃甘油法、水银法和色谱法三种。

目前多用甘油法，按《熔敷金属中扩散氢测定方法》（GB/T 3965—1995）中的规定进行。但甘油法测定精度较差，正逐步被色谱法所替代。水银法因污染问题而极少应用。

（3）腐蚀试验。

焊缝金属和焊接接头的腐蚀破坏有总体腐蚀、晶间腐蚀、刀状腐蚀、点腐蚀、应力腐蚀、海水腐蚀、气体腐蚀和腐蚀疲劳等。

3. 金相检验

焊接金相检验（或分析）是把截取焊接接头上的金属试样经加工、磨光、抛光和选用适当的方法显示其组织后，用肉眼或在显微镜下进行组织观察，并根据焊接冶金、焊接工艺、金属相图与相变原理和有关技术文件，对照相应的标准和图谱，定性或定量地分析接头的组织形貌特征，从而判断焊接接头的质量和性能，查找接头产生缺陷或断裂的原因，以及与焊接方法或焊接工艺之间的关系。

金相分析包括光学金相分析和电子金相分析。光学金相分析又包括宏观分析和微观（显微）分析两种，具体方法略。

4. 力学性能试验内容

力学性能试验必须依据相应技术文件的要求进行。试样由经过 X 光检验合格的焊接试板制成，试板的焊接工艺参数和热处理规范应与焊接结构件完全相同。

焊缝金属及焊接接头力学性能试验包括以下几种。

① 拉伸试验。拉伸试验用于评定焊缝或焊接接头的强度和塑性性能。抗拉强度和屈服强度的差值能定性说明焊缝或焊接接头的塑性储备量。伸长率和断面收缩率的比较可以看出塑性变形的不均匀程度，能定性说明焊缝金属的偏析和组织不均匀性，以及焊接接头各区域的性能差别。

② 弯曲试验。弯曲试验用于评定焊接接头塑性，并可反映出焊接接头各个区域的塑性差别，暴露焊接缺陷，考核熔合区的接合质量。弯曲试验可分为横弯、纵弯、正弯、背弯和侧弯。侧弯试验能评定焊缝与母材之间的结合强度、双金属焊接接头过渡层及异种钢接头的脆性、多层焊的层间缺陷等。

③ 冲击试验。冲击试验用于评定焊缝金属和焊接接头的韧性和缺口敏感性。试样为 V 形缺口，缺口应开在焊接接头的最薄弱区，如熔合区、过热区、焊缝根部等。缺口表面的光洁度、加工方法对冲击值均有影响。缺口加工应采用成型刀具，以获得真实的冲击值。V 形缺口冲击试验应在专门的试验机上进行。根据需要可以作常温冲击、低温冲击和高温冲击试验。后两种试验需把冲击试样冷却或加热至规定温度下进行。冲击试样的断口情况对接头是否处于脆性状态的判断很重要，常常被用于宏观和微观断口分析。

④ 断裂韧度 COD 试验。用于评定焊接接头的 COD（裂纹张开位移）断裂韧度，通常将预制疲劳裂纹分别开在焊缝、熔合线和热影响区，评定各区的断裂韧度。试验应按 JB/T 4291—1999《焊接接头裂纹张开位移（COD）试验方法》的标准进行。

⑤ 疲劳试验。疲劳试验用于评定焊缝金属和焊接接头的疲劳强度及焊接接头疲劳裂纹扩展速率。

评定焊缝金属和焊接接头的疲劳强度时，应按 GB/T 2656—1981《焊缝金属和焊接接头的疲劳试验法》、GB/T 13816—1992《焊接接头脉动拉伸疲劳试验》和JB/T 7716—1995《焊接接头四点弯曲疲劳试验方法》等标准进行。测定焊接接头疲劳裂纹扩展速率，应按 GB/T 9447—1988《焊接接头疲劳裂纹扩展速率试验方法》或 JB/T 6044—1992《焊接接头疲劳裂纹扩展速率侧槽试验方法》等标准进行。

⑥ 硬度试验。硬度试验用于评定焊接接头的硬化倾向，并可间接考核焊接接头的脆化程度。硬度试验可以测定焊接接头的洛氏、布氏和维氏硬度，以对比焊接接头各个区域性能上的差别，找出区域性偏析和近缝区的淬硬倾向。硬度试验也用于测定堆焊金属表面硬度。

⑦ 断口分析。断口分析是对试样或构件冲击、拉伸、疲劳等断裂后的断口表面形貌进行研究，以了解材料断裂时呈现的各种断裂形态特征，探讨断裂机理与材料性能的关系。

断口分析的目的有三方面：判断断裂性质，寻找破断原因；研究断裂机理；提出防止断裂的措施。因此，断口分析是事故（失效）分析中的重要手段。在焊接检验中主要是了解断口的组成，断裂的性质（塑性或脆性）及断裂的类型（晶间、穿晶或复合），组织与缺陷及其对断裂的影响等。

焊接性试验项目主要内容及常用执行标准参见表 4-23。

表 4-23　焊接性试验项目主要内容及常用执行标准

序号	项　目	主要内容	执行标准
1	焊接接头力学性能试验取样法	规定焊接接头试板尺寸及拉伸、弯曲、冲击、疲劳、硬度等样坯截取数量和位置	GB/T 2649
2	焊接接头冲击试验法	规定焊接接头冲击试样形式、尺寸以及试验过程	GB/T 2650
3	焊接接头拉伸试验法	规定焊接接头拉伸试样形式、尺寸以及试验过程	GB/T 2651
4	焊缝及熔敷金属拉伸试验法	规定熔敷金属圆形拉伸试样尺寸以及试验过程	GB/T 2652
5	焊接接头弯曲及压扁试验法	规定焊接接头横、侧、纵弯试样和小直径管接头试样的形式、尺寸以及试验过程	GB/T 2653
6	焊接接头硬度试验法	规定焊接接头硬度测定位置	GB/T 2654
7	焊接接头疲劳试验法	规定焊接接头疲劳试样尺寸以及试验过程	GB/T 2656

5. 致密性试验

（1）气压试验。

试验时，将试验产品加压到所需压力，停止加压，用肥皂水涂于焊缝上，检查焊缝是否漏气或压力表数值是否下降。

气压试验比水压试验更为灵敏和迅速，且不用排水处理，对于排水困难的产品尤为适宜。但气压试验危险性比水压试验大，故应遵守相应安全技术措施。

（2）氨气试验。

试验时在容器的焊缝表面，用 5% 硝酸汞水溶液浸过的试纸盖上，在容器内加入体积 1%（在常压下的含量）的氨气混合气体，加压至所需压力值时，如果焊缝有不致密的地方，氨气就透过焊缝，并作用到浸过硝酸汞的试纸上，使该处形成黑色的图像。

氨气试验比较准确、便宜和迅速，同时可以在低温下检查焊缝的致密性。

6. 水压试验

水压试验可用作焊接容器的致密性和强度试验。

试验的水温应高于 5℃，压力大小按产品工作性质决定，一般为工作压力的 1.25～1.5 倍，在高压下持续一定时间后，再将压力降至工作压力；用小锤轻轻敲击焊缝边缘，仔细检查焊缝，当发现焊缝有水珠、细水流或潮湿时，即表示该处焊缝不致密，应做出返修处理的标志。

7. 无损检验

无损检验的方法多种多样，工程应用中通称的五大常规无损检验方法是：涡流检测（ET）、液体渗透检测（PT）、磁粉检测（MT）、射线检测（RT）和超声波检测（UT）。

除此之外，《特种设备无损检测人员考核与监督管理规则》还规定了以下两种方法的考核要求：声发射（AE）和热像/红外（TIR）。

（1）涡流检测（ET）。

涡流检测适用于钢铁、有色金属、石墨等各种导电材料的制品，如管材、丝材、棒材、轴承、锻件等等。涡流检测主要用于检测这些材料的表面和近表面的缺陷，根据电导率与合金成分及合金的显微组织相关的特点对金属材料进行分选，对热处理质量进行监控（例如时效质量、硬度、过热或过烧等）。涡流检测还可用于工件壁厚或涂镀层厚度的测量，以及用于一些其他无损检测方法难以进行的特殊场合下的检测，例如深内孔表面与近表面缺陷的检测。

涡流检测的方式分为三种类型：穿过式线圈法、探头式线圈法、插入式（内探头）线圈法。

A. 涡流检测的优点：

① 检测线圈不需要接触工件，无需耦合介质，检测速度快；

② 对管、棒材检测，一般每分钟检测几十米；易于实现现代化的自动检测，特别适合在线普查；

③ 对工件表面及近表面有很高的检测灵敏度，且在一定的范围内具有良好的线性指示，可对大小不同的缺陷进行评价；

④ 由于不需要耦合介质，所以可以用于高温状态下的检测；

⑤ 由于探头可以伸入远处作业，所以可对工件的狭窄区域、深孔壁等进行检测；

⑥ 能测量金属覆盖层或非金属覆盖层的厚度；

⑦ 检测时可以同时得到电信号直接输出指示的结果，可以实现屏幕显示、处理、存储、比较和处理数据；

⑧ 检测速度高，检测成本低，操作简便。

B. 涡流检测的局限性：

① 只适用于检测表面缺陷，不适用于检测材料深层的内部缺陷；

② 只适用于导电材料，难以用于形状复杂的试件，且检测时受干扰影响的因素较多，

易产生伪显示；

③ 检测结果不直观，还难以判别缺陷的种类、性质以及形状、尺寸等；

④ 旋转式涡流探头检测可以准确探出缺陷位置，灵敏度分辨率也很高，但检测区域较小，在检测材料需要作曲面的扫查，检验速度较慢。

尽管涡流检测存在一些不足之处，但其独特的专长也是其他无损检测方法所无法取代的，因此它在无损检测技术领域中具有重要的地位。

无损检测中的液体渗透检测、磁粉检测和涡流检测只能检测表面和近表面缺陷，三种方法比较参见表4-24。

表4-24　液体渗透检测与磁粉检测、涡流检测的比较

项　　目	液体渗透检测（PT）	磁粉检测（MT）	涡流检测（ET）
方法原理	毛细现象作用	磁力作用	电磁感应作用
方法应用	制件检测	制件检测	制件检测、测厚、材料分选
检测材料	任何非疏孔性材料	铁磁性材料	导电材料
能检出的缺陷	表面开口缺陷	表面及近表面缺陷	表面及表层缺陷
缺陷方向对检出概率的影响	不受缺陷方向的影响	受缺陷方向的影响，易检出垂直于磁力线方向的缺陷	受缺陷方向的影响，易检出垂直于涡流方向的缺陷
工件表面粗糙度对检出概率影响	表面越粗糙，检测越困难；检出率降低	受影响，但比渗透检测小	受影响大
缺陷显示方式	渗透液回渗	缺陷处产生漏磁场而有磁粉吸附	检测线圈电压和相位变化
缺陷显示	直观	直观	不直观（用物理量表示）
缺陷性质判定	基本可判定	基本可判定	难判定
缺陷定量评价	缺陷显示的大小、色深会随时间变化	不受时间影响	不受时间影响
缺陷显示器材	显像剂和渗透液	磁粉	电压表、示波器、记录仪
检测灵敏度	高	高	较低
检测速度	慢	快	最快，可实现自动化
污染	高	高	底

（2）液体渗透检测（PT）。

液体渗透检测是基于毛细作用原理，利用荧光渗透液或红色的着色渗透液，对狭窄缝隙（如裂缝）具有良好渗透性的原理来发现和显示缺陷，以目视对缺陷的尺寸和性质做出适当判断的探伤方法。液体渗透检测有效解决了磁粉检测无法满足的探伤要求。

A. 液体渗透检测的优点：

① 可检测各种非疏孔性材料表面开口缺陷，不受被检零件的形状、大小、组织结构、化学成分和缺陷方位的影响；

② 操作简单，检验人员经过较短时间的培训就可独立地进行操作；

③ 不需要特别复杂的设备，检验费用低；

④ 缺陷显示直观，检验灵敏度高（宽 0.5 μm、深 10 μm、长 1 mm 左右）；

⑤ 复杂零件一次可检查出各种方向的缺陷。

B. 液体渗透检测的局限性：

① 只能检出零件表面开口的缺陷；

② 不适于检查多孔性或疏松材料制成的工件和表面粗糙的工件；

③ 只能检出缺陷的表面分布，难以确定缺陷实际深度，因而很难对缺陷做出定量评价；

④ 对表面状态和预清洗要求较高；

⑤ 有毒，有污染；

⑥ 检测结果受操作者的影响也较大。

液体渗透检测前应考虑铸钢件表面可能出现的缺陷类型和大小、铸钢件的用途、表面粗糙度、数量和尺寸以及探伤剂的性质，按表 4-25 和表 4-26 选择渗透探伤的方法，并可将两表中的符号组合起来表示探伤方法。例如，FA—W 表示用水洗性荧光渗透液和湿式显像剂的方法。

表 4-25　按渗透剂种类分类的探伤方法

名　称	方　法	符　号
荧光渗透探伤	水洗性荧光渗透方法	FA
	后乳化性荧光渗透探伤方法	FB
	溶剂去除性荧光渗透探伤方法	FC
着色渗透探伤	水洗性着色渗透方法	VA
	溶剂去除性着色渗透探伤方法	VC

表 4-26　按显像方法分类的探伤方法

名　称	方　法	符　号
干式显像法	干式显像剂方法	D
湿式显像法	湿式显像剂方法	W
	快干式显像剂方法	S
无显像剂法	不用显像剂方法	N

由于渗透检测的独特性，故其是评价工程零件材料、零部件和产品的完擎性、连续性的重要手段，也是实现质量管理，节约原材料，改进工艺，提高劳动生产率的重要手段。渗透检测是产品制造和维修中不可缺少的组成部分。

（3）磁粉检测（MT）。

磁粉检测是指通过磁粉在缺陷附近漏磁场中的堆积以检测铁磁性材料表面或近表面处缺陷的一种无损检测方法。磁粉检测有以下 5 种分类法：

① 按工件磁化方向不同，可分为周向磁化法、纵向磁化法、复合磁化法和旋转磁化法。

② 按采用磁化电流的不同，可分为直流磁化法、半波直流磁化法和交流磁化法。

③ 按探伤所采用磁粉的配制不同，可分为干粉法和湿粉法。

④ 根据施加磁粉的磁化时期，可分为连续法和剩磁法。

⑤ 根据磁粉种类，又可分为荧光磁粉和非荧光磁粉。

磁粉检测对探测材料表面的灵敏度最高，随着缺陷埋置深度增加，其检测灵敏度迅速降低，因此其被广泛应用于探测铁磁材料工件半成品和成品（建筑结构焊缝）表面和近表面缺陷（裂纹、夹层、夹杂物、折叠盒气孔等）。但此法不适用于奥氏体不锈钢、铝镁合金制件的表面和近表面检测（采用液体渗透检测）。

（4）射线检测（RT）。

射线检测的实质是根据被检工件与其内部缺陷介质对射线能量衰减程度不同，从而引起射线透过工件后的强度差异，使缺陷能在射线底片或 X 光电视屏幕上显示出来。

射线检测适用于检查各种金属和非金属材料和工件的内部缺陷，常用于铸件和焊缝。

射线检测方法按记录方式不同可分为射线照相法、荧光屏成像法、气体电离法、电视成像法，按射线源不同又可分为 X 射线探伤法、高能 X 射线探伤法、γ 射线探伤法。

A. 射线检测的优点：

① 不受材料及表面状态限制，适用广泛；

② 检测结果直观；

③ 定性定量容易；

④ 底片可永久性保存。

B. 射线检测的局限性：

① 检测成本高，检测速度慢；

② 检测灵敏度与材料厚度相关；

③ 对细微的密闭性裂纹和未熔合类面状缺陷可能漏检；

④ 射线对人体有害，需安全防护。

（5）超声波检测（UT）。

超声波检测主要用于探测试件的内部缺陷（参考 4.3.7 节的超声波检验），在探伤中，常与射线检测配合使用，可提高探伤结果的可靠性。

与射线检测相比，超声波检测具有灵敏度高、探测速度快、成本低、操作方便、探测厚度大、对人体和环境无害，特别对裂纹、未熔合等危险性缺陷探伤灵敏度高等优点。但同时，超声波检测也具有缺陷评定不直观、定性定量与操作者的水平和经验有关、存档困难等缺点。

超声波检测的特点：

① 面积型缺陷检出率高，而体积型缺陷检出率低，对裂纹、未熔合等危险性缺陷灵敏度高；

② 适合较大厚度工件的检验，探测厚度几百毫米至几米；

③ 适于各种试件，如接焊缝、角焊缝、板材、管材、棒材、锻件、复合材料等；

④ 材质晶粒度对检测结果有影响，评定不直观、定性困难；

⑤ 成本低、速度快、操作方便；

⑥ 记录存档困难。

（6）常用无损检验比较。

通常，人们将磁粉、液体渗透、涡流、超声波、射线这五种方法称为常规无损探伤法。其中，射线检测和超声波检测主要用于检测内部缺陷。

常用的五种无损检测方法比较参见表 4-27。

表 4-27　5 种常规无损探伤检测法比较

测验方法		能探出的缺陷	可检厚度	灵敏度	判伤方法	备注
磁粉检测		表面及近表面缺陷，被检验表面最好与磁场正交	表面及近表面	比渗透法高；与磁场强度大小及磁粉质量有关	直接根据磁粉分布情况判定缺陷位置；缺陷深度不能确定	(1) 被检表面同上；(2) 限于母材和焊缝金属均为磁性材料
液体渗透检测		贯穿表面的缺陷（如微细裂纹、气孔等）	表面	对于缺陷宽度小于 0.01 mm，深度小于 0.03～0.04 mm 者检查不出	直接根据渗透液在吸附（显影）剂上的分布，确定缺陷位置；缺陷深度不能确定	焊接接头表面一般不需加工，有时需打磨
涡流检测		受缺陷方向影响，易检出垂直涡流方向的缺陷	表面及表层	灵敏度较低（比磁粉、液体渗透低）	根据涡流方向情况判断缺陷位置，缺陷深度不能判断	限于异电材料
超声波检测		内部缺陷（裂纹、未焊透、气孔及夹渣）	几乎不受限制，最小可达 2 mm	能探出直径大于 1 mm 以上的气孔、夹渣；探裂纹灵敏，探表面及近表面缺陷不灵敏	根据荧光屏上讯号指示，可判断有无缺陷及其位置和大致的大小，判断缺陷种类较难	检验部位的表面需加工，可以单面探测
射线检测	X 射线	内部裂纹、气孔、未焊透、夹渣等缺陷	1.0～600 mm	能检验出尺寸大于焊缝厚度 1%～2% 的缺陷	从照片底片上能直接判断缺陷种类、大小和分布；对平面形缺陷（如裂纹）不如超声波灵敏度	焊接接头表面不需加工，正反两个面都必须是可接近的
	γ 射线			较 X 射线低，一般为焊缝厚度的 3%		
	高能 X 射线			较 X 射线及 γ 射线高，一般可达小于焊缝厚度的 1%		

8. 焊缝的外观检验（目视检验）

外观检验是用肉眼或借助样板或用低倍放大镜观察焊件，以发现表面缺陷以及测量焊缝的外形尺寸的方法。

(1) 焊件表面缺陷。

焊件表面缺陷主要包括未熔合、咬边、焊瘤、裂纹、表面气孔等。

在多层焊时，应重视根部焊道的外观质量。因为根部焊道最先施焊，散热快，最易产生根部裂纹、未焊透、气孔、夹杂等缺陷，而且还承受着随后各层焊接时所引起的横向拉应力。

对低合金高强度钢焊接接头宜进行两次检查，一次在焊后即检查，另一次隔 15～30 天后再检查，看是否产生延迟裂纹；对含 Cr、Ni 和 V 元素的高强钢或耐热钢若需作消除应力热处理，则处理后也要观察是否产生再热裂纹。

焊接接头外部出现缺陷时，通常是产生内部缺陷的标志，必须待内部检测后才最后评定。

（2）焊缝外观检验方法。

焊接外形及其尺寸的检查通常借助样板或量规量仪等进行。

① 焊缝测绘仪（也称万能量规）。测量焊接接头的外形，如焊脚、焊缝余高、坡口间隙、坡口角度及角焊缝凹、凸度等。

② 对接焊缝表面形状的目测。观察对接焊缝的成形和表面形状，分析焊接电流、焊接速度、弧长等焊接参数，判断形成的缺陷，如余高过高、熔深不足、波纹不均匀、咬边、熔深不均匀、波纹拉长、飞溅等。

③ 角焊缝外形的目测。对角焊缝的凸起不足或超高、咬边、焊瘤、焊脚不够、熔深不足等要能正确判断。

④ 双面对接焊缝外形的目测。对双面对接焊缝的凸起超高或不足、咬边、焊瘤等要能正确判断。

9. 钎焊接头检验方法

钎焊接头检验方法一般有：外观检验、渗透检测、X射线检测、超声波检测、致密性检测。钎焊接头检验方法及其特点见表4-28。

表4-28 钎焊接头检验方法及特点

检验方法		特点及应用
外观检验		用肉眼或低倍放大镜观察钎缝外形，可检查出钎缝表面的未钎透、裂纹及缩孔等缺陷
渗透检测	荧光检验	可检查外观检验发现不了的钎缝表面缺陷，如裂纹、气孔等，适用于小型工件
	着色检验	可检查外观检验发现不了的钎缝表面缺陷，如裂纹、气孔等，适用于大型工件
X射线检测		可检验钎缝内部的气孔、夹渣及未钎透等缺陷，但对于厚度大、间隙极小的接头，会因灵敏度不够而不能发现
超声波检测		可检验钎缝内部的缺陷，检查时可根据脉冲波形的特点来判断缺陷位置、性质和大小
致密性检测	水压试验	将容器灌满水，并将容器密封，用水泵将水压升至试验压力，维持一段时间后降至工作压力，接着用小锤轻轻敲击钎缝两侧，检查有无渗漏情况；一般用于高压
	气密性试验	在钎缝表面涂刷肥皂液，然后由试验孔通入一定压力（一般为0.4～0.5MPa）的压缩空气，当钎缝表面出现肥皂泡时，则为缺陷区；一般用于低压
	气渗透试验	先通入0.3～0.4MPa压力的氨气，然后在容器的钎缝表面涂刷显示剂（酚酞），显示剂变色处为缺陷区
	煤油渗透试验	在钎缝表面涂刷石灰水溶液，干燥后再在钎缝的另一面涂刷煤油，10 min后，涂刷石灰水溶液一面出现油斑或带条处为缺陷区

第 5 章　典型零件加工质量控制与检测

本章的前五个典型零件加工案例用以训练编制工艺的基础能力。每个零件均为单件小批生产，运用普通机床加工方案为主。通过五个典型零件加工案例的学习，引导机械加工专业的学生注重基础的加工与检测，避免目前数控加工专业学生的重编程理论、轻加工实践，重编程操作、轻机械加工技能基础训练等急功近利的学习方法。第六个案例为数控加工，主要供学习者参照对比，加深理解数控加工与普通加工在确定工艺方案、工序和加工检验上的区别和联系，了解数控加工中的细节处理、工艺过程的逻辑关系等。

5.1　丝　杆

5.1.1　加工任务

丝杆零件图详见图 5-1。

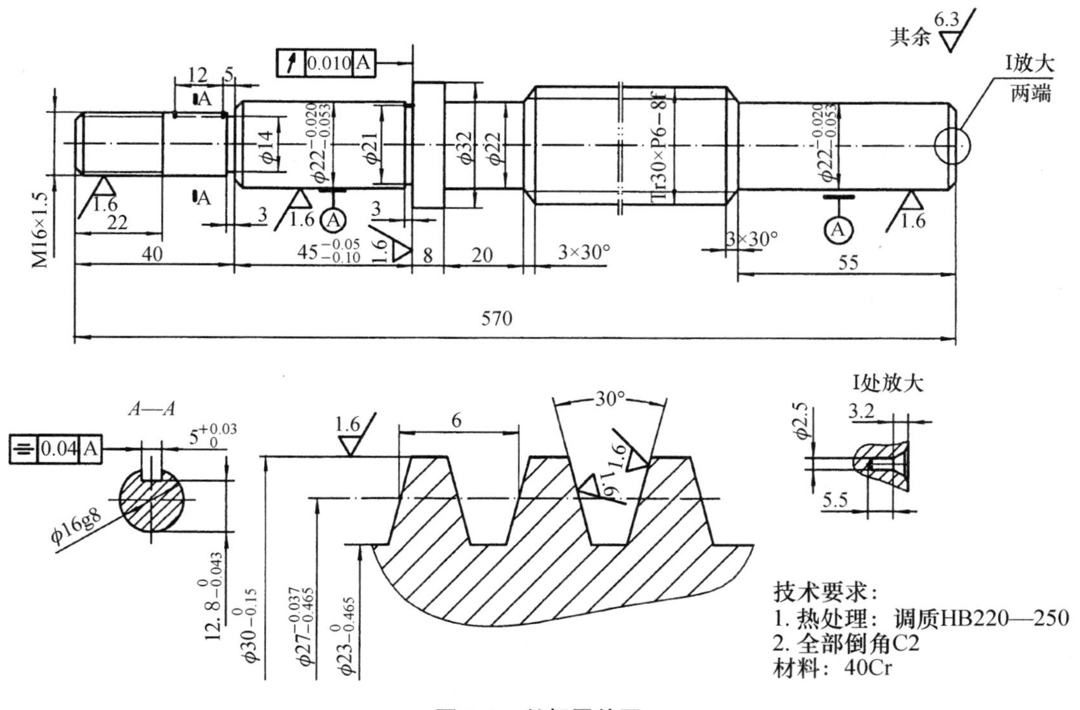

图 5-1　丝杆零件图

5.1.2 总体分析

1. 零件图样分析

（1）图中以 2 - ϕ22f8 mm 轴线为基准，台阶端面与其有跳动公差，公差值为 0.01 m。

（2）工件材料为 40Cr 钢，零件尺寸变化不大，结构也不复杂，故采用棒料做毛坯。

（3）零件有调质要求，故加工过程中应适时转序。

（4）零件的主要加工表面为螺距 $P=6$ mm 的梯形螺纹，而且精度和表面粗糙度要求较高，应引起高度关注。

2. 零件毛坯图

零件毛坯图详见图 5-2。

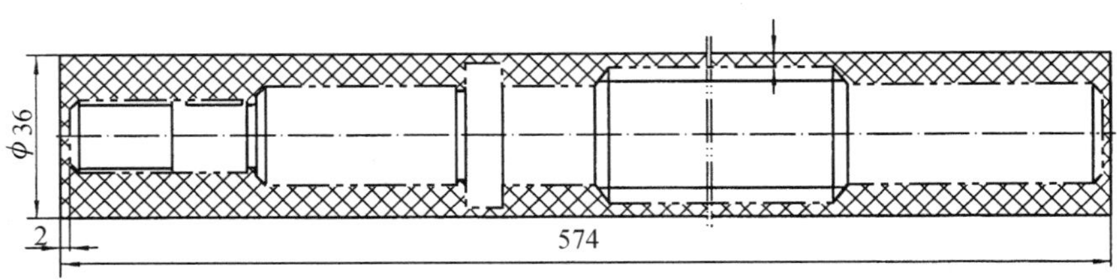

图 5-2 丝杆毛坯图

5.1.3 工艺分析

（1）从零件图可以看出，该零件上的 2 - ϕ22f8 mm 外圆及端面是装配基准，用以装配其他零件，因此必须保证台阶端面对轴线的跳动公差。一般可采用磨 ϕ22f8 mm 外圆时靠磨端面的方法解决。

（2）零件属轴类零件，可用两顶尖孔定位的方法，以保证基准统一。因短轴最小端直径为 16 mm，且工艺过程不长，故顶尖孔不宜过大，选择 A2 即可。

（3）零件的长度 L 与直径 D 的比值较大（$L/D=570/30=19$），属于细长轴，刚性较差，因此在加工中应采取有关措施增加刚性，切削时切削用量不宜过大。

（4）零件的最高精度和最高表面粗糙度为 2 - ϕ22f8 mm 和 ϕ16g8 mm 外圆柱表面（Ra1.6），据此，加工阶段应划分为“粗—半精—精”三个加工阶段，用精加工来确保加工质量。精加工采用磨削的方法。零件的调质处理安排在粗加工之后、半精加工之前进行。

（5）零件结构不复杂，且为中小批量生产，三个加工阶段分别完成不同的加工内容：粗加工基本成形；半精加工完成 2 - ϕ22f8 mm 外圆和 ϕ16g8 mm 的精加工准备，并完成各倒角、沟槽及 M16 × 1.5 螺纹的加工。

（6）铣 5H9 键槽属半精加工，一般安排在车后、磨前完成。

（7）M16 × 1.5 螺纹的加工工艺分析：使用高速钢螺纹车刀加工时，生产率低，但尺寸容易控制，不易产生废品；使用硬质合金车刀加工时，生产率高，表面质量好，但尺寸不易控制，容易产生废品。

（8）梯形螺纹的加工是此工件的重点加工部位。由于精度和表面粗糙度要求较高，应粗精分开，并安排在其他表面全部完成后进行精车。

(9) 端面跳动的检验可见检验工序中的检验方案。

(10) 梯形螺纹的加工详见图 5-3。

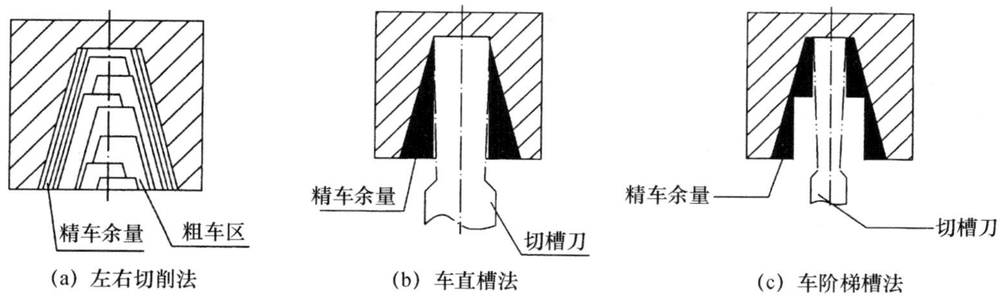

(a) 左右切削法　(b) 车直槽法　(c) 车阶梯槽法

图 5-3　梯形螺纹的加工方法

5.1.4　工艺过程卡

丝杆加工工艺过程参见表 5-1。

表 5-1　丝杆加工工艺过程卡

机械加工工艺过程卡		零件	图号	材料	件数/批	毛坯类型	毛坯尺寸
		丝杆		40Cr	100	型材（棒料）	ϕ36×574

序号	工序名称	工序内容	机床	工装
1	下料	下料：ϕ36mm×574 mm	锯床	
2	粗车	夹外圆车一端端面，车平即可；调头车另一端面，保证总长 572 mm。两端打中心孔 A2	CA6140	45°，90° YT15 外圆车刀，125 mm × 0.02 mm 游标卡尺，A2 中心钻，150 mm 钢板尺
3	粗车	两顶尖定位，粗车 ϕ32 mm 外圆和梯形螺纹外圆至 ϕ34 mm，粗车 2－ϕ22f8 mm 外圆至 ϕ24 mm，粗车 ϕ16g8 mm 至 ϕ18 mm，分别保证尺寸 40 mm、45 mm 和 55 mm	CA6140	同工序 2
4	热	调质 220～250HB		
5	半精车	夹一端，中心架支承另一端，车端面，打中心孔 A2；调头车端面保证总长 570 mm，打中心孔 A2。表面粗糙度 *Ra*6.3	CA6140	同工序 2
6	半精车	两顶尖装夹工件，车 ϕ22f8 mm 至 $\phi 22.3_{-0.052}^{0}$ mm，保证长度 55 mm，倒角 C2。将梯形螺纹外圆车至 $\phi 30.3_{-0.062}^{0}$ mm，长度车至 400 mm	CA6140	90°，45°YT15 外圆车刀，2 mm 切槽刀，125 mm × 0.02 mm 游标卡尺，150 mm钢板尺

续表

序号	工序名称	工序内容	机床	工装
7	半精车	（1）调头车，车 ϕ32 mm 至图纸尺寸，车 ϕ16g8 mm 外圆至 $\phi16.3_{-0.042}^{0}$ mm，保证长度 40 mm，车 ϕ22f8 mm 外圆至 $\phi22.3_{-0.052}^{0}$ mm；将尺寸 $45_{-0.10}^{-0.05}$ mm 车至 $45.1_{-0.062}^{0}$ mm； （2）切槽 ϕ14×3，ϕ21×3 和 ϕ22×20 至图纸尺寸，将尺寸 8 mm 车至 $8.1_{-0.062}^{0}$ mm，全部倒角至图纸尺寸	CA6140	90°，45°YT15 外圆车刀，125 mm×0.02 mm 游标卡尺，3 mm 切槽刀，150 mm 钢板尺
8	半精车	粗车梯形螺纹，留 0.5 mm 加工余量；车 M16×1.5 螺纹至图纸尺寸	CA6140	90°，45°YT15 外圆车刀，125 mm×0.02 mm 游标卡尺，梯形螺纹车刀及磨刀样板，60° YT15 螺纹车刀、磨刀样板、M16×1.5 螺纹环规
9	铣	铣 5H9 键槽至图纸尺寸	X52	ϕ5H9 mm 键槽铣刀，5H9 mm 键槽综合量规，150 mm 钢板尺
10	磨	磨 2－ϕ22f8 mm，ϕ16g8 mm，梯形螺纹外圆至图纸尺寸和表面粗糙度要求，靠磨端面见火花即可，保证跳动公差	M1432A	0～25 mm 千分尺
11	车	精车梯形螺纹各部及表面粗糙度至图纸要求	CA6140	测量 3 针，25～50 mm 公法线千分尺
12	检验	照图检验零件各部		
13	入库	清洗涂油并入库		
贵州航天职业技术学院	工艺设计		日　期	共　　页　第　　页

“工艺过程卡（样张）”参见表 5-2。

表 5-2　工艺过程卡（样张）

机械加工工艺过程卡			零件名称	图号	材料	件数	毛坯类型	毛坯尺寸
工序号	工序名称	工序内容					机床	工装
贵州航天职业技术学院	工艺设计		日　期				共　　页	第　　页

5.1.5 工序卡

工序号：2

工步内容：夹外圆车一端端面，车平即可；调头车另一端面，保证总长 572 mm。两端打中心孔 A2。

切削速度：120 m/min。

进给量：车端面 0.5 mm/r；打中心孔手动。

背吃刀量：1 mm。

工序图：工序 2-1 图（图 5-4）。

图 5-4 工序 2-1 图

工序号：3

工步号：1

工步内容：两顶尖定位，粗车 $\phi32$ mm 外圆和梯形螺纹外圆至 $\phi34$ mm，粗车 2－$\phi22f8$ mm 外圆至 $\phi24$ mm，粗车 $\phi16g8$ mm 至 $\phi18$ mm，分别保证尺寸 40 mm、45 mm 和 55 mm。

切削速度：120 m/min。

进给量：0.8 mm/r。

背吃刀量：2 mm。

工序图：工序 3-1 图（图 5-5）。

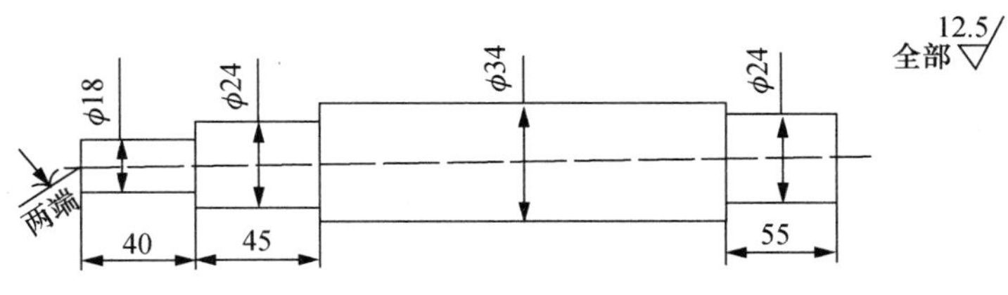

图 5-5 工序 3-1 图

工序号：5

工步号：1

工步内容：夹一端，中心架支承另一端，车端面，打中心孔 A2；调头车端面保证总长 570 mm，打中心孔 A2。表面粗糙度 $Ra6.3$。

切削速度：120 m/min。

进给量：手动。

背吃刀量：21 mm。

工序图：工序 5-1 图（图 5-6）。

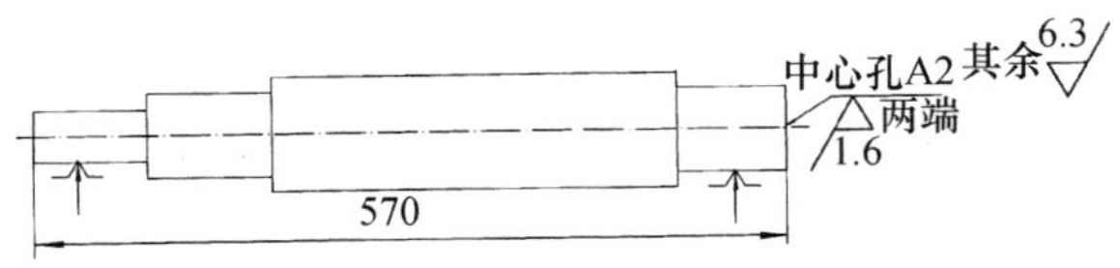

图 5-6　工序 5-1 图

工序号：6

工步号：1

工步内容：两顶尖装夹工件，车 $\phi22f8$ mm 至 $\phi22.3_{-0.052}^{0}$ mm，保证长度 55 mm，倒角 C2。将梯形螺纹外圆车至 $\phi30.3_{-0.062}^{0}$ mm，长度车至 400 mm。

切削速度：120 m/min。

进给量：0.48 mm/r。

背吃刀量：1 mm。

工序图：工序 6-1 图（图 5-7）。

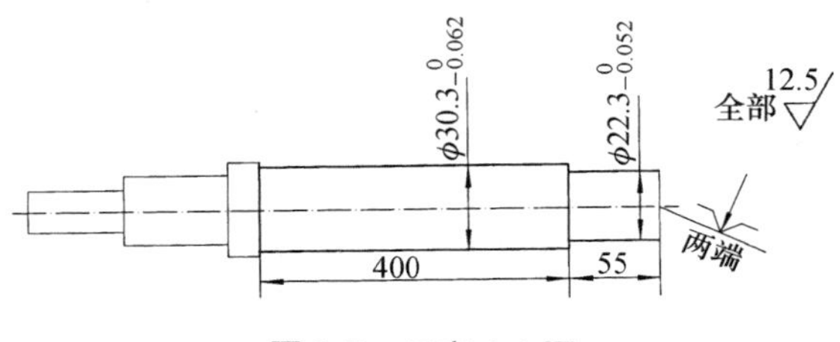

图 5-7　工序 6-1 图

工序号：7

工步号：1

工步内容：调头车，车 $\phi32$ mm 至图纸尺寸，车 $\phi16g8$ mm 外圆至 $\phi16.3_{-0.042}^{0}$ mm，保证长度 40 mm，车 $\phi22f8$ mm 外圆至 $\phi22.3_{-0.052}^{0}$ mm，将尺寸 $45_{-0.10}^{-0.05}$ mm 车至 $45.1_{-0.062}^{0}$ mm。

切削速度：120 m/min。

进给量：0.48 mm/r。

背吃刀量：1 mm。

工序图：工序 7-1 图（图 5-8）。

工步号：2

工步内容：切槽 $\phi14\times3$，$\phi21\times3$ 和 $\phi22\times20$ 至图纸尺寸，将尺寸 8 mm 车至 $8.1_{-0.062}^{0}$ mm，全部倒角至图纸尺寸。

切削速度：24 m/min。

进给量：手动。

背吃刀量：3 mm

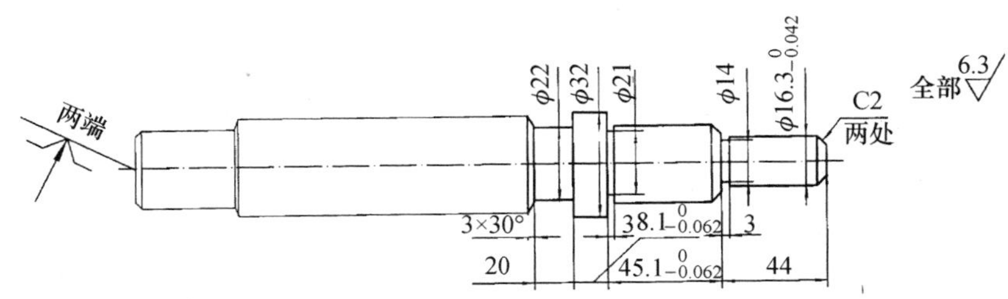

图 5-8 工序 7-1 图

工序号：8

工步号：1

工步内容：粗车梯形螺纹，留 0.5 mm 加工余量；车 M16 ×1.5 螺纹至图纸尺寸。

切削速度：24 m/min。

进给量：6 mm/r；1.5 mm/r。

背吃刀量：多次走刀按递减式自定

工序图：工序 8-1 图（图 5-9）。

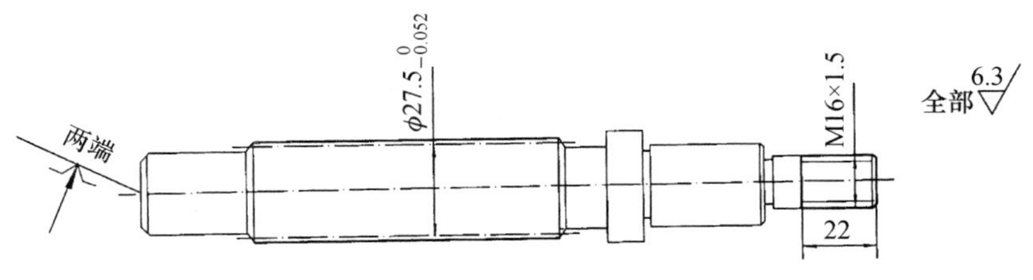

图 5-9 工序 8-1 图

工序号：9

工步号：1

工步内容：铣 5H9 键槽至图纸尺寸。

切削速度：24 m/min。

进给量：60 mm/min。

背吃刀量：2.5 mm。

工序图：工序 9-1 图（图 5-10）。

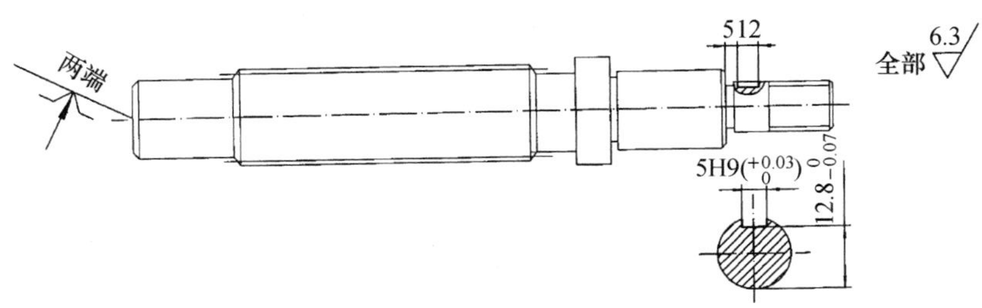

图 5-10 工序 9-1 图

工序号：10

工步内容：磨 2 - ϕ22f8 mm，ϕ16g8 mm，梯形螺纹外圆至图纸尺寸和表面粗糙度要求。靠磨端面见火花即可，保证跳动公差。

切削速度：35 m/s。

进给量：60 mm/min。

背吃刀量：0. 15 mm。

工序图：工序 10-1 图（图 5-11）。

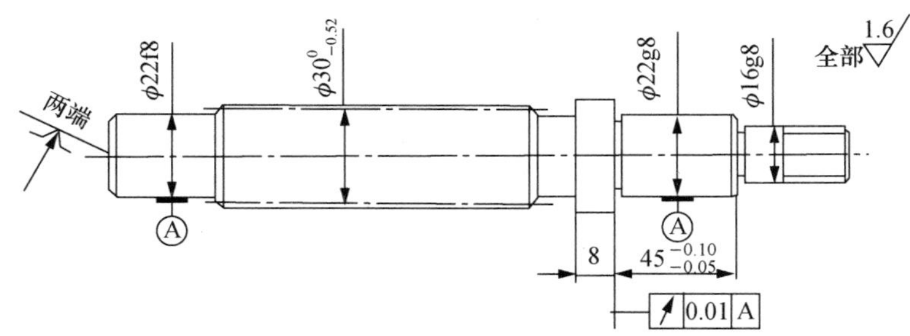

图 5-11　工序 10-1 图

工序号：11

工步内容：精车梯形螺纹各部及表面粗糙度至图纸要求。

切削速度：5 m/min。

进给量：6 mm/r。

背吃刀量：0. 2 mm。

工序图：工序 11-1 图（图 5-12）。

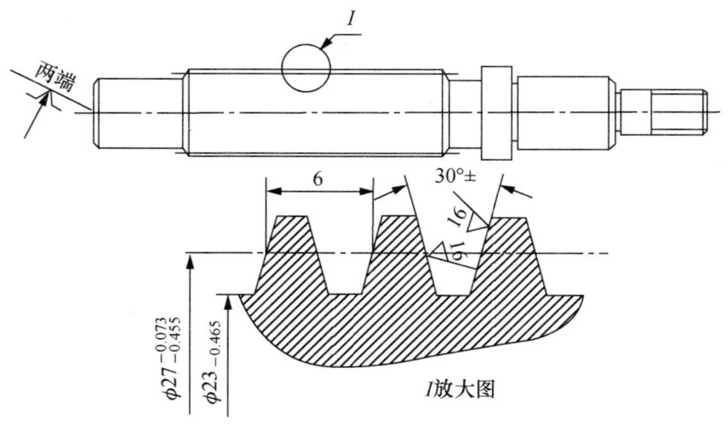

图 5-12　工序 11-1 图

将以上工序内容填入“工序卡”表格中。工序卡（样张）参见表 5-3。

表 5-3 工序卡（样张）

<table>
<tr><td colspan="2" rowspan="2">机械加工工序卡</td><td>零件名称</td><td>图 号</td><td>工序号</td><td colspan="2">工序名称</td><td>共 页</td></tr>
<tr><td></td><td></td><td></td><td colspan="2"></td><td>第 页</td></tr>
<tr><td rowspan="5">工
序
图</td><td colspan="2" rowspan="5"></td><td>材料</td><td></td><td colspan="2">毛坯类型</td><td></td></tr>
<tr><td>工序内容</td><td colspan="4"></td></tr>
<tr><td>设备型号</td><td colspan="4"></td></tr>
<tr><td>批量</td><td colspan="4"></td></tr>
<tr><td>工序工时</td><td colspan="4"></td></tr>
<tr><td>工步号</td><td>工步内容</td><td>工艺装备</td><td>切削速度</td><td>进给量</td><td colspan="2">背吃刀量</td><td>工步工时</td></tr>
<tr><td></td><td></td><td></td><td></td><td></td><td colspan="2"></td><td></td></tr>
<tr><td></td><td></td><td></td><td></td><td></td><td colspan="2"></td><td></td></tr>
<tr><td></td><td></td><td></td><td></td><td></td><td colspan="2"></td><td></td></tr>
<tr><td></td><td></td><td></td><td></td><td></td><td colspan="2"></td><td></td></tr>
<tr><td colspan="2">贵州航天职业技术学院</td><td>设计</td><td colspan="2"></td><td>日 期</td><td colspan="2"></td></tr>
</table>

5.1.6 综合检验卡

工序号：12

工步号：1

工步内容：检验 2 - ϕ22f8 mm 和 ϕ16g8 mm 外圆柱表面（*Ra*1.6）；尺寸 $45^{-0.05}_{-0.10}$mm；M16 × 1.5 螺纹。

工艺装备：0～25 mm 千分尺，125 mm ×0.02 mm 游标卡尺，M16 ×1.5 螺纹环规。

工序图：工序 12-1 图（图 5-13）。

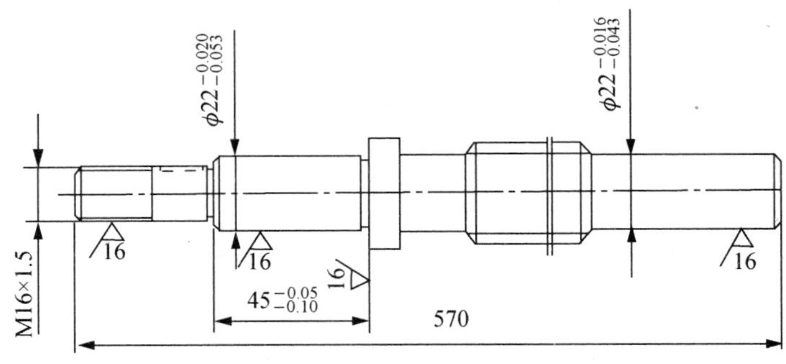

图 5-13 工序 12-1 图

工步号：2

工步内容：检验 5H9 键槽，尺寸 2 mm，12 mm，$12.8^{0}_{-0.043}$mm，对称度。

工艺装备：125 mm ×0.02 mm 游标卡尺，5H9 键槽综合量规，百分表等。

工序图：工序 12-2 图（图 5-14）。

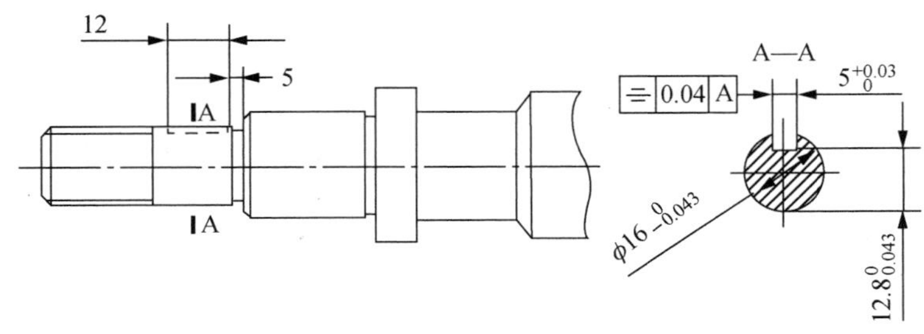

图 5-14　工序图 12-2

说明：

（1）调整被测件，使专用量块沿径向与平板平行测量定位块与平板之间的距离。再将被测件翻转 180°后，在同一剖面图上重复以上操作。该剖面上下对应点的最大值为 a，则该剖面的对称度误差为：$\Delta = \dfrac{ah}{R-h}$，如图 5-15 所示。

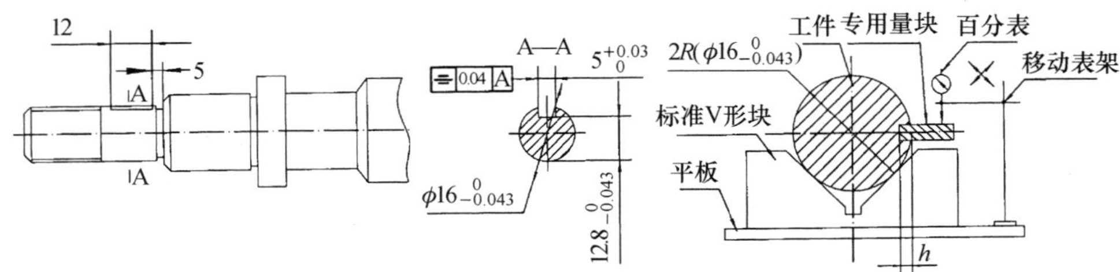

图 5-15　12-2 检测示意图

（2）沿键槽长度方向测量，取长向两点的最大读数差为长向对称度误差，即 $\Delta_{长} = \Delta_{高} - \Delta_{低}$。取两个方向误差值最大者为该零件的对称度误差。

工步号：3

工步内容：Tr30 × P6 − 8f。

工艺装备：125 mm × 0.02 mm 游标卡尺，25～50 mm 公法线千分尺，ϕ3.177 mm 测量钢针，30°梯形槽样板，表面粗糙度样板。

工序图：工序 12-3 图（图 5-16）。

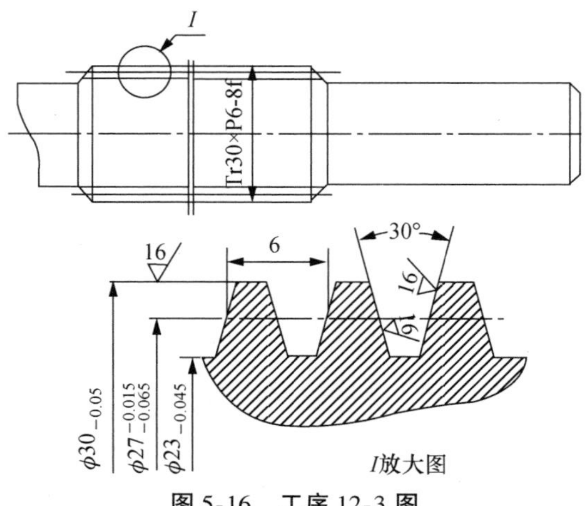

图 5-16　工序 12-3 图

说明：

（1）测量钢针直径 d_D 的计算公式：

$$d_D = \frac{P}{2\cos\frac{\alpha}{2}} \tag{5-1}$$

（2）三针测量值 M 的计算公式：

$$M = d_2 + d_D\left(1 + \frac{1}{\sin\frac{\alpha}{2}}\right) - \frac{P}{2}\cot\frac{\alpha}{2} \tag{5-2}$$

式中，M——千分尺测得的尺寸（mm）；

d_2——螺纹中径（mm）；

d_D——钢针直径（mm）；

α——工件牙形角（°）；

P——工件螺距（mm）。

当 $\alpha=30°$ 时，可用简化公式计算：

$$M = d_2 + 4.864d_D - 1.886P$$

也可用查表方法获得相关数据，本例查表得：$d_D=3.177$ mm；$M=31.256$ mm。

检测方法见图 5-17。

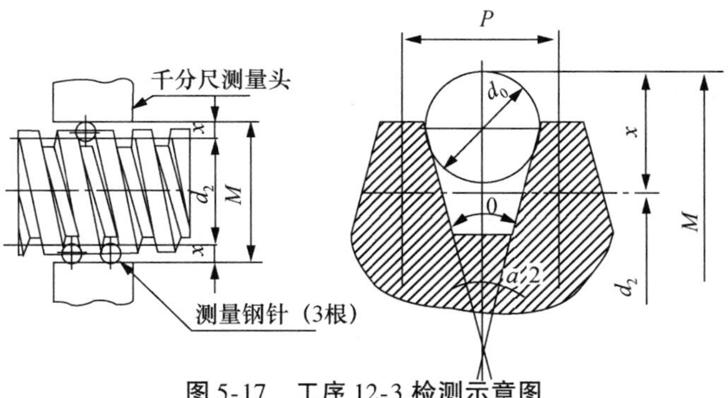

图 5-17　工序 12-3 检测示意图

将以上内容填入“综合检验卡”中，综合检验卡样张见表 5-4。

表 5-4　综合检验卡（样张）

<table>
<tr><td colspan="2" rowspan="2">检验工序卡片</td><td>零件名称</td><td>图　号</td><td colspan="2">工序号</td><td colspan="2">工序名称</td><td colspan="2">共　页</td></tr>
<tr><td></td><td></td><td colspan="2"></td><td colspan="2"></td><td colspan="2">第　页</td></tr>
<tr><td rowspan="9">工
序
图</td><td colspan="3" rowspan="9"></td><td>材料</td><td></td><td>毛坯类型</td><td></td><td>批量</td><td></td></tr>
<tr><td>检验项目</td><td colspan="2">检验内容</td><td colspan="2">工艺装备</td><td>工步工时</td></tr>
<tr><td></td><td colspan="2"></td><td colspan="2"></td><td></td></tr>
<tr><td></td><td colspan="2"></td><td colspan="2"></td><td></td></tr>
<tr><td></td><td colspan="2"></td><td colspan="2"></td><td></td></tr>
<tr><td></td><td colspan="2"></td><td colspan="2"></td><td></td></tr>
<tr><td></td><td colspan="2"></td><td colspan="2">工序工时</td><td></td></tr>
<tr><td colspan="6">说明</td></tr>
<tr><td colspan="6"></td></tr>
<tr><td colspan="3">贵州航天职业技术学院</td><td>设计</td><td colspan="3"></td><td>日　期</td><td colspan="2"></td></tr>
</table>

5.2 变速箱箱体

5.2.1 加工任务

变速箱箱体零件图详见图 5-18。

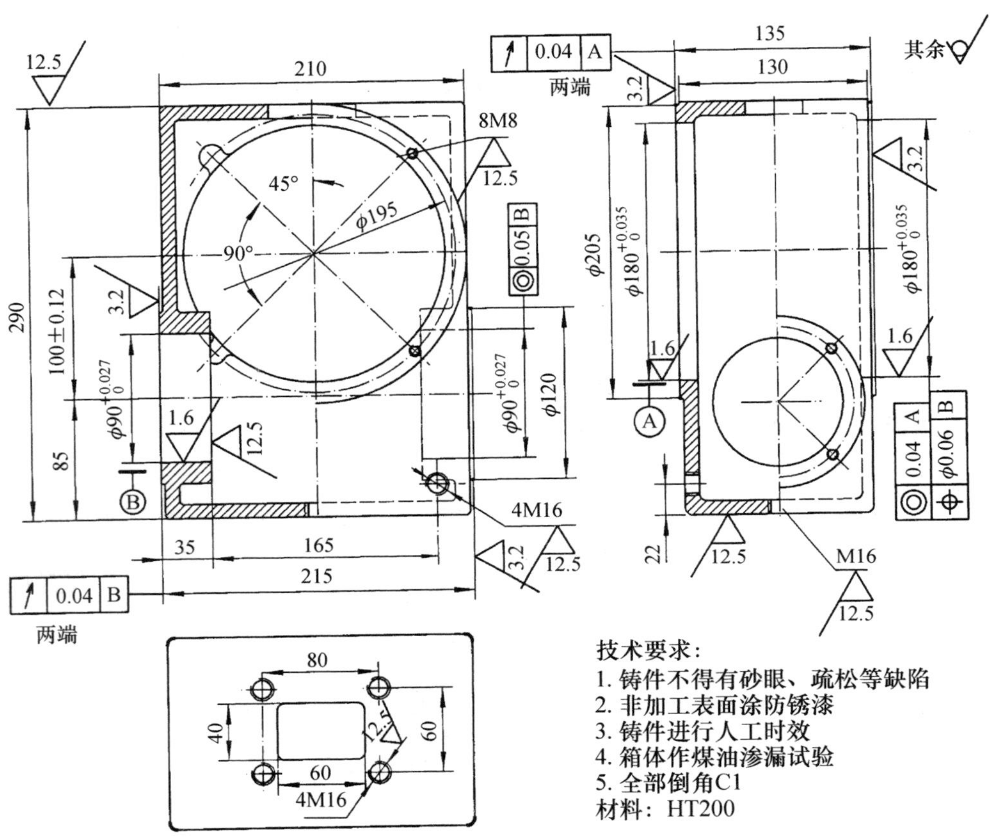

图 5-18 变速箱箱体零件图

5.2.2 总体分析

1. 零件图样分析

（1）图纸上加工要求最高的表面是两组空间相互交叉的孔系，其既有较高的精度、表面粗糙度，又有较高的相互位置精度，这是加工中的难点。

（2）对箱体毛坯的表面质量和内部质量要求较高，要求作煤油渗透试验。

（3）箱体材料为 HT200，有较好的切削加工性。

2. 零件毛坯图

零件毛坯图详见图 5-19。

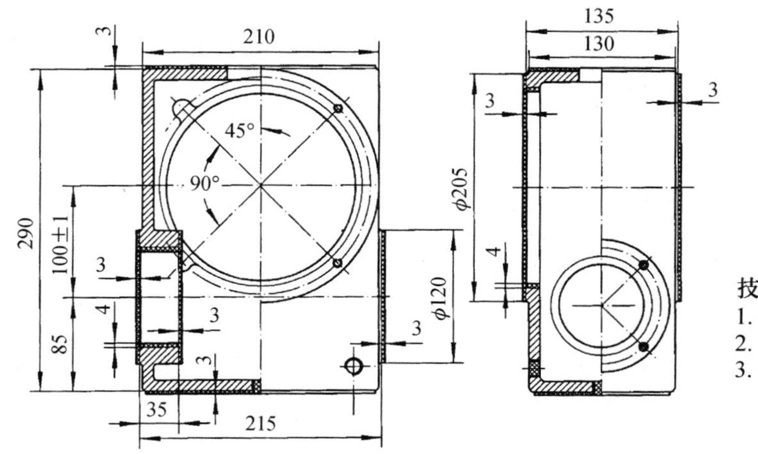

图 5-19　变速箱箱体毛坯图

5.2.3　工艺分析

（1）箱体零件的加工有一定的难度，一是加工要求较高；二是要遵循的原则较多。

（2）首先选择粗基准。为了确保 $\phi90^{+0.027}_{0}$ mm 孔壁厚均匀，选 $\phi120$ mm 不加工的搭子外圆为粗基准。具体做法是：

① 以 $\phi120$ mm 外圆为基准画 $\phi90^{+0.027}_{0}$ mm 孔加工线；

② 以 $\phi90^{+0.027}_{0}$ mm 孔为基准画出下底面加工线；

③ 校正下底面加工线，加工下底面；以下底面为精基准加工上顶面。

（3）根据“先面后孔”的原则，加工出上顶面和下底面。

（4）以面定位加工孔系。

（5）加工孔时应遵循“粗精分开”的原则，分别对孔进行粗加工和精加工，以确保质量。

（6）螺孔的加工遵循“先主后次”的原则，最后加工。

（7）本例为中小批生产纲领，故采用通用机床加工。根据零件大小适合 T68 镗床。

（8）本例不设计专用夹具，为确保各位置公差，应遵循“工序集中”原则。

（9）箱体零件属薄壁零件，粗加工时夹紧力要适当，夹紧点要选择合理，否则容易引起工件变形。

（10）精镗前应适当减小夹紧力，使夹紧变形得以恢复，以确保精加工质量。

（11）孔的尺寸精度检验使用内径千分尺或内径杠杆百分表，因孔径较大、批量较小，不宜设计专用量规。

（12）零件检验难度较大的是孔系位置公差的检查。可参考“综合检验卡”进行检验。

5.2.4　工艺过程卡

变速箱箱体加工工艺参见表 5-5。

表 5-5 变速箱箱体加工工艺过程卡

机械加工工艺过程卡			零件	图号	材料	件数	毛坯类型	毛坯尺寸
			箱体		HT200		铸件	见毛坯图
序号	工序名称	工序内容				机床	工装	
1	铸造	木模，手工造型						
2	冷作	清砂，去飞边、毛刺，浇冒口						
3	热处理	人工时效						
4	油漆	非加工表面涂红色底漆						
5	钳	画线： （1）以 $\phi120$ mm 外圆为基准画 $\phi90^{+0.027}_{0}$ mm 孔加工线； （2）以 $\phi90^{+0.027}_{0}$ mm 孔为基准画出下底面加工线					平板，可调千斤顶，画线高度游标卡尺，500 mm 钢板尺	
6	铣	校正下底面加工线，加工下底面；以下底面为精基准加工上顶面；保证尺寸 290 mm				X53	YG6 硬质合金端铣刀，划针盘	
7	镗	（1）镗 $2\phi90^{+0.027}_{0}$ mm 孔至图纸尺寸，保证尺寸 85 mm；镗车内外侧面，保证尺寸 35 mm、215 mm； （2）将镗床工作台旋转 90°，移动镗床主轴，保证尺寸 100 ± 0. 12 mm，镗 $2\phi180^{+0.035}_{0}$ mm 孔到图纸要求；镗车 $2\phi205$ mm 端面，保证尺寸 135 mm；保证各项位置公差				T68	YG6 硬质合金单刃镗刀，内径千分表等	
8	钳	画各表面螺孔位置线和加工线，钻、攻各螺孔至图纸要求				Z3040	钳工画线工具，相应钻头与丝锥	
9	检验	按图纸要求检验各部尺寸及形位公差						
10	入库	清洗，加工表面涂防锈油，入库						
贵州航天职业技术学院		工艺设计		日　期			共　　页	第　　页

5. 2. 5 工序卡

工序号：6

工步号：1

工步内容：校正下底面加工线，加工下底面；以下底面为精基准加工上顶面；保证尺寸 290 mm。

切削速度：120 m/min。

进给量：250 mm/min。

背吃刀量：2. 5 mm。

工序图：工序 6-1 图（图 5-20）。

工序号：7

工步号：1，2

工步内容：

（1）镗 $2\phi90^{+0.027}_{0}$ mm 孔至图纸尺寸，保证尺寸85 mm；镗车内外侧面，保证尺寸 35 mm、215 mm；

（2）将镗床工作台旋转 90°，移动镗床主轴，保证尺寸 100 ±0.12 mm，镗 2$\phi180^{+0.035}_{0}$mm 孔到图纸要求；镗车 2ϕ205 mm 端面，保证尺寸135 mm；保证各项位置公差。

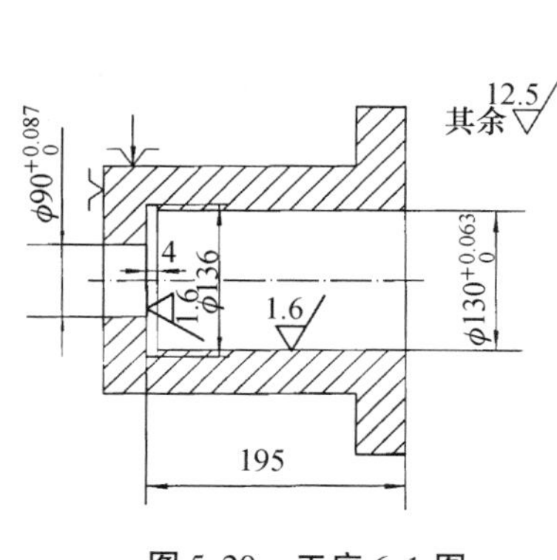

图 5-20　工序 6-1 图

图 5-21　工序 7-1 图

切削速度：80 m/min。

进给量：粗镗 0.6 mm/r；精镗 0.08 mm/mm。

背吃刀量：粗镗 2.5 mm；精镗 0.15 mm。

工序图：工序 7-1 图（图 5-21）。

工序号：8

工步号：1

工步内容：画各表面螺孔位置线和加工线，钻、攻各螺孔至图纸要求。

切削速度：钻 20 m/min；攻手动。

进给量：钻 0.5 mm/r。

背吃刀量：底孔半径

工序图：工序 8-1 图（图 5-22）。

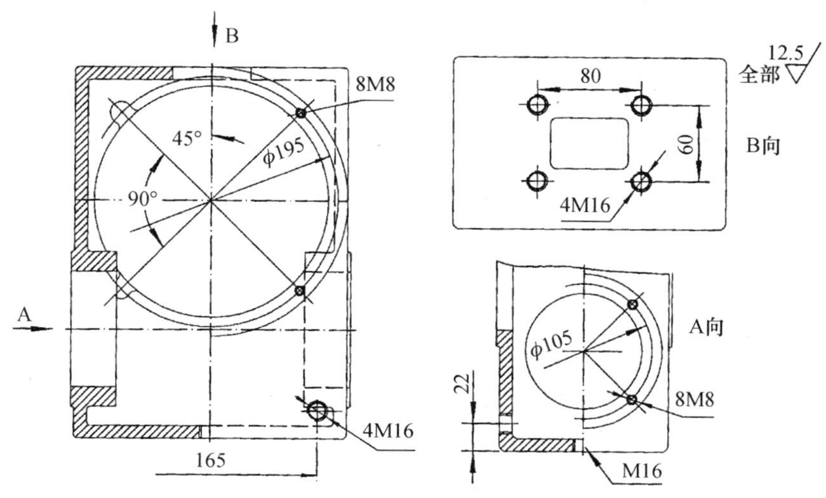

图 5-22　工序 8-1 图

5.2.6 综合检验卡

工序号：9

工步号：1

工步内容：检测位置度。

工序图：工序9-1图（图5-22）。

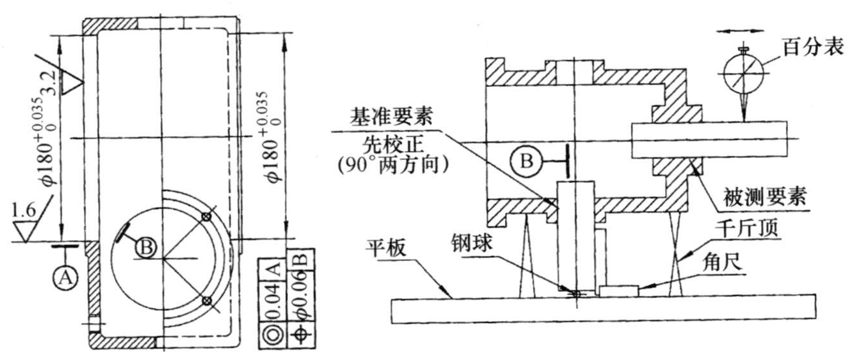

图5-23　工序9-1图

工序号：9

工步号：2

工步内容：检测跳动。

工序图：工序9-2图（图5-24）。

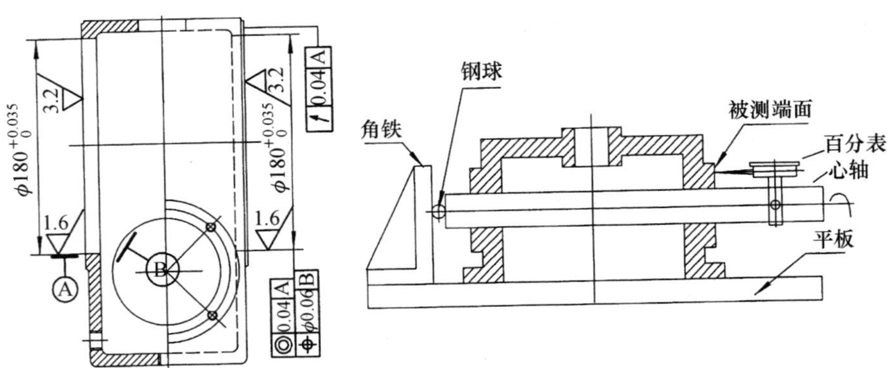

图5-24　工序9-2图

工序号：9

工步号：3

工步内容：检测同轴度。

工序图：工序9-3图（图5-25）。

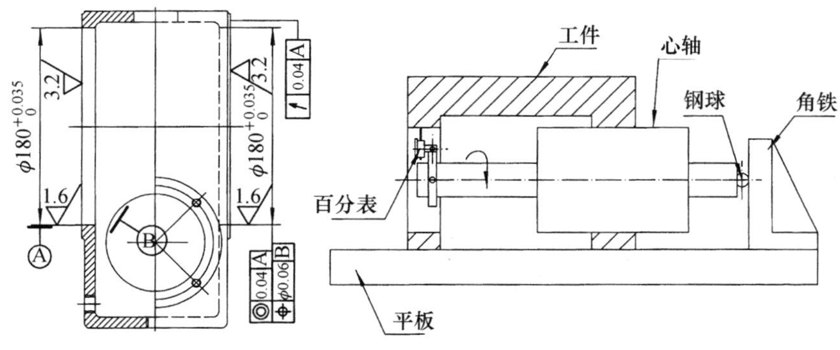

图 5-25　工序 9-3 图

将以上内容填入“综合检验卡”。

5.3　圆柱齿轮

5.3.1　加工任务

圆柱齿轮零件图详见图 5-26。

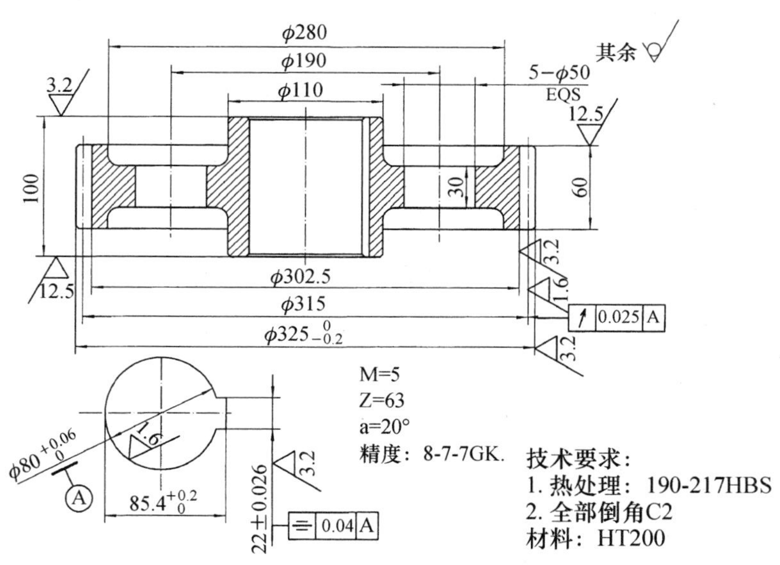

图 5-26　圆柱齿轮零件图

5.3.2　总体分析

1. 零件图样分析

(1) 图中以 $\phi80^{+0.06}_{0}$mm 内孔、齿面精度和表面粗糙度要求最高，轮齿精度为 8－7－7 级。

(2) 工件材料为 HT200，只能通过铸造获得毛坯。由于生产类型为单件生产，故采用木模手工造型。

(3) 零件需进行人工时效，故加工前应进行毛坯热处理。

（4）工件内孔大于 30 mm，故 $\phi80^{+0.06}_{0}$ mm 内孔均铸出毛坯孔。

2. 零件毛坯图

圆柱齿轮毛坯图见图 5-27。

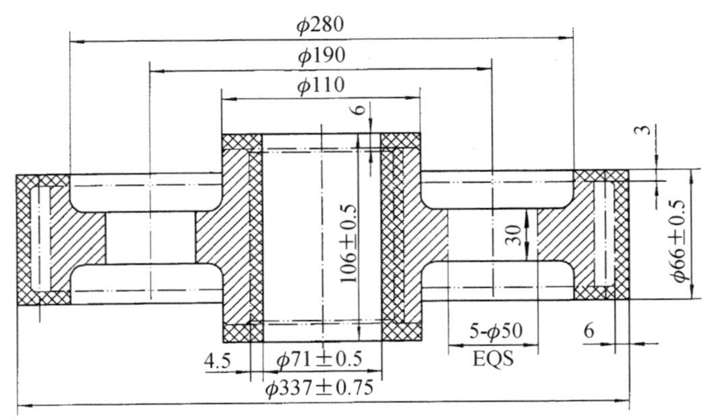

技术要求：
1. 铸件精度为6级，检验标准：JB 2845—80
2. 拔模斜度2°～3°
3. 未注铸造圆角R2mm

图 5-27 圆柱齿轮毛坯图

5.3.3 工艺分析

（1）从零件图可以看出，该零件轴向基准为对称中心面。

（2）零件属盘套类零件，有较大的径向尺寸，装夹工件时应考虑端面定位。

（3）零件用材为 HT200，有较好的切削加工性，发热量较小，可考虑加大切削用量。

（4）零件的关键工序是滚齿加工，为获得图纸规定的齿轮参数，需要使用滚齿夹具和查阅有关资料来确定加工时的工艺尺寸。

（5）滚齿和插齿夹具应具有一定的精度，可参考图 5-28、图 5-29 和表 5-6。

（6）编制工艺时应了解齿轮加工方法所能达到的加工精度和特点，以便选择一种恰当的加工方法，可参考表 5-6 所列齿轮加工精度。

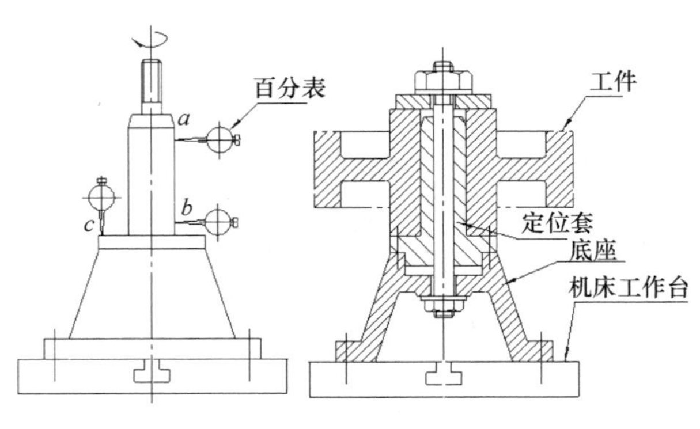

图 5-28 滚齿夹具

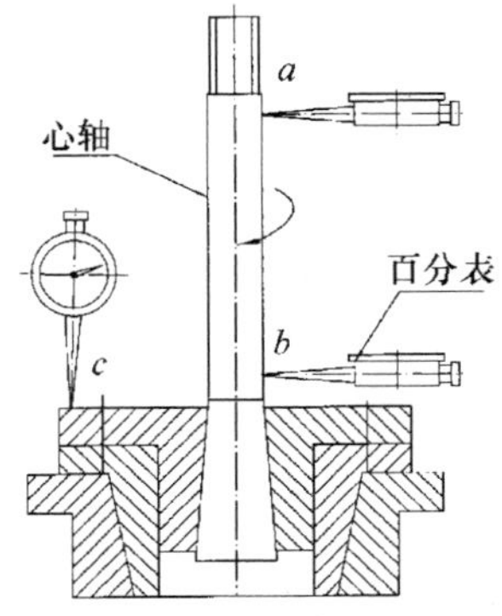

图 5-29 插齿夹具

5.3.4 工艺过程卡

圆柱齿轮加工工艺过程参见表 5-7。

表 5-6　齿轮夹具的检测精度

单位：mm

检测部位	齿轮精度等级		
	6	7	8
a	0.01	0.015	0.025
b	0.005	0.01	0.015
c	0.003	0.007	0.01

表 5-7　圆柱齿轮加工工艺过程卡

机械加工工艺过程卡			零件	图号	材料	件数	毛坯类型	毛坯尺寸
			箱体		HT200		铸件	见毛坯图
序号	工序名称	工序内容				机床	工装	
1	铸造	铸造，金属模，机器造型						
2	冷作	清砂，去飞边、毛刺、浇冒口						
3	热处理	人工时效，正火						
4	油漆	非加工表面涂红色底漆						
5	粗车	夹工件一端轮辐内圆，找正不加工端面。内径车至 $\phi75\pm0.1$ mm，车轮齿端面，保证齿侧距轮辐 18 mm。车轮毂端面，保证距齿侧 20 mm ，车外齿圈至 $\phi330$ mm				C630	45°，90° YG8 内外圆车刀，150 mm 钢板尺，500 mm × 0.02 mm 游标卡尺，划针盘	
6	粗车	调头，用三爪自动定心卡盘夹 $\phi330$ mm 处，车尺寸 60 mm 至 66 mm，车尺寸 100 mm 至 106 mm				C630	同第 5 序	
7	精车	精车外齿圈，内孔至图样尺寸。精车齿圈外侧，将尺寸 60 mm 车至 63 mm。精车轮毂端面，将尺寸 100 mm 车至 103 mm				C630	同第 5 序	
8	精车	调头，用夹具装夹工件，精车端面保证尺寸 60mm 和 100 mm。精车外齿圈，注意接刀痕的控制				C630	同第 5 序	
9	插	插内孔键槽至图样尺寸				B5040E	YG6 插槽刀，125 mm × 0.02 mm 游标卡尺，键槽综合量规	
10	滚齿	以轮毂端面定位滚齿，在外齿侧面下端安置辅助支承，滚齿至图纸尺寸				Y3150E	100～125 mm 公法线千分尺，5 m 高速钢齿轮滚刀	
11	检验	按图纸要求检查各部					100～125 mm 公法线千分尺，500 mm × 0.02 mm 游标卡尺	
12	入库	清洗，加工表面涂防锈油，入库						
贵州航天职业技术学院		工艺设计		日　期			共　　页	第　　页

5.3.5　工序卡

工序号：5

工步号：1

工步内容：夹工件一端轮辐内圆，找正不加工端面。内径车至 $\phi75\pm0.1$ mm，车轮齿端面，保证齿侧距轮辐 18 mm。车轮毂端面，保证距齿侧 20 mm，车外齿圈至 ϕ330 mm。

切削速度：120 m/min。

进给量：0. 80 mm/r。

背吃刀量：1. 5 mm。

工序图：工序 5-1 图（图 5-30）。

工序号：6

工步号：1

工步内容：调头，用三爪自动定心卡盘夹 ϕ330 mm 处，车尺寸 60 mm 至 66 mm，车尺寸 100 mm 至 106 mm。

切削速度：120 m/min。

进给量：0. 80 mm/r。

背吃刀量：1. 5mm。

工序图：工序 6-1 图（图 5-31）。

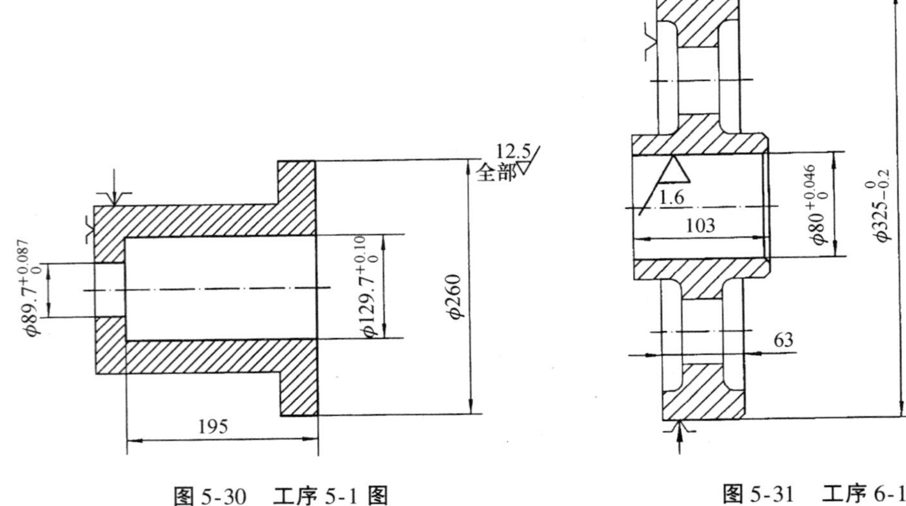

图 5-30　工序 5-1 图　　　图 5-31　工序 6-1 图

工序号：7

工步号：1

工步内容：精车外齿圈，内孔至图样尺寸。精车齿圈外侧，将尺寸 60 mm 车至 63 mm。精车轮毂端面，将尺寸 100 mm 车至 103 mm。

切削速度：120 m/min。

进给量：0. 12 mm/r。

背吃刀量：0. 15 mm。

工序图：工序 7-1 图（图 5-32）。

工序号：8

工步号：1

工步内容：调头，用夹具装夹工件，精车端面保证尺寸 60 mm 和 100 mm。精车外齿圈，注意接刀痕的控制。

切削速度：120 m/min。

进给量：0. 12 mm/r。

背吃刀量：0. 15 mm。

工序图：工序 8-1 图（图 5-33）。

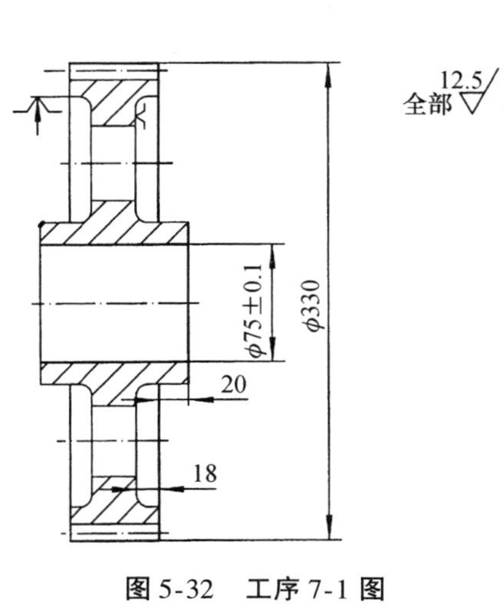

图 5-32　工序 7-1 图

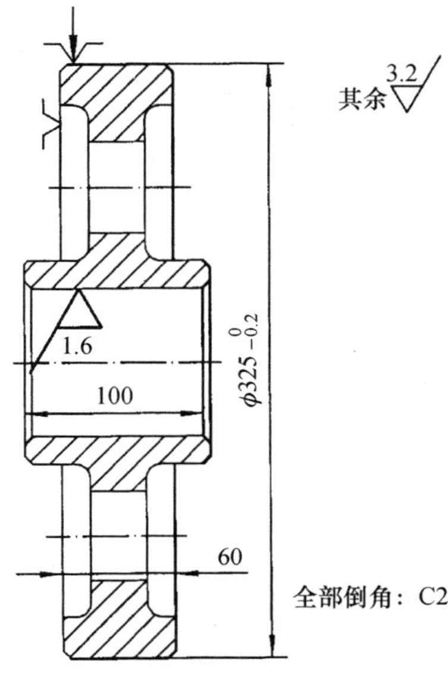

图 5-33　工序 8-1 图

工序号：9

工步号：1

工步内容：按图定位并夹紧，插内孔键槽至图样尺寸。

切削速度：50 次/min。

进给量：0. 12 mm/双行程。

背吃刀量：22 mm。

工序图：工序 9-1 图（图 5-34）。

工序号：10

工步号：1

工步内容：以轮毂端面定位滚齿，在外齿侧面下端安置辅助支承，滚齿至图纸尺寸。

切削速度：18 m/min。

进给量：0. 12 mm/r。

背吃刀量：3. 5 mm。

工序图：工序 10-1 图（图 5-35）。

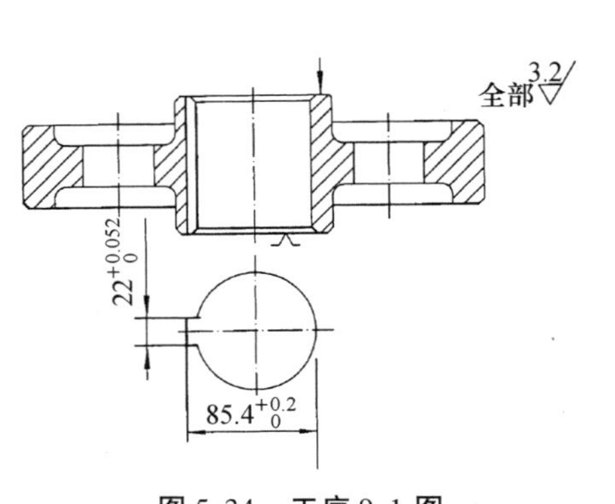

图 5-34　工序 9-1 图

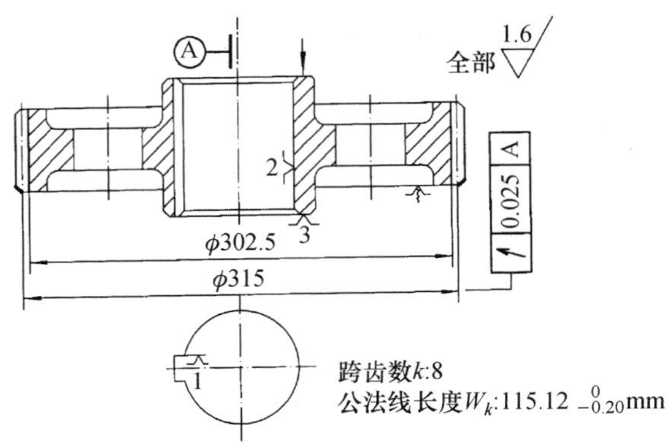

图 5-35　工序 10-1 图

5.3.6　综合检验卡

工序号：11

工步内容：检验 $\phi80^{+0.06}_{0}$，22 ±0.026，85.4$^{+0.20}_{0}$ 等尺寸。

工序图：工序 11-1 图（图 5-36）。

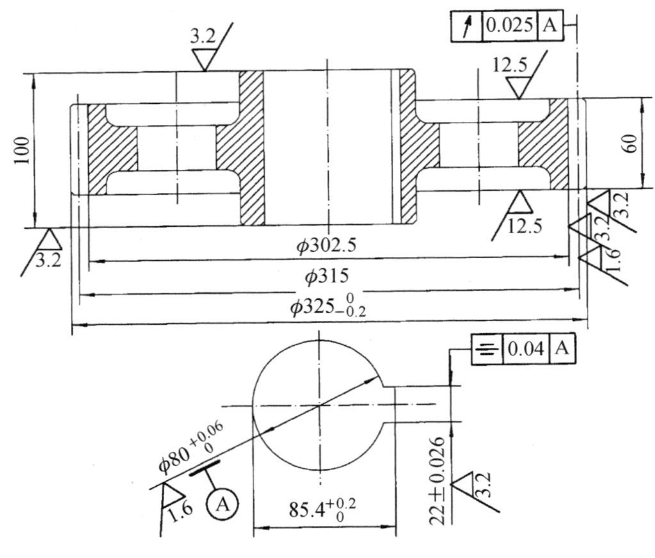

图 5-36　工序 11-1 图

说明：

（1）跨齿数

$$k = 0.111z + 0.5 \tag{5-3}$$

（2）公法线长度

$$W_k = m[2.9521(k - 0.5) + 0.014z] \tag{5-4}$$

以上两项也可以通过查表获得。

本例：$k = 7.493$，取跨齿数 $k = 8$，故公法线长度 $W_k = 115.12^{0}_{-0.20}$mm。

将以上内容填入“综合检验卡”。

5.4　密　封　套

5.4.1　加工任务

密封套零件图详见图 5-37。

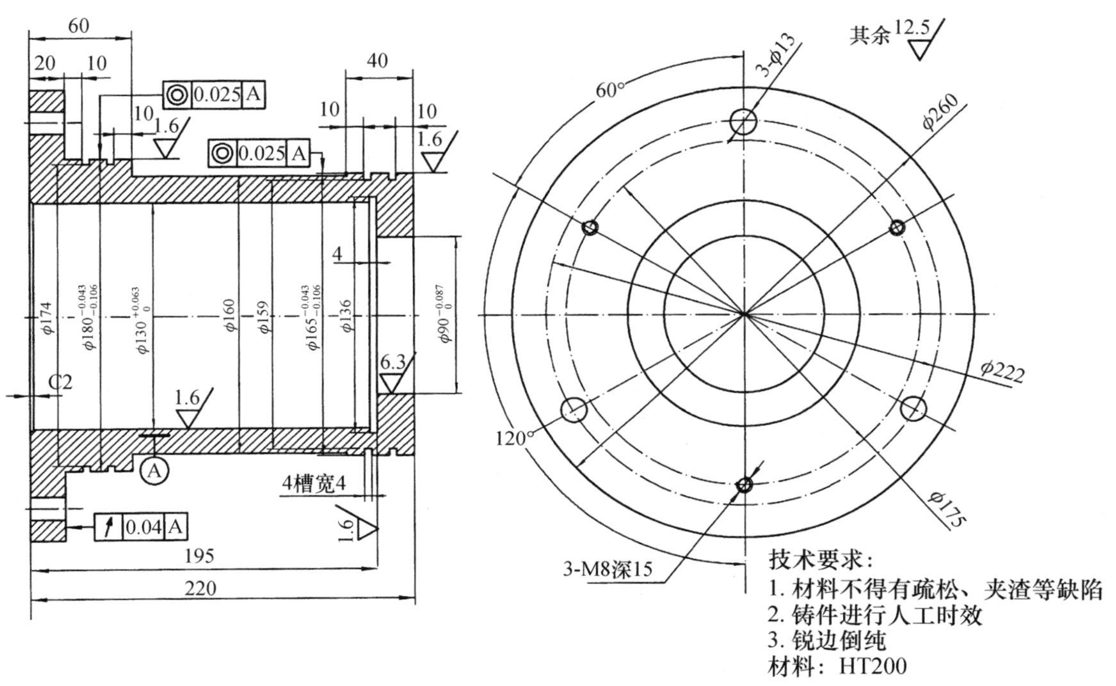

图 5-37　密封套零件图

5.4.2　总体分析

1. 零件图样分析

（1）图中以 $\phi130^{+0.063}_{0}$ mm 内孔和 $\phi180^{-0.043}_{-0.106}$ mm，$\phi165^{-0.043}_{-0.106}$ mm 外圆为最高精度表面，精度等级为 IT8，表面粗糙度分别为 $Ra1.6$ 和 $Ra0.8$，加工时有一定难度。

（2）工件材料为 HT200，只能通过铸造获得毛坯。由于生产类型为中小批生产，为确保质量和一定劳动生产率，采用金属模机器造型。

（3）零件需进行人工时效，故加工前应进行毛坯热处理。

（4）工件内孔大于 30 mm，故 $\phi90^{+0.087}_{0}$ mm 和 $\phi130^{+0.063}_{0}$ mm 内孔均铸出毛坯孔。$\phi160$ mm 与 $\phi165^{-0.043}_{-0.106}$ mm 外圆尺寸相差较小，毛坯无须铸出此台阶。

2. 零件毛坯图

零件毛坯图详见图 5-38。

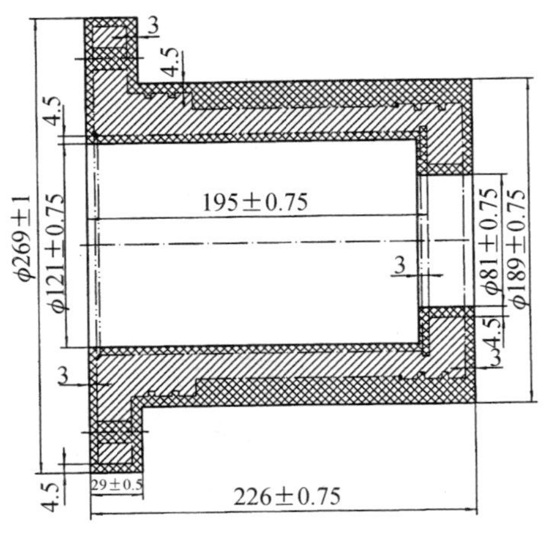

图 5-38 密封套毛坯图

5.4.3 工艺分析

（1）从零件图可以看出，该零件轴向基准为大端面，根据“基准先行”的原则应先从大端进行加工，故粗基准定在小端外圆及端面。

（2）零件属盘套类零件，有较大的径向尺寸，装夹工件时应考虑端面定位。

（3）零件用材为 HT200，有较好的切削加工性，切削时发热量较小，可运用工序集中的原则，以简化工艺和提高劳动生产率。

（4）零件上 3 - ϕ13 和 3 - M8 螺孔采用盖板式钻模加工，这样可使夹具设计简单，操作方便。6 孔的加工安排在最后，符合“先主后次”的原则。

（5）零件的内外圆有较高的同轴度公差要求，靠机床的三爪自动定心卡盘无法保证该项精度，故应采用夹具保证，夹具示意图见图 5-39。

（6）攻制 M8 螺孔时应查找或计算螺纹底孔直径，以便选用适合的麻花钻（参见表 5-8）。若在钻床上采用机动攻丝时，应有专用安全攻丝夹头，以确保丝锥不断。若无专用安全攻丝夹头，则应安排钳工手工攻丝。

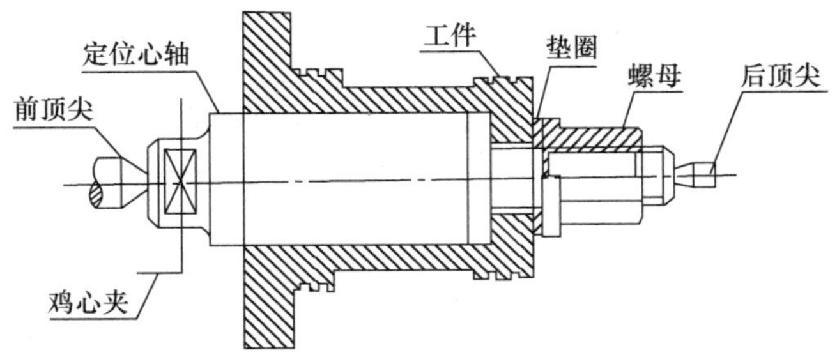

图 5-39 密封套夹具

5.4.4 工艺过程卡

密封套加工工艺过程参见表 5-8。

表 5-8　密封套加工工艺过程卡

<table>
<tr><td colspan="3" rowspan="2">机械加工工艺过程卡</td><td>零件</td><td>图号</td><td>材料</td><td>件数</td><td>毛坯类型</td><td>毛坯尺寸</td></tr>
<tr><td>箱体</td><td></td><td>HT200</td><td></td><td>铸件</td><td>见毛坯图</td></tr>
<tr><td>序号</td><td>工序名称</td><td colspan="4">工序内容</td><td>机床</td><td colspan="2">工装</td></tr>
<tr><td>1</td><td>铸造</td><td colspan="4">铸造，金属模，机器造型</td><td></td><td colspan="2"></td></tr>
<tr><td>2</td><td>冷作</td><td colspan="4">清砂，去飞边、毛刺、浇冒口</td><td></td><td colspan="2"></td></tr>
<tr><td>3</td><td>热处理</td><td colspan="4">人工时效，正火</td><td></td><td colspan="2"></td></tr>
<tr><td>4</td><td>粗车</td><td colspan="4">（1）夹 $\phi165_{-0.106}^{-0.043}$ mm 外圆，端面校平，车 $\phi260$ mm 端面，见光即可，车 $\phi260$ mm 外圆至图纸尺寸。
（2）车 $\phi130_{0}^{+0.063}$ mm 内孔至 $\phi129.7_{0}^{+0.10}$ mm，深度车至 195 mm。车 $\phi90_{0}^{+0.087}$ mm 内孔至 $\phi89.7_{0}^{+0.10}$ mm。全部表面粗糙度 $Ra12.5$</td><td>CA6140</td><td colspan="2">45°，90° YG8 内外圆车刀，150 mm 钢板尺，300 mm × 0.02 mm 游标卡尺，划针盘</td></tr>
<tr><td>5</td><td>粗车</td><td colspan="4">调头，夹 $\phi260$ mm 外圆，端面靠平夹头卡爪，将总长 220 mm 车至 221 mm。将 $\phi180_{-0.106}^{-0.043}$ mm 和 $\phi165_{-0.106}^{-0.043}$ mm 两外圆分别车至 $\phi180.3_{-0.10}^{0}$ mm 和 $\phi165.3_{-0.10}^{0}$ mm。车 $\phi160$ mm 外圆至图纸尺寸，并将尺寸 20 mm、60 mm 和 40 mm 分别车至 20.5 mm、60.5 mm 和 40.5 mm。全部表面粗糙度 $Ra12.5$</td><td>CA6140</td><td colspan="2">45°，90° YG8 外圆车刀，150 mm 钢板尺，300 mm × 0.02 mm 游标卡尺</td></tr>
<tr><td>6</td><td>精车</td><td colspan="4">夹 $\phi165_{-0.106}^{-0.043}$ mm 外圆，端面校平，车 $\phi260$ mm 端面，车平即可，表面粗糙度 $Ra12.5$。车 $\phi130_{0}^{+0.063}$ mm 内孔至图纸尺寸，表面粗糙度 $Ra1.6$，深度车至 195 mm，表面粗糙度 $Ra1.6$。车 $\phi136 \times 4$ 退刀槽至图纸尺寸，车 $\phi90_{0}^{+0.087}$ mm 内孔至图纸尺寸，表面粗糙度 $Ra12.5$。倒角 C2</td><td>CA6140</td><td colspan="2">45°，90° YG6 内外圆车刀；4 mm 内孔切槽刀；$\phi130_{0}^{+0.063}$ mm 光滑塞规；150 mm 钢板尺，300 mm × 0.02 mm 游标卡尺</td></tr>
<tr><td>7</td><td>精车</td><td colspan="4">调头，夹 $\phi260$ mm 外圆，端面靠平夹头卡爪，将总长 220 mm 车至图纸尺寸；并将尺寸 20 mm、60 mm 和 40 mm 分别车至图纸要求。车 $\phi174 \times 4$ 和 $\phi159 \times 4$ 四槽至图纸尺寸，保证尺寸 4～10 mm，表面粗糙度 $Ra12.5$。各处锐边倒钝</td><td>CA6140</td><td colspan="2">45°，90° YG8 外圆车刀，4 mm 外切槽刀，150 mm 钢板尺，300 mm × 0.02 mm 游标卡尺</td></tr>
<tr><td>8</td><td>精车</td><td colspan="4">以 $\phi130_{0}^{+0.063}$ mm 内孔及内端面作定位基准，用专用心轴两顶尖在车床上安装，车 $\phi180_{-0.106}^{-0.043}$ mm 和 $\phi165_{-0.106}^{-0.043}$ mm 两外圆至图纸尺寸。保证同轴度公差符合图纸要求。锐边倒钝</td><td>CA6140</td><td colspan="2">45°，90° YG8 外圆车刀，150 mm 钢板尺，300 mm × 0.02 mm 游标卡尺。专用定位心轴，150～175 mm，175～200 mm 千分尺</td></tr>
<tr><td>9</td><td>钻</td><td colspan="4">以 $\phi165_{-0.106}^{-0.043}$ mm 外圆端面在钻床工作台上定位，钻模在 $\phi130_{0}^{+0.063}$ mm 内孔及大端面上定位并压紧，钻 3 − $\phi13$ 孔至图纸尺寸，钻 3 − M8 螺纹底孔至 $\phi6.5$ mm，深度符合图纸要求。攻 M8 螺孔符合图纸要求</td><td>Z3040</td><td colspan="2">钻夹具。$\phi13$mm 和 $\phi6.5$mm 麻花钻，M8 丝锥</td></tr>
<tr><td>10</td><td>检验</td><td colspan="4">按图纸要求检查各部</td><td></td><td colspan="2"></td></tr>
<tr><td>11</td><td>入库</td><td colspan="4">清洗、涂油并入库</td><td></td><td colspan="2"></td></tr>
<tr><td colspan="3">贵州航天职业技术学院</td><td>工艺设计</td><td></td><td>日　期</td><td></td><td>共　　页</td><td>第　　页</td></tr>
</table>

5.4.5 工序卡

工序号：4

工步号：1，2

工步内容：

（1）夹 $\phi165_{-0.106}^{-0.043}$mm 外圆，端面校平，车 $\phi260$ mm 端面，见光即可，车 $\phi260$ mm 外圆至图纸尺寸。

（2）车 $\phi130_{0}^{+0.063}$mm 内孔至 $\phi129.7_{0}^{+0.10}$mm，深度车至 195 mm。车 $\phi90_{0}^{+0.087}$mm 内孔至 $\phi89.7_{0}^{+0.10}$mm。全部表面粗糙度 $Ra12.5$。

切削速度：120 m/min。

进给量：0.51 mm/r。

背吃刀量：1.5 mm。

工序图：工序 4-1 图（图 5-40）。

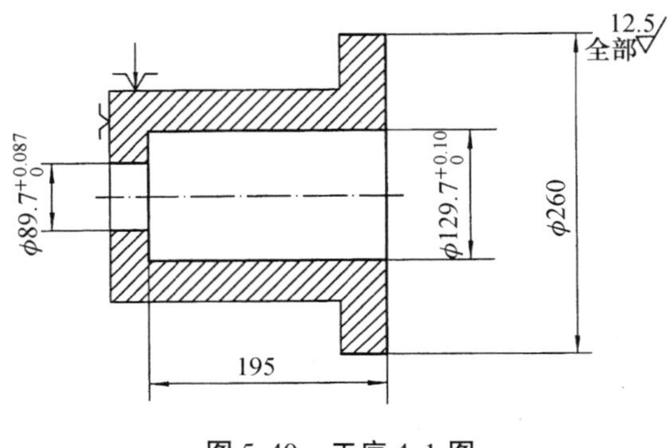

图 5-40　工序 4-1 图

工序号：5

工步内容：调头，夹 $\phi260$ mm 外圆，端面靠平夹头卡爪，将总长 220 mm 车至 221 mm。将 $\phi180_{-0.106}^{-0.043}$ mm 和 $\phi165_{-0.106}^{-0.043}$ mm 两外圆分别车至 $\phi180.3_{-0.10}^{0}$ 和 mm$\phi165.3_{-0.10}^{0}$ mm。车 $\phi160$ mm 外圆至图纸尺寸，并将尺寸 20 mm、60 mm 和 40 mm 分别车至 20.5 mm、60.5 mm 和 40.5 mm。全部表面粗糙度 $Ra12.5$。

切削速度：120 m/min。

进给量：0.51 mm/r。

背吃刀量：1.5 mm。

工序图：工序 5-1 图（图 5-41）。

工序号：6

工步号：1

工步内容：夹 $\phi165_{-0.106}^{-0.043}$ mm 外圆，端面校平，车 $\phi260$ mm 端面，车平即可，表面粗糙度 $Ra12.5$。车 $\phi130_{0}^{+0.063}$mm 内孔至图纸尺寸，表面粗糙度 $Ra1.6$，深度车至 195 mm，表面粗糙度 $Ra1.6$。车 $\phi136\times4$ 退刀槽至图纸尺寸，车 $\phi90_{0}^{+0.087}$ mm 内孔至图纸尺寸，表面粗糙度 $Ra12.5$。倒角 C2。

切削速度：120 m/min。

进给量：0.51 mm/r。

背吃刀量：1.5 mm。

工序图：工序 6-1 图（图 5-42）。

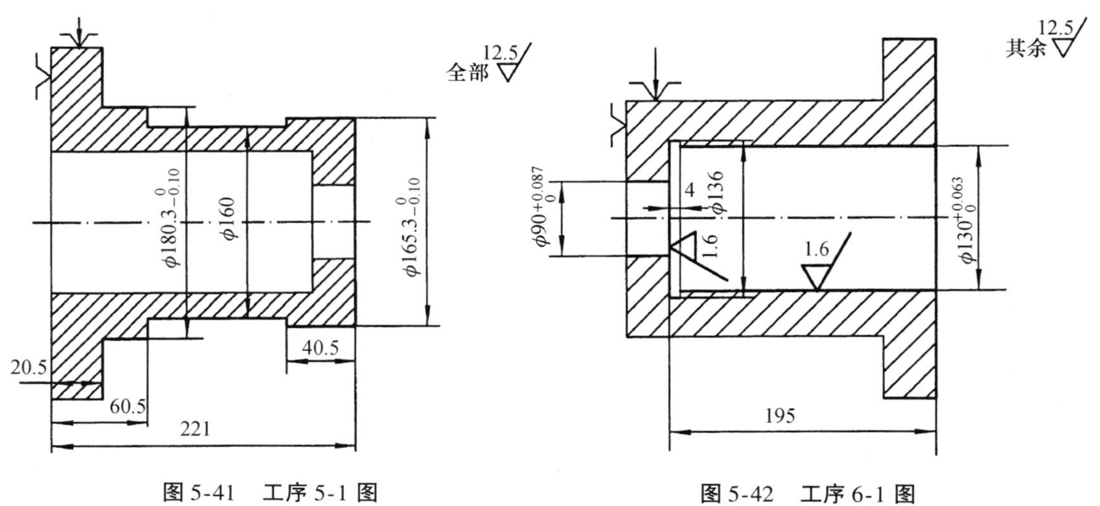

图 5-41　工序 5-1 图　　　　图 5-42　工序 6-1 图

工序号：7

工步号：1

工步内容：调头，夹 ϕ260 mm 外圆，端面靠平夹头卡爪，将总长 220 mm 车至图纸尺寸；并将尺寸 20 mm、60 mm 和 40 mm 分别车至图纸要求。车 $\phi174\times4$ 和 $\phi159\times4$ 四槽至图纸尺寸，保证尺寸 4～10 mm，表面粗糙度 Ra12.5。各处锐边倒钝。

切削速度：120 m/min。

进给量：0.51 mm/r。

背吃刀量：1.5 mm。

工序图：工序 7-1 图（图 5-43）。

工序号：8

工步号：1

工步内容：以 $\phi130^{+0.063}_{0}$ mm 内孔及内端面作定位基准，用专用心轴两顶尖在车床上安装，车 $\phi180^{-0.043}_{-0.106}$ mm 和 $\phi165^{-0.043}_{-0.106}$ mm 两外圆至图纸尺寸。保证同轴度公差符合图纸要求。锐边倒钝。

切削速度：140 m/min。

进给量：0.054 mm/r。

背吃刀量：0.15 mm。

工序图：工序 8-1 图（图 5-44）。

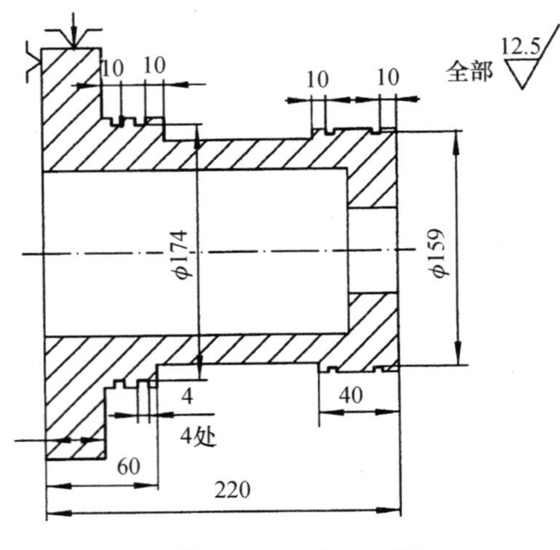

图 5-43 工序 7-1 图

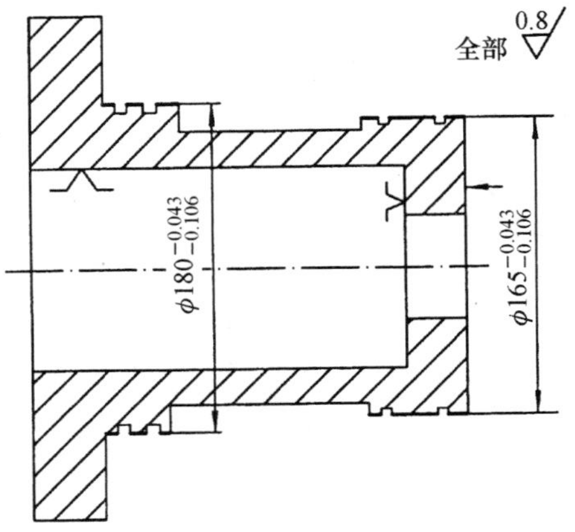

图 5-44 工序 8-1 图

工序号：9

工步号：1

工步内容：以 $\phi165_{-0.106}^{-0.043}$mm 外圆端面在钻床工作台上定位，钻模在 $\phi130_{0}^{+0.063}$mm 内孔及大端面上定位并压紧，钻 3 – ϕ13 孔至图纸尺寸，钻 3 – M8 螺纹底孔至 $\phi6.5$ mm，深度符合图纸要求。攻 M8 螺孔符合图纸要求。

切削速度：140 m/min。

进给量：0.054 mm/r。

背吃刀量：0.15 mm。

工序图：工序 9-1 图（图 5-45）。

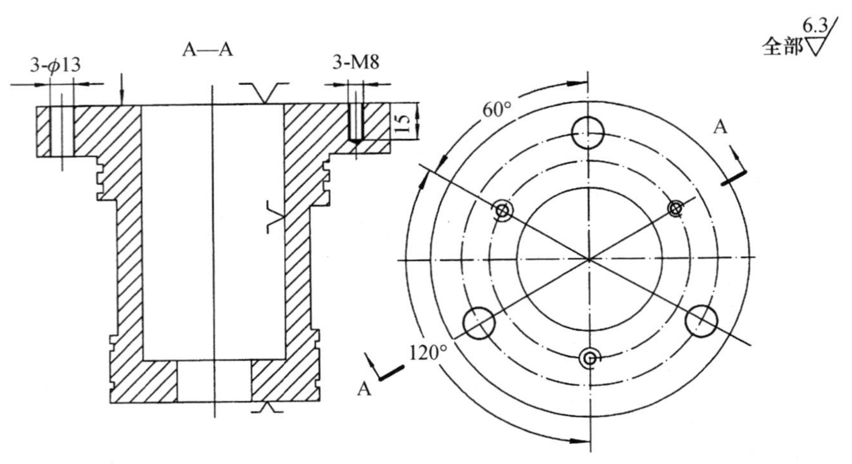

图 5-45 工序图 9-1

将以上内容填入“工序卡”。

5.4.6　综合检验卡

工序号：10　检验

工步号：1

工步内容：检验 $\phi90^{+0.087}_{0}$ mm、$\phi130^{+0.063}_{0}$ mm、$\phi165^{-0.043}_{-0.106}$ mm、$\phi180^{-0.043}_{-0.106}$ mm 等尺寸。

工序图：工序 10-1 图（图 5-46）。

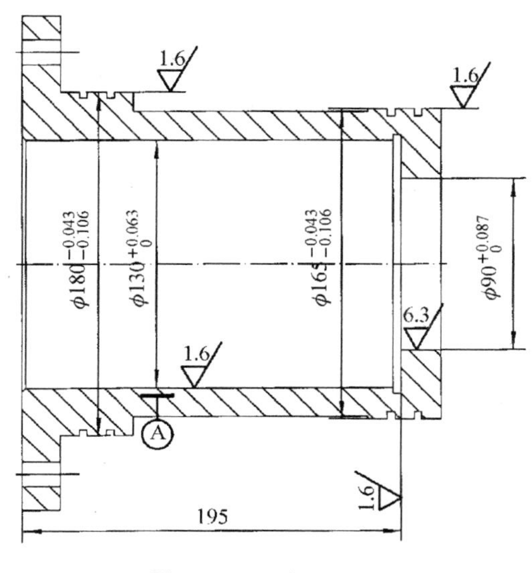

图 5-46　工序 10-1 图

工序号：10

工步号：2

工步内容：检验外圆同轴度和端面跳动公差。

工序图：工序 10-2 图（图 5-47）。

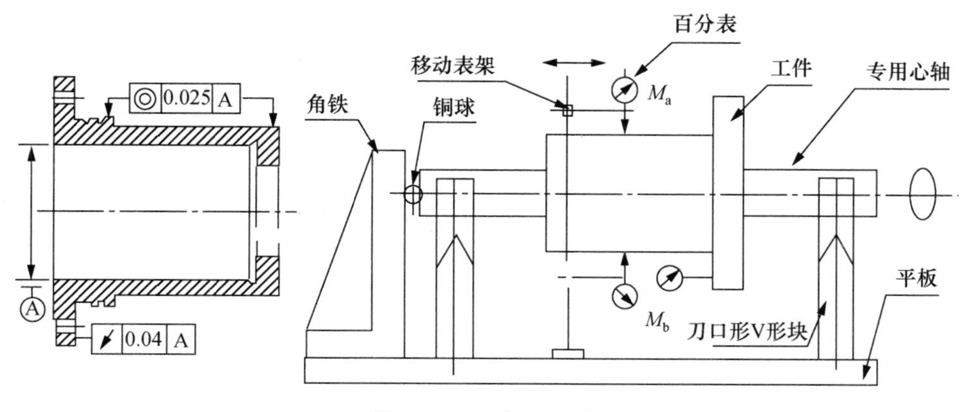

图 5-47　工序 10-2 图

将以上内容填入“综合检验卡”。

常用普通螺纹底孔直径见表 5-9。

表 5-9　常用普通螺纹底孔直径　　单位：mm

d	P	D_0	d	P	D_0	d	P	D_0
4	0.7	3.3	10	1.5	8.5	14	1.5	12.5
	0.5	3.5		1.25	8.7		1.25	12.7
5	0.8	4.2		1	9		1	13
	0.5	4.5		0.75	9.2	16	2	13.9
6	1	5	12	1.75	10.2		1.5	14.5
	0.75	5.2		1.5	10.5		1	15
8	1.25	6.7		1.25	10.7	18	2.5	15.4
	1	7		1	11		2	15.9
	0.75	7.2	14	2	11.9		1.5	16.5

计算公式：$P<1$ mm 时，

$$D_0 = d - P \tag{5-5}$$

$P>1$ mm 时，

$$D_0 = d - (1\sim1.1)P \tag{5-6}$$

式中：P——螺距（mm）；

D_0——攻丝前钻孔直径（mm）；

d——螺纹公称直径（mm）。

5.5　弧形支架

5.5.1　加工任务

弧形支架零件图详见图 5-48。

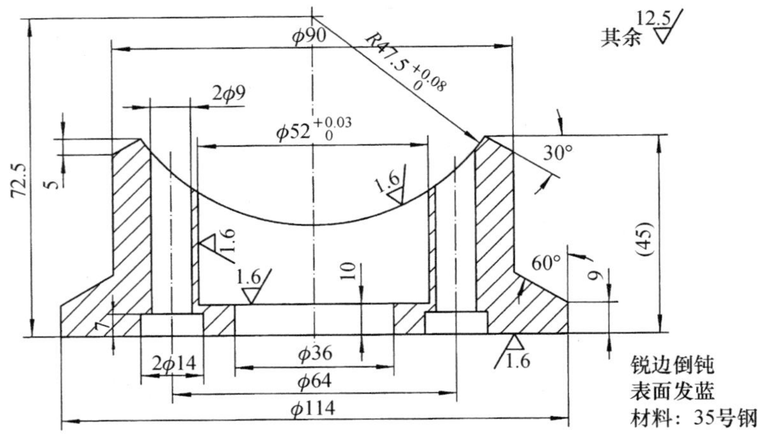

图 5-48　弧形支架零件图

5.5.2　总体分析

1. 零件图样分析

（1）图中以 $\phi52^{+0.046}_{0}$mm 内孔为最高精度表面，精度等级为 IT7，表面粗糙度为 $Ra1.6$。

（2）工件材料为 35 号钢，通过锻造或直接用棒料获得毛坯。由于生产类型为中小批生产，为确保质量和一定劳动生产率，并节约材料，采用模锻为宜。

（3）模锻的毛坯一般需经正火处理。

（4）工件 $\phi36$ mm 和 $\phi52^{+0.046}_{0}$mm 内孔由毛坯做出。

（5）零件的毛坯在不同的生产类型下有不同的获得方法，单件生产时可将总长延长，以便镗孔时能获得一个整圆，便于加工和测量。

2. 零件毛坯图

零件毛坯详见图 5-49。

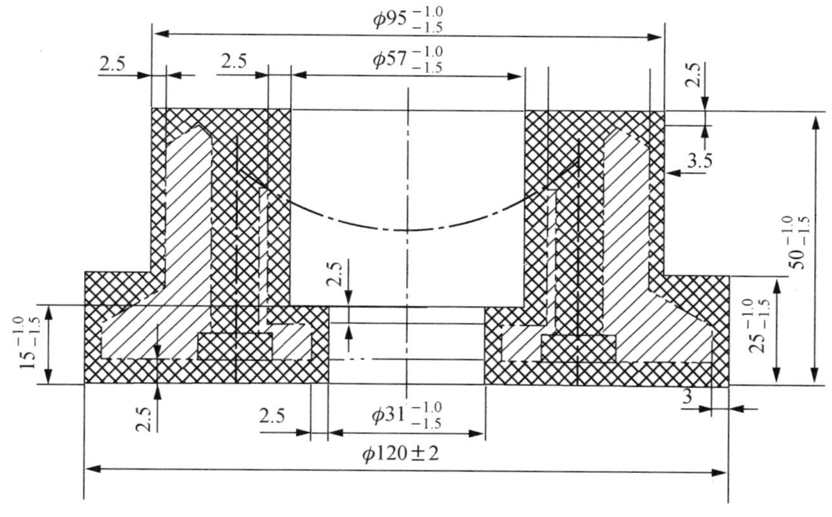

图 5-49　弧形支架毛坯图

5.5.3　工艺分析

（1）从零件图可以看出，该零件虽是一回转体，但由于形状复杂，可将其列为异型零件，零件在镗床上的安装和基准的选择上都有一定难度。

（2）确定 $R47.5^{+0.08}_{0}$mm 的加工有一定难度。通常可选择车、铣、镗。比较三种加工方法，选择镗削加工操作比较方便，夹具制造比较简单，容易保证加工质量，但缺点是占用了一台昂贵的镗床。如果批量很大，可在车床上进行镗床改制。

（3）零件用材为 35 号钢，有较好的切削加工性，切削时可选择较大的切削用量。

（4）零件圆弧半径的测量是加工中的一个难点，可采用图示的专用量具测量。

（5）镗床夹具是为使工件安装可靠、调整迅速而设计，对保证圆弧尺寸无意义，故此夹具可用于车、铣夹具。

（6）圆弧测量时需要经过计算，可根据图 5-50 推导出计算公式，由操作者将测量的有关数据直接代入公式进行计算。

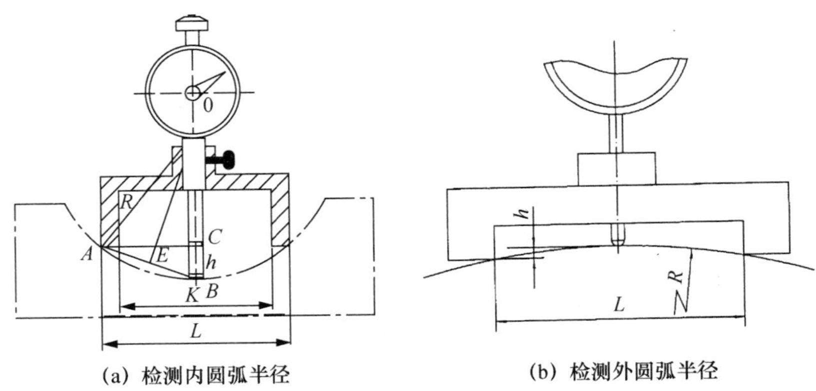

图 5-50　局部圆弧测量原理及专用量具

（7）此圆弧测量工具可用于局部内（外）圆弧的测量。

经推导得公式：

$$D = 2R = h + \frac{L^2}{4h} \tag{5-7}$$

$$D = 2R = h + \frac{K^2}{4h} \tag{5-8}$$

其中：h——百分表实际移动值；

L——表架宽度设计尺寸（用于测量内圆弧）；

K——表架宽度设计尺寸（用于测量外圆弧）。

局部圆弧测量原理及专用量具的使用说明如下。

（1）将百分表装入表架并固定在平板上对齐，得百分表触头在 C 点的读数，记住此读数，并且表盘位置不变。

（2）将表架置于工件圆弧内，测得百分表触头在 B 点的读数，两读数之差为 BC（即 h）的距离。

（3）尺寸 L（或 K）由设计可知，也可现场进行测量。

（4）将实际测量数据带入公式进行计算，可得 R 的实际尺寸。

5.5.4　工艺过程卡

弧形支架加工工艺过程参见表 5-10。

表 5-10　弧形支架加工工艺过程卡

机械加工工艺过程卡			零件	图号	材料	件数	毛坯类型	毛坯尺寸
			箱体		35 号钢		锻件	见毛坯图
序号	工序名称	工序内容				机床	工装	
1	锻造	模锻						
2	热处理	人工时效						
3	车	夹 ϕ90 mm 外圆，找正端面，大端面 1 车平即可，并保证粗糙度 Ra1.6；车 ϕ114 mm 外圆至图纸尺寸，表面粗糙度 Ra12.5。锐边倒钝				CA6140	45°，90° YT15 外圆、内孔车刀，200 mm × 0.02 mm 游标卡尺，150 mm 钢板尺	

续表

4	车	调头，夹 ϕ114 mm 外圆，大端面靠紧夹头卡爪，车 ϕ90 mm 外圆和 60°锥面至图纸尺寸，保证尺寸 7 mm。将总长车至 46 mm。将 ϕ36 mm 内孔车至图纸要求，将 $\phi52^{+0.046}_{0}$mm 内孔车至 ϕ51 mm，将尺寸 10 mm 车至 11 mm。锐边倒钝	CA6140	45°，90°YT15 外圆、内孔车刀，200 mm × 0.02 mm 游标卡尺，150 mm 钢板尺	
5	车	夹 ϕ114 mm 外圆，大端面靠紧夹头卡爪，车 $\phi52^{+0.046}_{0}$mm 内孔至图纸尺寸，保证尺寸 10 mm。车 30°锥面，保证尺寸 5 mm，表面粗糙度 Ra1.6。锐边倒钝	CA6140	45°，90°YT15 外圆、内孔车刀，200 mm × 0.02 mm 游标卡尺，150 mm 钢板尺，$\phi52^{+0.046}_{0}$mm 光滑量规	
6	钻	钻 2 – ϕ9 mm 和 2 – ϕ14 mm，保证尺寸 5 mm 和位置尺寸 ϕ64 mm。锐边倒钝	Z3040	ϕ9 mm 麻花钻，ϕ14 mm 平头锪钻，钻模	
7	镗	以底平面、ϕ36 mm 孔和 ϕ9 mm 孔定位，镗圆弧 $R47.5^{+0.10}_{0}$ 至图纸尺寸，保证尺寸 72.5 mm，表面粗糙度 Ra1.6。锐边倒钝	T68	夹具，YT15 单刃镗刀，局部圆弧测量工具	
8	检验	按图纸要求检验各部尺寸及形位公差			
9	入库	清洗，加工表面涂防锈油，入库			
贵州航天职业技术学院	工艺设计		日　期	共　　页	第　　页

5.5.5　工序卡

工序号：3

工步号：1

工步内容：夹 ϕ90 mm 外圆，找正端面，大端面 1 车平即可，并保证粗糙度 Ra1.6，车 ϕ114 mm 外圆至图纸尺寸，表面粗糙度 Ra12.5。锐边倒钝。

切削速度：120 m/min。

进给量：0.56 mm/r。

背吃刀量：2.5 mm。

工序图：工序 3-1 图（图 5-51）。

工序号：4

工步号：1

工步内容：调头，夹 ϕ114 mm 外圆，大端面靠紧夹头卡爪，车 ϕ90 mm 外圆和 60°锥面至图纸尺寸，保证尺寸 7 mm。将总长车至46 mm。将 ϕ36 mm 内孔车至图纸要求，将 $\phi52^{+0.046}_{0}$mm 内孔车至 ϕ 51 mm，将尺寸 10 mm 车至 11 mm。锐边倒钝。

切削速度：120 m/min。

进给量：0.56 mm/r。

背吃刀量：2.5 mm。

工序图：工序 4-1 图（图 5-52）。

工序号：5

工步号：1

工步内容：夹 $\phi114$ mm 外圆，大端面靠紧夹头卡爪，车 $\phi52^{+0.046}_{0}$ mm 内孔至图纸尺寸，保证尺寸 10 mm。车 30°锥面，保证尺寸 5 mm，表面粗糙度 $Ra1.6$。锐边倒钝。

切削速度：120 m/min。

进给量：粗车 0.56 mm/r；精车 0.054 mm/r。

背吃刀量：粗车 52.5 mm；精车 0.15 mm。

工序图：工序 5-1 图（图 5-53）。

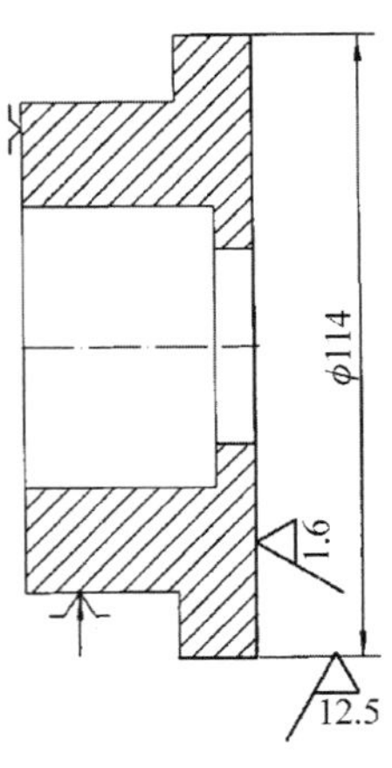

图 5-51　工序 3-1 图

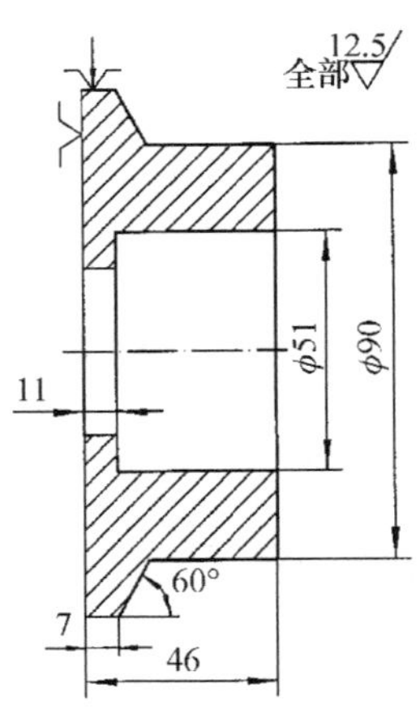

图 5-52　工序 4-1 图

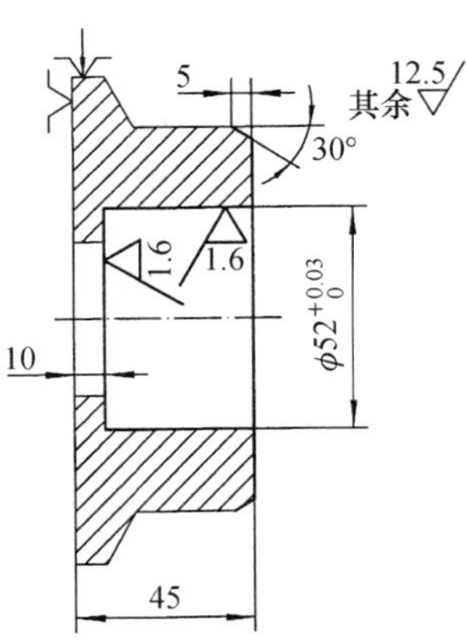

图 5-53　工序 5-1 图

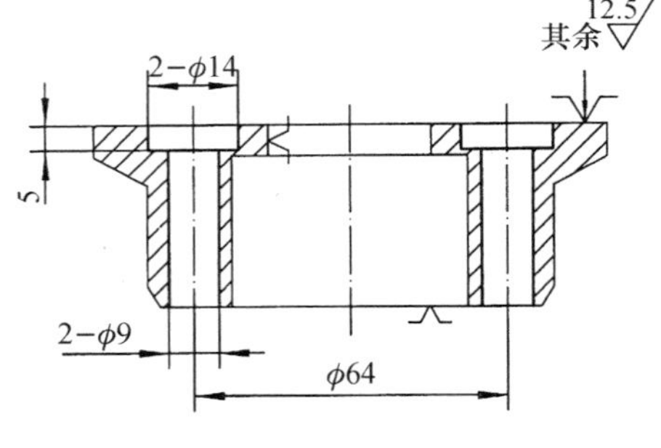

图 5-54　工序 6-1 图

工序号：6

工步号：1

工步内容：钻 2 − $\phi9$ mm 和 2 − $\phi14$ mm，保证尺寸 5 mm 和位置尺寸 $\phi64$ mm。锐边倒钝。

切削速度：24 m/min。

进给量：0.56 mm/r。

背吃刀量：4.5 mm 和 7 mm。

工序图：工序 6-1 图（图 5-54）。

工序号：7

工步号：1

工步内容：以底平面、$\phi36$ mm 孔和 $\phi9$ mm 孔定位，镗圆弧 $R47.5^{+0.10}_{0}$ 至图纸尺寸，保证尺寸 72.5 mm，表面粗糙度 $Ra1.6$。锐边倒钝。

切削速度：120 m/min。

进给量：粗镗 0.56 mm/r；精镗 0.054 mm/r。

背吃刀量：粗镗 2.5 mm；精镗 0.15 mm。

工序图：工序 7-1 图（图 5-55）。

将以上内容填入“标准工序卡”中。

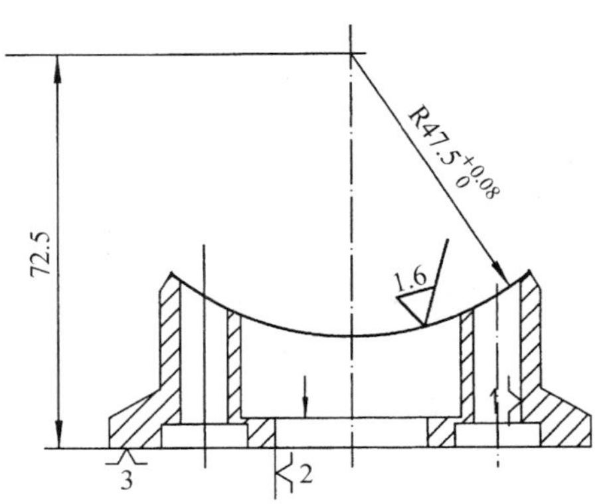

图 5-55　工序 7-1 图

5.5.6　综合检验卡

工序号：8

工步号：1

工步内容：检验尺寸 $R47.5^{+0.08}_{0}$ mm、72.5 mm；各处表面粗糙度。

工序图：工序 8-1 图（图 5-56）。

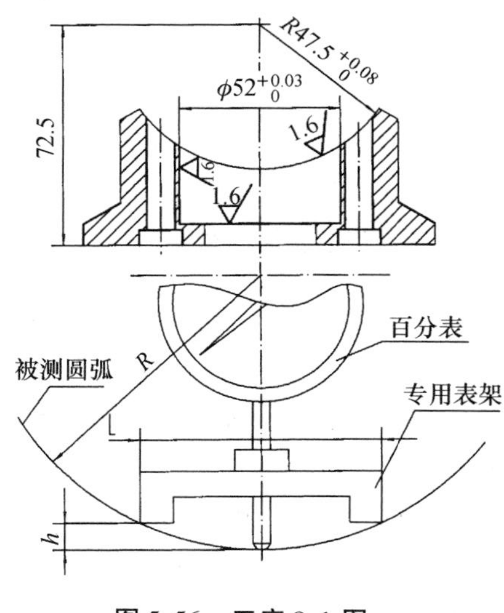

图 5-56　工序 8-1 图

将以上内容填入“综合检验卡”。

5.6　球面连接杆零件加工

5.6.1　加工任务

球面连接杆零件图详见图 5-57。

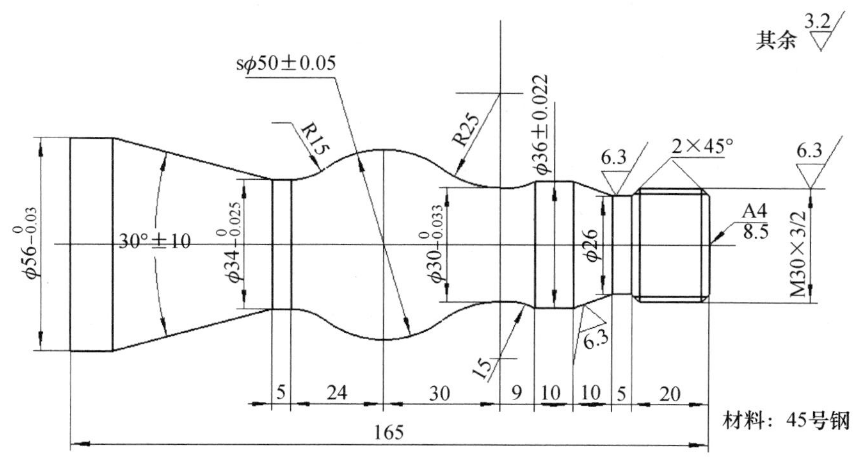

图 5-57　球面连接杆零件图

5.6.2 总体分析

1. 生产状态

该零件材料为45号钢，小批生产，无热处理等其他要求。

2. 图样分析

（1）该零件尺寸变化不大，可采用棒料毛坯。

（2）该零件为回转体结构，又无热处理要求，且为小批量生产，故加工过程可尽量考虑工序集中。

（3）该零件包含圆柱面、圆锥面、圆弧面、螺纹面、沟槽等，多档尺寸具有较高的精度，表面粗糙度虽然要求不高，但其中的圆弧面、球面尺寸公差兼有形状误差控制。因该零件在普车上加工时，圆弧形状尺寸不易控制，人为因素对加工质量影响较大等，故采用数控加工比普通加工更容易保证质量和提高生产率。

5.6.3 工艺分析

1. 零件加工方案

（1）该零件的切削加工表面全部是回转表面，对于加工螺纹及多段圆弧面，更适合采用数控车削。

（2）根据零件的尺寸精度、位置精度要求，工件的安装应使用卡盘与顶尖组合；数车结束后再将工艺搭子切下。

（3）供数控车削装夹定位用的基准，因结构简单、加工内容少，采用普通车削综合效果更好。即数控车前、车后各安排一次普车（准备和清理）工序。故零件的加工工艺路线如下：

下料 $\phi65\times177$—普车1（数车需要的工艺搭子、顶尖孔等装夹基准）—数控车（外廓形状尺寸等）—普车2（去除工艺搭子）—检验

2. 工序间的衔接

（1）粗车主要是去除余量，并为精车准备精确定位基准。为数车工序准备的装夹基准示意图见图5-58。

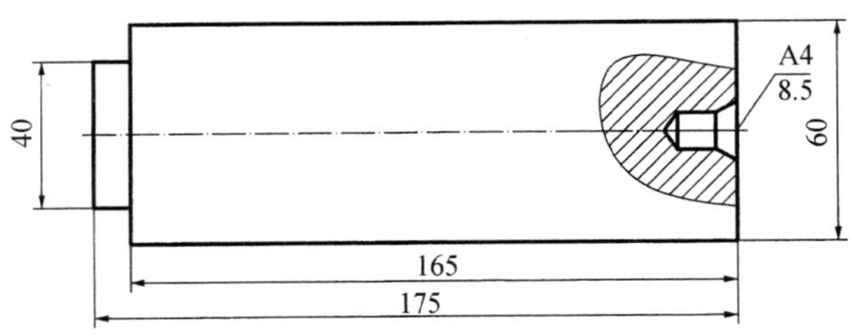

图5-58 数车工序装夹基准

（2）工艺路线中，零件的加工除装夹用的工艺搭子、顶尖孔、端面等定位基面需要前一道工序提供外，其余各结构要素均可在一次装夹中加工完成，因此全部作为数控车削的工序内容，体现工序集中原则，以减少基准转换引起的累积误差，体现数控加工的优质高效特点。

精车确定为数控加工，采用“一夹一顶”的装夹方式，既满足装夹刚性要求，又符合基准重合原则。

（3）精车后的普车工序，主要将数控车装夹用的夹头去掉。去夹头时应注意避免螺纹碰伤（也可直接在数车加工完成后按总长切断，以去掉工艺搭子）。

5.6.4　工艺过程卡

球面连接杆零件加工的工艺过程卡介绍略，参见其工艺路线。

5.6.5　数控加工程序编制

1. 数控加工工艺分析

(1) 根据工序 3 的加工内容确定数控设备。

① 根据零件外形和材料等条件，选定机床规格；

② 根据加工工件的结构所需机床功能，选定数控系统；

③ 根据图样上的尺寸公差、形位公差等要求，确定所需要的机床精度等级。

(2) 确定装夹方式。

① 定位基准：回转类零件一般以轴线和零件台阶面（设计基准）为定位基准。

② 装夹方式：左端采用三爪自定心卡盘，右端采用活动顶尖的“一夹一顶”安装方式。

(3) 选择刀具，确定刀具参数。

数控车削工序所选用的刀具结构示意见图 5-59。

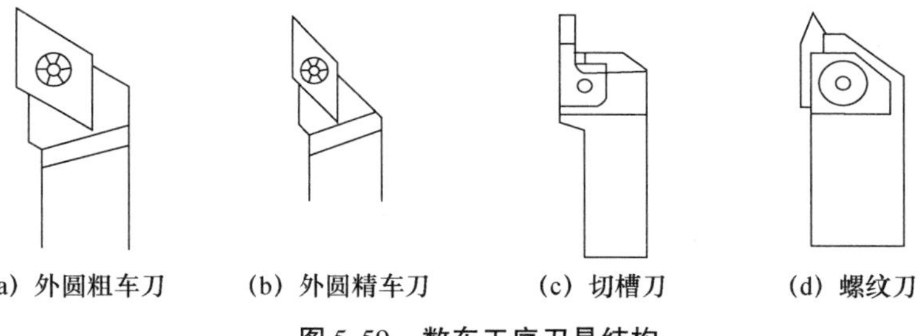

(a) 外圆粗车刀　(b) 外圆精车刀　(c) 切槽刀　(d) 螺纹刀

图 5-59　数车工序刀具结构

① 粗车、精车外圆刀。车外形结构时应避免发生刀背与工件圆弧表面干涉，故精车刀的副偏角选择 35°左右。粗车、精车外圆车刀均选用 YT 类 90°外圆车刀。

② 切槽刀。切槽刀选高速钢材料，按槽宽选取切削刃长度为 5 mm。

③ 硬质合金外螺纹车刀。外螺纹车刀选择的刀尖角为 59.50°，刀尖圆弧半径为 0.15～0.2 mm。

(4) 确定编程坐标原点、对刀点及换刀点位置，并对刀具编号。

① 确定工件坐标原点。将编程坐标原点确定在工件的右端面中心上。

② 确定换刀点。换刀点应考虑设置在既要使换刀转动过程安全，不至于碰到工件或尾座顶尖，又要使行程路线尽量短的位置。本例设在：Z 轴在距离毛坯右端面 5 mm，X 轴在距离车床主轴轴线 60 mm 处，即与对刀点 Z 向距离一致。

③ 确定对刀点。本例对刀点确定在距离车床主轴轴线 30 mm，距离毛坯右端面 5 mm 处，其对刀点在正 X 和正 Z 方向处于消除机械间隙状态。

④ 刀具编号。将粗车用 90°外圆车刀安装在自动转位刀架的 1 号刀位上，并定为 1 号刀；将精车用 90°外圆车刀安装在自动转位刀架的 2 号刀位上，并定为 2 号刀；将车沟槽用的切槽刀安装在自动转位刀架的 3 号刀位上，并定为 3 号刀；将车螺纹用车刀安装在自动转位刀架的 4 号刀位上，并定为 4 号刀。

2. 制定数车工序的加工步骤

（1）确定数车工序四工步。

① 一夹一顶装夹工件，用1号刀粗车外形，留半精车余量1 mm（直径量）。粗车走刀路线采用“三角形”或“梯形”刀路轨迹均可以。

② 用2号刀精车外形至图示尺寸（螺纹处车出螺纹大径尺寸）。精车走刀的刀路轨迹，按工件的轮廓形状进行。

③ 用3号刀车出螺纹退刀槽、螺纹倒角及短圆锥尺寸。

④ 用4号刀精车螺纹牙形尺寸，并空走刀修整螺纹牙顶及毛刺等。

（2）确定切削用量。

① 背吃刀量 a_p（mm）。粗车时背吃刀量约为3 mm左右；精车时背吃刀量约为0.25 mm。

② 主轴转速 n（r/min）。车削直线和圆弧轮廓时，粗车时切削速度约90 m/min，主轴转速约500 r/min；车削圆弧轮廓时，若表面质量要求高，为保证表面粗糙度要求宜采用恒线速度；车削螺纹时，若螺纹精度要求高，宜采用高速钢螺纹车刀和小的主轴转速（主轴转速约为200～350 r/min）；若零件的螺纹精度要求不高，可采用硬质合金螺纹车刀和中等主轴转速（400～650 r/min）。

（3）确定进给量 f（mm/r）。

粗车时，进给量 $f=0.4$ mm/r左右；精车时，由于需要兼顾圆弧插补，进给速度应取小一些（$f=0.1$ mm/r左右）；车螺纹时，进给量（每转进给）按导程取。短距离的空行程取 $f=300$ mm/r或不改变。

3. 刀具轨迹坐标值等数学处理

（1）粗车加工程序的数值计算（采用作图法比较方便简单，本例采用精加工循环坐标点）。

① 将加工轮廓及切削区域按选定的比例绘制出来。

② 将粗车后的轮廓标示出，并按等量式分配的切削深度（2.5～5），考虑走刀路线或循环加工工步。

③ 粗加工结束后，应保证留有精加工余量0.2 mm（单边）。

（2）半精加工程序所需要的切削参数。

一般情况下，半精加工是为了去除粗加工造成的应力应变层，并给精加工提供比较均匀的切除余量。因此，半精加工余量只需按工件轮廓在 X 坐标方向留出0.5 mm（单边）的余量即可。

（3）精加工程序所需要的数值计算。

按零件图上的尺寸画出工件精加工轮廓，按选定工件坐标系原点，计算所有编程相关的基点、节点坐标，圆心点坐标，精加工准备点坐标，对刀点（程序起点）坐标值等。

（4）螺纹加工所需要的数据处理。

① 由GB/T 197—2003查出螺纹大、中、小径等数据，根据螺距及精度要求查出螺纹走刀次数和吃刀深度等，计算出螺纹切削相关点的坐标值。

② 根据经验计算公式计算螺纹的大、小径，然后再根据螺纹的螺距确定加工螺纹的走刀次数及每次走刀的吃刀深度，各基点坐标值等。经验公式如下：

螺纹大径 $$d=D-0.1P \tag{5-9}$$

螺纹小径 $$d_1=D-1.0825P \tag{5-10}$$

式中，d——螺纹大径；

d_1——螺纹小径；

D——螺纹的公称直径；

P——螺纹的螺距。

本例中，各基点、圆心点的坐标值见程序中的数据。实例中的加工程序采用绝对量和增量混合编制，是为了减少尺寸换算，尽量直接利用图纸尺寸编程。

4. 填写加工程序单

按程序格式与要求填写加工程序单，参见表 5-11。

表 5-11　球面连接杆加工程序单

程序内容	程序含义
01	程序号
N5 G50 X120. Z5.；	建立坐标系
N10 G95 S500 M03 T0101；	主轴转速 500 r/min，正转换 1 号刀
N15 G00 X62. Z5. M08；	快移到循环加工起始点，开冷却液
N20 G71 U5. R2.；	粗车复合循环
G71 P25 Q95 U0.4 W0.2 D3 F0.4 S500；	
N25 G00 X25.85；	快速移动到倒角近处
N30 G01 Z0 F0.15；	进刀
N35 U4. W－2.；	倒角
N40 W－21.；	车螺纹外径
N50 X35.987 W－10.；	
N55 W－10.；	车 ϕ36 圆柱面
N60 G02 X29.982 W－9. R15.；	车 R15 圆弧
N65 U10. W－20. R25.；	车 R25 圆弧
N70 G03 W－25. I－40. K－10.；	车 $S\phi$50 圆球
N75 G02 X33.987 W－9. R15.；	车 R15 圆弧
N80 G01 W－5.；	车短原柱
N90 X55.985 W－41.；	车圆锥
N95 Z－165.；	车 ϕ56 圆柱
N100 G00 X120. Z5. T0100；	回换刀点，取消 1 号刀补
N105 M05；	主轴停
N110 M09；	冷却液停
N115 S500 M03 T0202；	换精车刀，副偏角为 35°
N120 G00 X62. Z2. M08；	循环起始点
N125 G70 P25 Q95；	精车循环
N130 G00 X120. Z5. T0200 M05；	快速回到换刀点
N135 S500 M03 T0303；	换 3 号刀，起动主轴
N140 G00 X37. Z－25.；	切槽准备
N145 G01 X26. F0.2；	切槽
N150 G00 X37.；	退刀
N155 Z－35.；	快速移动到 36 外圆附近
N160 G01 X36.；	进刀至圆锥大端
N165 X26. Z－25.；	车圆锥

续表

程序内容	程序含义
N170 G00 X120.；	退刀
N175 Z5. M05 T0300；	回换刀点，主轴停
N180 T0404 S300 M03；	换4号刀，主轴正转
N185 G00 X32. Z2.；	快速定位
N190 G92 X29. Z－22. F3. A0；	第一头螺纹切削循环
N195 X28.4；	第二次走刀
N200 X28.；	第三次走刀
N205 X28.；	走一次空刀
N210 G92 X29. Z－22. F3. A0；	第二头螺纹切削循环
N215 X28.4；	
N220 X28.；	
N225 X28.；	
N230 G00 X120. Z5. M05；	
N235 M30；	程序结束

5.6.6 程序输入、机床操作

（1）输入和空运行程序进行校验。

空运行结束后，根据显示器上所显示的信息进行判断、修改程序。

（2）在不装夹毛坯的情况下进行自动运行检验程序。

① 主要检验T、M等功能可连续进行的自动运行。

② 注意验证走刀路线（轨迹形状和方向），可以采用“单段”方式的自动运行。

③ 在自动运行过程中，需要配合进行“自绘图形”校验，校验中宜将G00程序段改为G01程序段，以避免短距离高速运行的惯性冲击，保证其位移的准确性。

（3）机床回零、对刀操作。

① 机床回零操作。

② 工件装夹与找正操作。

③ 对刀。在对刀操作过程中，分别测出1、2、3、4号刀相对于理想刀的刀位偏差值，存入对应编号的刀补号位置。

在本例中，工件精度要求不高，故若对刀后的两轴刀位偏差极小时，可取为零。

（4）首件试切加工、三检。

① 通过首件试切，检测工件的尺寸和表面粗糙度等要求，校验精车的各程序段及参数设置的正确性。

② 通过车削过程，检验工件加工余量的分配、粗车路线的确定是否合理，以及校验粗车各程序段的参数。

③ 零件首件三检。用游标卡尺、千分尺检验各外径和长度尺寸，用R规或百分表（千分表）检验圆弧形状精度，用三针测量法检查螺纹中径精度，用正弦规检测锥度尺寸。具体操作详见第3章。

④ 零件首件三检合格后，程序投入生产使用。

第 6 章　装配质量控制与检测

6.1　装配检验概念

6.1.1　产品装配检验

制造业产品种类繁多，结构不同，所以装配过程不同，装配工艺也不同，相应的检验内容和检验方法也不完全相同。

机械产品是由若干个零（部）件所组成的。按规定的技术要求，将零（部）件进行适当的连接和配合，使之成为半成品或成品的工艺过程称为装配。

装配过程的质量对一个产品的质量起着决定性的作用。零件的质量虽然是合格的，但由于装配质量不合格，制造出来的产品的质量肯定不合格。为了确保制造产品的质量，装配过程中的质量检验工作就非常重要，它是整个制造过程的一个重要环节。

装配质量包括的内容很多，有装配精度、操作性能、使用性能等指标。装配质量是否合格，需要对装配的各个环节进行检测，最终用数据来判断。

装配检验按制造流程的装配阶段可以分为三类：组件、部件装配检验；总装调试检验；成品检验。

1. 组装、部装的检验

(1) 组装（部装）。

将合格的零件按工艺规程装配成组（部）件的工艺过程称为组装（部装）。组装、部装检验的依据是标准、图样和工艺文件。为了检验方便，便于记录和存档，必须设立组装、部装检验记录单。

(2) 装配准备的检验。

在组装、部装之前，要对所涉及零件的外观质量和场地进行检查，做到不合格的零件不允许装配，场地不符合要求不允许装配。

① 零件不得有碰撞、划伤，装配面无损伤、锈蚀、划痕。

② 零件表面无油垢，装配时清理干净。

③ 非加工表面的油漆膜无破损，外观色泽符合要求。

④ 中、小件转入装配场地过程不得有落地，按规范放置在工位器具内。

⑤ 大件吊入装配场地时需检查放置地基及位置，防止自重变形。

⑥ 检查零件出库合格证、质量标志、处理记录或证明文件，确认其质量合格后，方准进入装配线。

⑦ 重要焊接零件的 X 光透视质量记录单。

⑧ 装配场地需恒温、恒湿、防尘，当温、湿度或防尘未达到规定要求时不准装配。

⑨ 检查场地清洁，有无其他多余物，装配场地进行定置管理情况。

(3) 装配过程的检查。

检验人员按检验依据，采用巡回监督方法，检查每个装配工位；检查工人是否遵守装配工艺规程；检查有无错装和漏装的零件。装配完毕后，需要按规定对产品进行全面检查，做出完整的记录备查。

2. 总装的检验

(1) 总装。

把零件和部件按工艺规程装配成最终产品的工艺过程称为总装。总装检验的依据是产品图样、装配工艺规程以及产品标准。

(2) 总装检验内容。

总装过程的检查方法与组装、部装过程的检查方法一样，也采用巡回监督方法检查每个装配工位；监督工人是否遵守装配工艺规程；检查有无漏装、错装等。

① 装配场地环境必须保持清洁，光线要充足，通道要通畅。要求恒温防尘的一定要达到规定要求才允许装配。

② 总装的零、部件（包括外购件、外协件）必须符合图样、标准、工艺文件要求，不准装入图样未规定的垫片、套筒等多余物。液压系统的装配应符合标准规定。

③ 装配后的螺栓、螺钉头部和螺母的端部，应与被紧固的零件平面均匀接触，不能倾斜或有间隙，同一部位的装配螺钉长度一致；在螺母紧固后，各种止动垫圈应达到制动要求。根据结构的需要可采用在螺纹部分涂低强度防松胶代替止动垫圈。

④ 两配合件的结合面必须检查其配合接触质量。

若两配合件的结合面均是刮研面，则用涂色法检验：刮研点应均匀，点数应符合规定要求。

若两配合件结合面一个是刮研面，另一个是机械加工面，则用机械加工面检验刮研面的接触情况：个别的 25 mm × 25 mm 面积内（不准超过两处）的最低点数，不得少于所采用标准规定点数的 50%。静压导轨油腔封油边的接触点数不得少于所采用标准规定的点数。

若两配合件的结合面均是用机械切削而成的，则用涂色法检验接触斑点，检验方法应按标准规定进行。

⑤ 重要固定结合面和特别重要固定结合面应紧密贴合。

重要固定结合面在紧固后，用塞尺检查其间隙不得超过标准之规定。

特别重要固定结合面，除用涂色法检验外，在紧固前、后均应用塞尺检查间隙量，其量值应符合标准规定。

与水平垂直的特别重要固定结合面，可在紧固后检验。用塞尺检查时，应允许局部（最多两处）插入，其深度应符合标准规定。

⑥ 机械转动和移动部件装配后，运动应平稳、轻便、灵活，无阻滞现象，定位机构应保证准确可靠。

高速旋转的零、部件在总装时应注意动平衡精度，有刻度装置的手轮装配后的反向空程量应符合标准规定。

⑦ 采用静压装置的机械，其节流比应符合设计的要求。在静压建立后应检查其运动的轻便和灵活性。

滑动和移置导轨表面除用涂色法检查外，还应用塞尺检验，间隙量应符合标准规定；塞尺在导轨、镶条、压板端部的滑动面间插入深度不得超过标准规定。

⑧ 轴承装配的检验。可调的滑动轴承结构应检验调整余量是否符合标准规定。滚动轴承的结构应检验位置保持正确，受力均匀，无损伤现象；精密度较高的应采用冷装的方法进行装配或用加热方法装配，过盈配合的轴承应检验加热是否均匀。

检验轴承的清洁度和滑动轴承的飞边锐角及用润滑脂的轴承时，应检查其润滑脂的标准号、牌号和用量；在使用无品牌标志及标准号的润滑脂时，必须送化验室进行化验，其理化指标应符合规定要求。

⑨ 齿轮装配的检验。齿轮与轴的配合间隙和过盈量应符合标准及图样的规定要求；两啮合齿轮的错位量不允许超过标准的规定；装配后的齿轮转动时，啮合斑点和噪音声压级应符合标准规定。

⑩ 检验两配合件的错位的不均称量时，应按两配合件大小进行检查，其允许值应符合标准规定的要求。

⑪ 电器装配的检验。各种电器元件的规格和性能匹配应符合标准规定，必须检查电线的颜色和装配的牢固性并应符合标准规定。

总之，一个产品经过总装检验合格后，要将检验最后确认的结果填写在“总装检验记录单”上，并在规定位置打上标志才可转入下道工序。“总装检验记录单”要汇总成册、存档，作为质量追踪和质量服务的依据。

3. 成品的检验

(1) 成品检验。

成品的检验是一个产品从原材料入厂开始，经过加工、部装、总装，直到成品出厂的全过程中的最后一道综合性检验；也是通过对产品的性能、几何精度、安全维护、防护保险、外观质量等项目的全面检测和试验，根据检测试验结果综合评定被检验产品的质量等级的过程。

产品的检验分为型式检验和产品出厂检验两种。

产品经检验合格后才允许出厂。但在特殊情况下，经用户同意或应用户要求，可在用户处实施检验。

型式检验是为了全面考核产品的质量，考核产品设计及制造能否满足用户要求，检查产品是否符合有关标准和技术文件的规定，试验检查产品的可靠性，评价产品在制造业中所占的技术含量和水平。凡遇下列情况之一时，均应进行型式检验：

① 新产品定型鉴定；

② 产品结构和性能有较大改变；

③ 定期地考查产品质量；

④ 产品在用户使用中出现了严重的性能不可靠事故。

正常生产的产品的出厂检验是为了考核产品制造是否符合图样、标准和技术文件的规定。

(2) 成品检验的一般要求。

① 成品检验时，要注意防止冷、热、光线、气流以及热辐射的干扰。

② 检验前，应将产品安装和调整好，一般应使产品处于自然水平位置。

③ 在检验过程中，不允许调整影响产品性能、精度的机构或零件，否则应复检因调整受到影响的有关项目。

④ 检验时，一般按整机进行，不宜拆卸整机；但对运转性能和精度无影响的零件、部件和附件除外。

⑤ 当不具备规定的测试工具或由于产品结构限制时，可用与规定同等效果的方法代替。

⑥ 对于有数字控制的自动化或半自动化的产品（机床），检验项应含“典型零件加工程序”试切，并做较长时间的空运转（检验各机构的运转状态，温度变化，功率消耗，操纵机构动作的灵活性、平稳性、可靠性及安全性试验），运转时应符合标准规定。

（3）成品检验的内容。

成品检验的内容包括外观质量的检验、参数的检验、空运转试验、负荷试验、精度检验、工作试验、寿命试验、其他检（试）验、出厂前的检验等。

6.1.2 成品检验的检测项目

1. 外观质量的检验

（1）产品外观不应有图样未规定凸起、凹陷、粗糙不平以及其他损伤，颜色应符合图样要求。

（2）防护罩应平整均匀，不应翘曲、凹陷。门、盖与产品的结合面应贴合，其贴合缝隙值不得超过规定要求。

（3）零、部件外露结合面的边缘应整齐、均匀，不能有明显的错位（其错位量及不均匀量不得超过规定要求）。

电气柜以及电气箱等的门、盖周边与其相关联件处的缝隙应均匀（其缝隙不均匀值不得超过规定要求）。当配合面边缘及门、盖边长尺寸的长、宽不一致时，可按长边尺寸确定允许值。

（4）外露的焊缝应修整平直、均匀。

（5）装入沉孔的螺钉不应突出于零件的表面，其头部与沉孔之间不应有明显的偏心。

固定销一般应略突出于零件表面，螺栓尾端应略突出于螺母的端面。

外露轴端倒角突出处应位于包容件的端面内，内孔表面与壳体凸缘间的壁厚应均匀对称，其凸缘壁厚之差不应超过规定的要求。

（6）外露零件表面不应有磕碰、锈蚀，螺钉、铆钉和销子端部不得有扭伤、锤伤、划痕等缺陷。

（7）金属手轮轮缘和操纵手柄应有防锈镀层；镀件、发蓝件、发黑件色调应一致，防护层不得有褪色和脱落现象。

（8）电气、液压、润滑和冷却等管道的外露部分应布置紧凑、排列整齐、美观，必要时可采用管夹固定，管道不应产生扭曲、折叠、死弯等现象。

（9）成品中的零件未加工的表面，应涂以深色涂料，涂料应符合相应的标准要求。

2. 参数的检验

（1）根据产品的设计参数检验其制造性能是否达到要求，检验连接部位尺寸是否符合相应的产品标准规定。

（2）参数的检验除在样机鉴定或作型式试验时进行检测外，日常生产中允许抽查检验。

（3）设计部门对产品的性能参数、总重量、外观（形）尺寸应定期抽验。

3. 空运转试验

空运转试验是在无负荷状态下运转产品（机床），检验各机构的运转状态、刚度变化、功率消耗、操纵机构动作的灵活性、平稳性、可靠性和安全性。

主运动机构应从最低速度起依次运转，每级速度的运转时间应少于规定要求。用交换齿轮、皮带传动变速和无级变速的产品可作低、中、高速运转。在最高速度时，应运转足够（不得少于 1 小时）的时间，使主运动机构轴承达到稳定温度。

进给机构应作依次变换进给量（或进给速度）的空运转试验。对于正常生产的产品，检验时可作低、中、高进给量（或进给速度）试验。有快速移动机构的产品，应作快速移动的试验。

在空运转过程中，还应进行下述具体检验：场地标准检验，温升试验，主运动和进给运动的检验，动作试验，噪音检验，空运转功率检验，电气、液压、气动、冷却、润滑系统的检验，测量装置检验，整机连续空运转试验。

（1）场地标准检验。

检验场地应符合有关标准要求，通常包含以下条件：

① 环境温度 15～35℃；

② 相对湿度 45%～75%；

③ 大气压力 86～106 kPa；

④ 工作电压保持为额定值的 -15% ～ +10% 范围。

（2）温升试验。

在主轴轴承达到稳定温度时，检验主轴轴承的温度和温升，其值均不得超过相应的标准规定。在达到稳定温度状态下应做下列检验：

① 主运动机构相关精度冷热态的变化量；

② 各部轴承法兰及密封部位不应有漏油或渗油；

③ 检查产品的各油漆面的变形和变化、变质等不良现象；

④ 检查产品中的新材料经升温后的材质变形对质量的影响情况。

（3）主运动和进给运动的检验。

检验主运动速度和进给速度（进给量）的正确性，并检查快速移动速度（或时间）。在所有速度下，产品的工作机构均应平稳、可靠。

（4）动作试验。

产品的动作试验一般包括以下内容：

① 用一个适当的速度检验主运动和进给运动的起动、停止（包括止动、反转和点动等）动作是否灵活可靠。

② 检验自动机构（包括自动循环机构）的调整和动作是否灵活、可靠。

③ 反复变换主运动或进给运动的速度，检查变速机构是否灵活、可靠以及读数指示的准确性。

④ 检查转位、定位、分度机构动作是否灵活、准确、可靠。

⑤ 检验调整机构、夹紧机构、读数指示装置和其他附属装置是否灵活、准确、可靠。

⑥ 检验装卸工件、刀具和附件是否灵活、可靠。

⑦ 与产品连接的随机附件（如卡盘、分度头、圆分度转台等）应在该产品上试运转，检查其相互关系是否符合设计要求。一些自动机（数控产品）还应按有关标准和技术条件进行动作和功能试验。

⑧ 检验其他操纵机构是否灵活、准确、可靠。

⑨ 检验有刻度装置的手轮反向控程量及手轮、手柄操纵力。控程量和操纵力应符合相应标准的规定。

⑩ 对数控产品应检验刀具重复定位、转动以及返回基准点的精度准确性，其量值应

符合相关标准的规定。

（5）噪音检验。

机床运动时不应有不正常的尖锐声和冲击声。在空运转条件下，各类产品应按相应的噪音测量标准所规定的方法测量成品噪音的声压级，测量结果不得超过标准的规定。

（6）空运转功率检验。

在产品主运动机构各级速度空运转至功率稳定后，检查主传动系统的空运转功率。对主进给运动与主运动分开的产品（数控机床），还要检查进给系统的空运转功率。

（7）电气、液压、气动、冷却、润滑系统的检验。包括：

① 电气全部耐压试验必须按有关标准规定作确保整个产品的安全保护。

② 对液压系统高、低压力应全面检查，防止系统的内漏或外漏。

③ 机床的液压、气动、冷却和润滑系统及其他部位均不得漏油、漏水、漏气。

④ 机床的冷却系统应能保证冷却充分、可靠，冷却液不得混入液压系统和润滑系统。

⑤ 一般应有观察供油情况的装置和指示油位的油标，润滑系统应能保证润滑良好。

（8）测量装置检验。

成品和附件的测量装置应准确、稳定、可靠，便于观察、操作，视觉清晰；有密封要求处，应设有可靠的密封防护装置。

（9）整机连续空运转试验。包括：

① 对于自动、半自动和数控产品（机床），应进行连续空运转试验，整个空运转过程中不应发生故障。

② 连续运转时间应符合有关标准规定。

③ 试验时自动循环应包括所有功能和全工作范围，各次自动循环休止时间不得超过规定要求的范围；专用设备应符合设计规定的工作节拍时间或生产率的要求。

4. 负荷试验

负荷试验是检验产品在负荷状态下运转时的工作性能及可靠性，即加工能力、承载能力或拖引能力等以及运转状态（通常指速度变化、机械振动、噪音、润滑、密封、止动等）。

（1）成品承载工件最大重量的运转试验。

在成品上装载设计规定的最大承载重量的工件，用低速及设计规定的高速运转机械成品，检查（抽查）该产品运转是否平稳，可靠。

（2）产品主传动系统最大扭矩的试验。

试验时，在小于或等于（≤）产品计算转速的范围内，选一适当转速，逐级改变进给量，使之达到规定扭转力矩，检验产品传动系统各传动元件和变速机构是否可靠、平稳和准确。对于成批生产的产品，应定期进行最大扭矩和短时间超最大扭矩25%的抽查试验。扭矩试验包括：

① 主传动系统最大扭矩的试验；

② 短时间超过规定最大扭矩的试验。

（3）切削抗力试验。

试验时，选用适应几何参数的刀具，在小于或等于产品计算的转速范围内选一适当转速，逐渐改变进给量或切削深度，使产品达到规定的切削抗力，以检查各运动机构、传动机构是否灵活、可靠以及过载保险装置的安全性。

对于成批生产的产品，允许在 2/3 最大切削抗力下进行试验，但应定期进行最大切削抗力和短时间超过最大切削抗力 25% 的抽查试验。

产品切削抗力试验包括：

① 最大切削抗力的试验；

② 短时间超过最大切削抗力 25% 的试验。

(4) 产品主传动系统达到最大功率的试验（抽查）。

选择适当的加工方式、试件、刀具、切削速度、进给量，逐步改变进给深度，使产品达到最大功率，以检验产品的结构和稳定性、金属切除率以及电气等系统是否可靠。

(5) 抗振性切削试验（抽查）。

根据产品的类型，选择适当的加工方式、试件（材料和尺寸）、刀具（材料和几何参数）、切削速度、进给量进行试验，检验产品结构的稳定性。一般不应有振动现象（注意每个产品传动系统的薄弱环节要重点试验）。

一些产品除进行最大功率试验外，还应进行以下试验：

① 有限功率切削试验（工艺条件限制）；

② 极限切削宽度试验。

(6) 传动效率试验（仅在型式检验时进行）。

产品加载至主电机达到最大功率时，利用标准规定的专门的仪器检验产品主传动系统的传动效率。

进行负荷试验时应注意以下几点：

① 不需要做负荷试验的产品，应按专门的规定进行；

② 以上 (2)～(5) 中所列切削试验也可以用仪器代替，但必须定期用切削试验法抽查；

③ 工件最大重量、最大扭矩和最大切削抗力均指设计规定的最大值。

5. 精度检验

(1) 几何精度、传动精度检验。

几何精度、传动精度通常是按各种类型产品精度标准、质量等级标准、制造与验收技术条件、企业或地方制定的内控标准等有关标准的规定进行检验。检验时，产品按设计规定所有零、部件必须装配齐全，应调整部位要调整到最佳位置并锁定。各部分运动应手动或低速机动。负荷试验前后均应检验成品的几何精度，不作负荷试验的成品在空运转试验后进行，最后一次精度的实测数值记入合格证明书中。

(2) 运动的不均匀性检验。

按有关标准的规定进行检验或试验。

(3) 振动试验（抽查）。

按有关标准的规定进行试验。

(4) 刚度试验（抽查）。

在相关的主要件做改动时，必须作刚度试验。按有关标准的规定进行检验。

(5) 热变形试验。

在精度检验中，对热变形有关的项目应按有关标准的规定进行试验检验，并考核其热变形量。

（6）工作精度检验。

工作精度检验时，应使产品处于工作状态，按有关标准的规定，使主运动机构运转一定时间，其温度处于稳定状态。（不需要全面做工作精度试验的产品，应按专门的规定进行。）

（7）其他精度检验。

按有关技术文件的规定进行检验。

6. 工作试验

成品的工作试验用于检验产品在各种可能的情况下工作时的工作状况。

（1）通用产品和专用产品应采用不同的切削规范和加工不同类型试件的方法进行试验（一般是在型式检验时进行）。

（2）专用产品应在规定的切削规范和达到零件加工质量的条件下进行试验。

工作试验时，成品的所有机构、电气、液压、冷却润滑系统以及安全防护装置等均应工作正常；同时，还应检查零件的加工精度、生产率、振动、噪音、粉尘、油雾等。

7. 寿命试验

成批生产的产品，应在生产厂或用户处进行考核或抽查其寿命情况，并应符合下列要求。

（1）在两班工作制和遵守使用规则的条件下，产品精度保持在规定范围内的时间及产品到第一次大修的时间不应少于规定要求。

（2）重要及易磨损的导轨副应采取耐磨措施，并符合有关标准的要求。对主轴、丝杆、蜗轮副的高速齿轮、重载齿轮等主要零件，也应采取耐磨措施以提高其寿命。

（3）导轨面、丝杆等容易被尘屑侵入的部位，应设防护装置。

8. 其他检验（试验）

按订货协议或技术条件中所规定的内容进行检验。例如，有的机械产品要求作耐潮、防腐、防霉、防尘、排放等检验。

9. 出厂前的检验

产品在出厂前应按包装标准和技术条件的要求进行包装，一般还需进行下列检验。

（1）涂漆后包装前进行产品质量检验。内容包括：

① 检验产品的感观质量，外部零部件整齐无损伤、无锈蚀；

② 各零部件上的螺钉及其紧固件等应紧固，不应有松动的现象；

③ 各表面不应存在锐角、飞边、毛刺、残漆、污物等；

④ 各种铭牌、指示标牌、标志应符合设计和文件的规定要求。

（2）包装质量检验。内容包括：

① 各导轨面和已加工的零件的外露表面应涂以防锈油；

② 随机附件和工具的规格数量应符合设计规定；

③ 随机文件应符合有关标准的规定，内容应正确、完整、统一、清晰；

④ 凡油封的部位还应用专用油纸封严，随机工具也应采取油封等防锈措施；

⑤ 包装箱材料的质量、规格应符合有关标准的规定；

⑥ 包装箱外的标志字迹清楚、正确，并符合设计文件和有关标准的要求。

（3）必要的开机检验。

某些项目，特别是仓储时间较长的机电产品，更应实施开机检验。

6.1.3　机床装配精度的内容

影响装配质量的因素很多，讨论装配精度，是在所有装配元件均为合格品的前提条件下进行的。

机床的装配精度包括：定位精度、相互位置精度、传动精度、几何精度、工作精度。五种精度简介如下。

1. 定位精度

（1）机床定位精度。

机床定位精度是指机床主要部件在运动终点所达到的实际位置的精确程度。

（2）定位误差。

定位误差是指实际位置与预期（理想）位置之间的偏离程度。对于主要通过试切和测量工件尺寸来确定运动部件定位位置的机床，如卧式车床、万能升降台铣床等普通机床，对定位精度的要求并不太高。但对于依靠机床本身的测量装置、定位装置或自动控制系统来确定运动部件定位位置的机床，如各种自动化机床、数控机床、坐标测量机等，对定位精度则有很高的要求。

（3）距离精度。

距离精度也包括在定位精度之内，如普通车床前后顶尖对机床床身导轨的等高性。如图 6-1 所示，车床主轴锥孔轴心线和尾座套筒锥孔轴心线的等高度（A_0），主要取决于主轴箱、尾座及座板的 A_1、A_2 及 A_3 的尺寸精度。

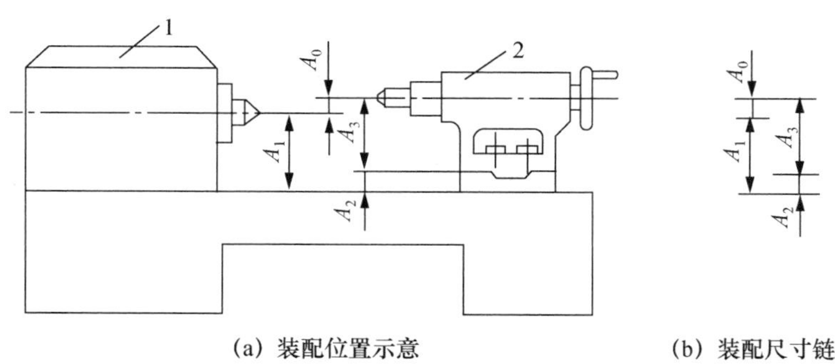

（a）装配位置示意　　（b）装配尺寸链

图 6-1　车床前后顶尖对床身导轨的等高性

2. 相互位置精度

相互位置精度是指以机床的某一部件为基准要素，另一部件为被测要素时，被测要素相对于基准要素之间的误差值。例如，普通车床溜板移动对尾架主轴锥孔轴心线的平行度；镗床工作台面对镗轴轴线在垂直平面内的平行度；镗轴锥孔轴线的径向跳动；镗轴轴线对前立柱导轨的垂直度等。

相互位置精度中的基准要素与被测要素是相对的。例如，在镗床工作台面对镗轴轴线在垂直平面内的平行度中，镗轴轴线为基准要素，工作台面是被测要素；而在镗轴轴线对前立柱导轨的垂直度中，镗轴轴线是被测要素，而立柱导轨则是基准要素。

如图 6-2 所示，钻床立柱、钻床主轴与水平工作面所组成的尺寸链，各环的几何特征多为平行度或垂直度，所涉及的都是相互位置精度问题。

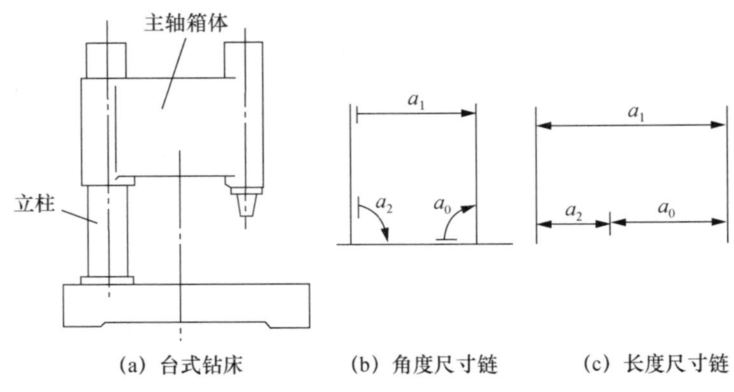

(a) 台式钻床　　(b) 角度尺寸链　　(c) 长度尺寸链

图 6-2　台式钻床装配尺寸链

3. 传动精度

机床的传动精度是指机床内联系传动链首末两端之间的相对运动精度。

外联系传动链有时也是内联系传动链的组成部分，故内外联系传动链均会对机床的传动精度产生影响。这方面的误差就称为该传动链的传动误差。

例如，车床在车削螺纹时主轴每转一周，刀架的移动量应等于螺纹的导程。但实际上，由于主轴与刀架之间的传动链中，齿轮、丝杆及轴承等存在着误差，使得刀架的实际移动距离与要求的移动距离之间有一定误差，这个误差将直接造成工件的螺距误差。

为了保证工件的加工精度，不仅要求机床有必要的几何精度，而且还要求传动链有较高的传动精度。

4. 几何精度

机床的几何精度是指机床某些基础零件工作面的几何精度，它指的是机床在不运动（如主轴不转动、工作台不移动）或运动速度较低时的精度。

机床的几何精度规定了决定加工精度的各主要零、部件之间，以及这些零、部件的运动轨迹之间的相对位置允差。例如，机床导轨副接触面积大小和接触点的分布情况，床身导轨的直线度，工作台面的平面度，主轴的回转精度，刀架拖板移动方向与主轴轴线的平行度、垂直度，尾座顶尖移动的直线度等。

在机床上加工的工件表面形状，是由刀具和工件之间的相对运动轨迹决定的，而刀具和工件是由机床的执行件直接带动的。所以，机床的几何精度是保证加工精度最基本的条件。

5. 工作精度

（1）静态精度。

静态精度只能在一定程度上反映机床的加工精度，因为机床在实际工作状态下，还有一系列因素会影响加工精度。例如，由于切削力、夹紧力的作用，机床的零、部件会产生弹性变形；在机床内部热源（如电动机、液压传动装置的发热，轴承、齿轮等零件的摩擦发热等）以及环境温度变化的影响下，机床零、部件将产生热变形；由于切削力和运动速度的影响，机床会产生振动；机床运动部件以工作速度运动时，由于相对滑动面之间的油膜以及其他因素的影响，其运动精度也与低速下测得的精度不同。所有这些都将引起机床静态精度的变化，影响工件的加工精度。

（2）动态精度。

机床在外载荷、温升及振动等工作状态作用下的精度，称为机床的动态精度。动态精度除与静态精度有密切关系外，还在很大程度上取决于机床的刚度、抗振性和热稳定性等。

（3）工作精度。

目前，生产中一般是通过现场切削加工出的工件精度来考核机床的综合动态精度，称为机床的工作精度。工作精度是各种因素对加工精度影响的综合反映。

6.2　装配检测基础

6.2.1　装配精度的检测工具

车间日常使用的装配工具有：气动工具、扭矩检测工具（扭矩扳手）、木槌、十字改锥、各种型号的十字锥头及套头等。

扭矩扳手是为了保证紧固作业中，螺栓、螺母的拧紧力矩达到工艺上的技术要求，在装配结束后用来对螺栓、螺母的拧紧力矩进行确认的检验工具。

测量机床装配精度时，常用的检测工具种类繁多。现根据用途的不同，分三类介绍。

1. 测量直线度、平面度的常用检测工具

常用的测量直线度、平面度的检测工具有平尺（含桥尺）、刀口尺、平板（平台）、角铁（弯板）、方箱、水平仪等。首先识别刀口尺、平尺、平板等工具的结构外形，在识别外形及作用后，还需要进一步了解其规格和相应的精度参数，以备装配检验时合理选用。

（1）平板、刀口尺、角铁（弯板）、方箱等的外观形状参见第 3 章。常用平尺的结构及工作面如图 6-3 所示。

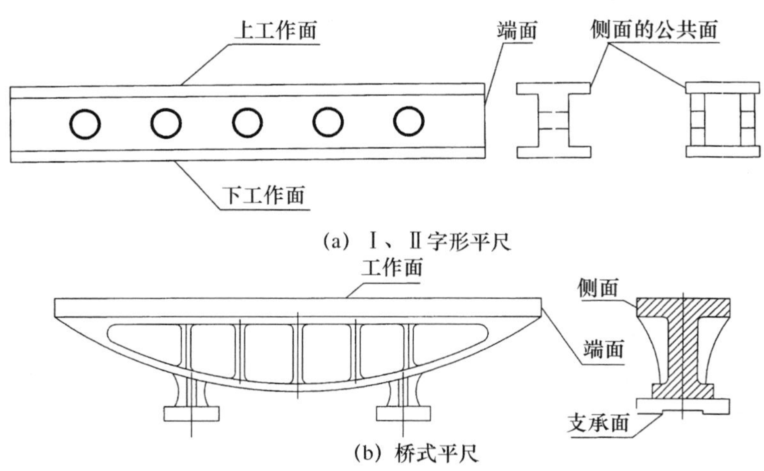

图 6-3　常用平尺的结构及工作面

平尺规格与工作面的直线度参见表 6-1，平板规格与平板工作面的平面度参见表 6-2。

表 6-1　平尺规格与工作面的直线度

规格/mm	准确度等级 00	0	1	2
	直线度/μm			
400	1.6	2.6	5	—
500	1.8	3.0	6	—
630	2.1	3.5	7	—
800	2.5	4.2	8	—
1 000	3.0	5.0	10	20
1 250	3.6	6.0	12	24
1 600	4.4	7.4	15	30
2 000	5.4	9.0	18	36
2 500	6.6	11.0	22	44
任意 200	1.1	1.8	4	7

表 6-2　平板规格与平板工作面的平面度

规格/(mm×mm)	对角线长度/mm	准确度等级 00	0	1	2	3
		平面度/μm				
200×100	224	2.5	5	10	20	—
200×200	283					
300×200	361	3.0	6	12	24	—
300×300	424					
400×300	500					
650×450	750	3.5	7	14	28	70
800×500	943	4.0	8	16	32	80
1 000×750	1 250	4.5	9	18	36	90
1 500×1 000	1 803	6.0	12	24	48	120
2 000×1 500	2 500	7.0	14	28	56	140
3 000×2 000	3 606	—	—	—	—	184
5 000×3 000	5 831	—	—	—	—	272

（2）刀口尺的规格与工作面的直线度参见表 6-3，角铁（弯板）、方箱等规格尺寸略。

表6-3　刀口尺的规格与工作面的直线度

规格（工作棱边长度 L）/mm	准确度等级/μm	
	0	1
	直线度/μm	
75，125，175	0.5	1.0
200，225	1.0	2.0
300，400	1.5	3.0
500	2.0	4.0

2. 测量相互位置精度的常用工具

测量相互位置精度的常用工具包括各种百分表、千分表、角尺、塞尺、高度游标尺，各种表座、水平仪等。各种百分表、千分表、角尺、塞尺、高度游标尺以及各种表座、水平仪的外观形状及使用常识参见第2章。

3. 各种测量辅助工具

除以上两类常用工具外，在生产中为便于被测工件的定位和检测操作，还经常用到一些辅助工具，如等高垫铁、角度垫铁、V形块、等高对定键、各种锥柄的检验心轴、圆柱心轴、各种专用检测工具等。

（1）角度垫铁。

角度垫铁分A型、B型、C型，角度垫铁的结构见图6-4。

角度垫铁精加工完成后，其基准面应与被测导轨刮研符合要求后才能用于测试，更换另一台机床时，应重新刮研工作基面，即工作基面只能使用一次。角度垫铁的使用见图6-5。

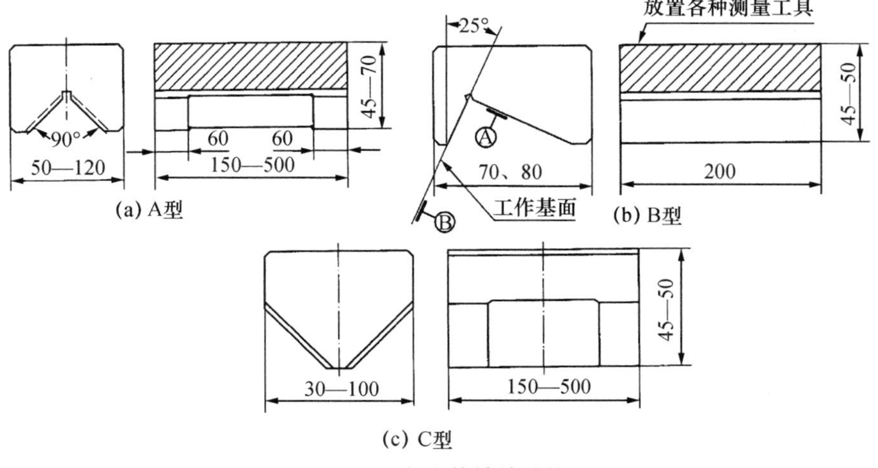

图6-4　角度垫铁的结构

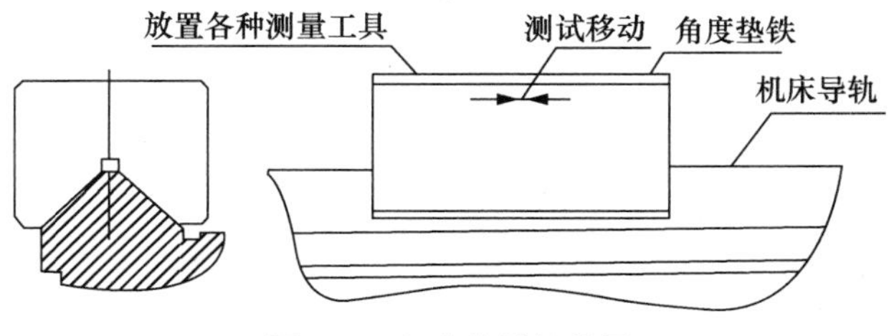

图6-5　角度垫铁的使用

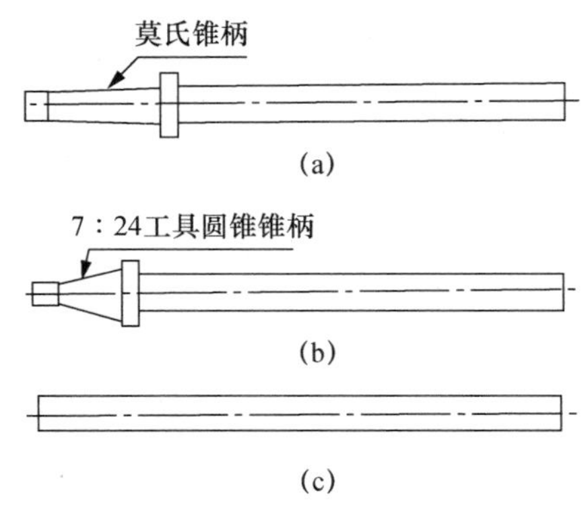

图6-6 不同结构的检测用心轴

（2）V形块、检验心轴。

使用V形块的目的主要是便于回转类零部件的测量位置调整和检测操作。检验心轴主要用于各类零部件的孔的形状、位置精度检测。

V形块外观形状参见第2章，各种锥柄的检验心轴、圆柱心轴结构参见图6-6。其中，（a）用于带莫氏锥孔的机床，如车床、钻床、磨床等；（b）用于带7：24工具圆锥锥孔的机床，如铣床等；（c）为光轴检测心轴，用于零件的检测。

6.2.2 机床导轨精度的检测

1. 导轨平面度和直线度

机床导轨是机床的设计基准，导轨平面度和直线度是机床的两项重要基础精度。只有在这两项精度合格的基础上，其他装配精度才有检测的基准。因此，必须重视这两项精度的加工和检测。机床导轨的平面度、直线度测量见图6-7。

2. 机床导轨的刮研

在机床导轨平面度和直线度满足精度要求的同时，机床各导轨之间的位置精度也对机床装配后的最终质量产生巨大影响。因此装配过程中，必须对导轨各表面进行认真刮研和检测，使之符合图纸要求。导轨的刮研位置见图6-8。

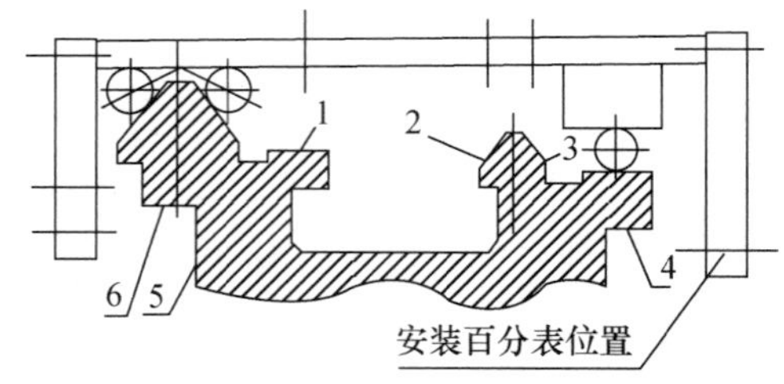

图6-7 机床导轨平面度、直线度测量

1～6—检测部位

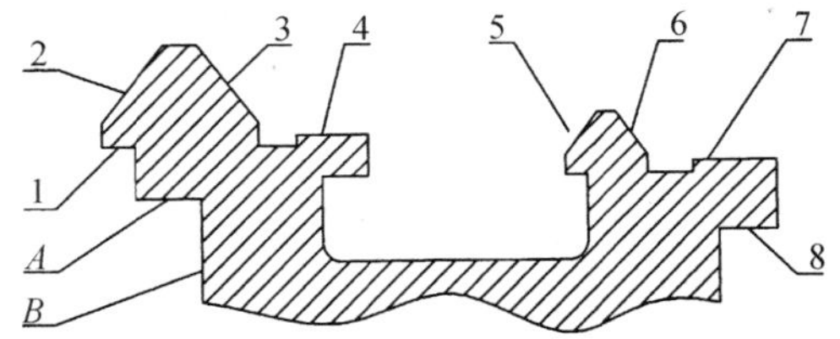

图6-8 机床导轨的刮研位置

1～8—刮研表面；A、B—刮研基准

6.2.3 机床导轨的刮研过程

1. 准备刮研工具

标准研具为桥形平尺。

2. 刮研导轨基准面

机床导轨如图6-8所示，导轨的基准面为图中的2，3。刮研导轨基准面的步骤如下：

（1）用桥形平尺研点粗刮 2，3 面至 4～6 点/英寸；

（2）以 2，3 面为基准配研一块角度垫铁；

（3）角度垫铁上固定百分表，以 2，3 面为基准测量；

（4）细刮 2，3 面至与 A，B 面的平行度公差 <0.05 mm；点的密度达图纸要求；

（5）以 2，3 面为基准刮研其他表面至图纸要求。

3. 其他表面刮研顺序

其他表面如图 6-8 所示，刮研顺序为：4－7－5－6－1－8。

4. 机床导轨的刮研检测

（1）导轨刮研检测时，应根据不同的精度等级和被测面积的大小，选择不同精度等级和规格的平尺或平板，用涂色法检测每平方英寸的接触斑点数（依据是机床床身零件图的要求）。

（2）机床床身的山形导轨和平导轨是机床的设计基准，是应该首先符合质量要求的表面，并在此基础上对其他表面进行检测。

（3）检测工具使用平尺、平板或刀口尺：平尺用于窄而长的平面；平板用于宽而大的平面；刀口尺用于较小面积的平面或圆柱素线直线度的测量。

（4）应根据被测表面的尺寸和精度进行选择，除此之外，还应设计专用的检具检测其他导轨的平行度。

用于机床导轨刮研检测的可调检测板结构如图 6-9 所示。

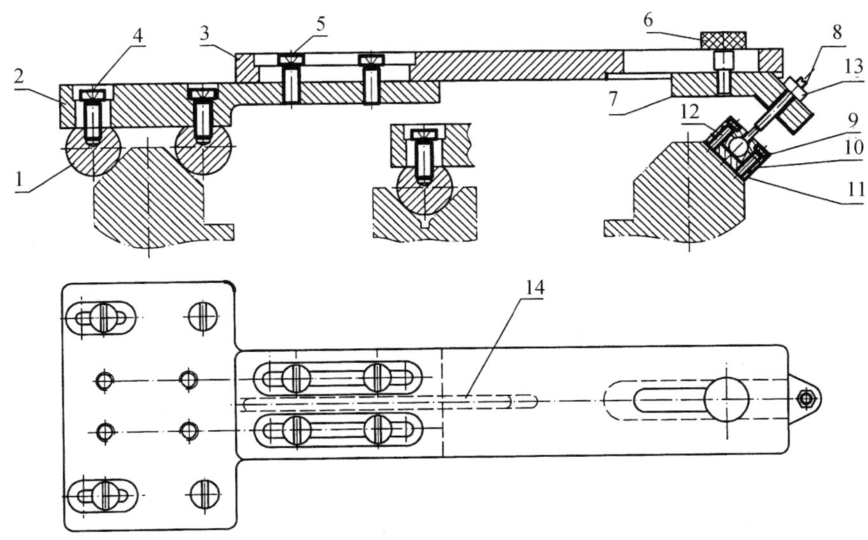

图 6-9　可调检测板结构

1—削边圆柱；2—T 形板；3—可调板　4，5，12—螺钉；6—滚花螺钉；7—支承板；8—可调螺钉；9—盖板；10—垫板；11—接触板；13—六角螺母；14—平键

6.3 卧式车床装配精度检测

6.3.1 卧式车床检测内容

1. 卧式车床外形结构

CA6140 普通车床和 CK6136B 数控车机床外形结构见图 6-10。

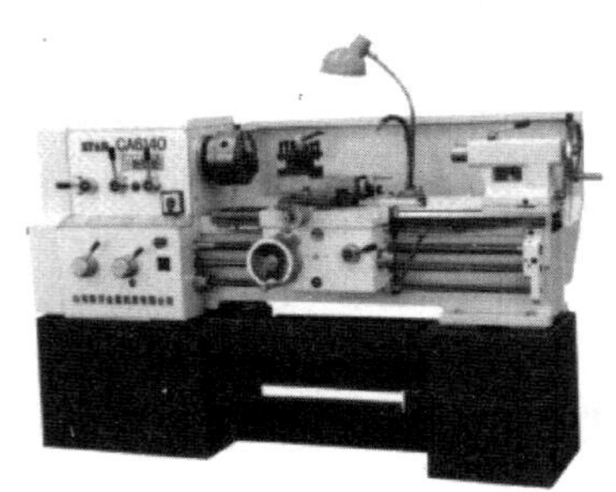

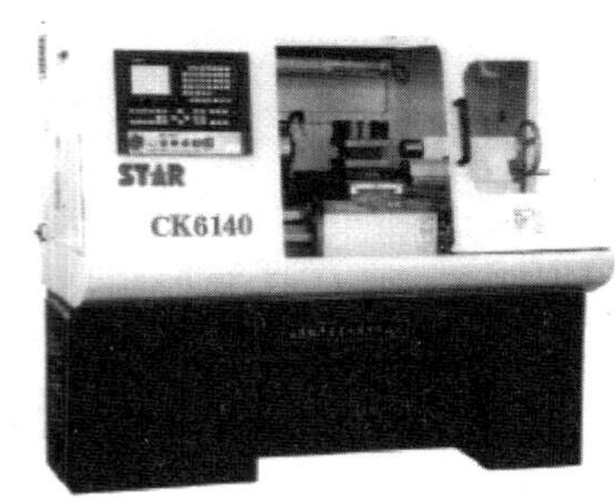

图 6-10 CA6140 普通车床和 CK6136B 数控车机床外形结构

2. 卧式车床装配要求

卧式车床的总体装配调试过程，必须是在车床床身各导轨平面度、直线度、平行度均合格的基础上进行的。

3. 卧式车床装配检测内容

主要以 CA6140 普通车床和 CK6136B 数控车床为例，对装配精度检测项目及误差分析参见表 6-4（表中图 CJ-1～图 CJ-13 排在本书 212～216 页）。

表 6-4 CA6140 普通车床和 CK6136B 数控车床装配精度检测项目及误差分析

序号	检测项目	允差/mm	超差原因	改　进	图　号
1	导轨调平（形状精度）	(a) 纵向： 0.02（凸）任意 0.0075/250 (b) 横向： 0.04/1000	(1) 各导轨面的平面度超差； (2) 精加工床身时夹紧力过大； (3) 精加工床身时的热变形	(1) 认真对床身导轨面进行修复 (2) 注意精加工时的夹紧力要适度，并注意切削用量的控制和切削热的传导	CJ-1
2	溜板移动在水平面内的直线度（形状精度）	0.02	导轨不直	精修导轨	CJ-2
3	尾座套筒轴线对溜板移动的平行度 (a) 垂直平面内 (b) 水平面内 (相互位置精度)	(a) 0.015/100 (只允许向上偏) (b) 0.010/100 (只允许向前偏)	尾座体底面与尾座垫板定位面在垂直和水平方向存在误差	刮研尾座底面和尾座底板定位面	CJ-3

续表

序号	检验项目	允差/mm	超差原因	改　进	图　号
4	(a) 主轴的轴向窜动 (b) 主轴轴肩支承面的跳动（传动精度）	(a) 0.01 (b) 0.02	(1) 止推轴承间隙过大； (2) 装配积累误差过大	(1) 调整止推轴承间隙； (2) 重新拆装主轴部件	CJ-4
5	主轴定心轴颈的径向跳动（传动精度）	0.01	(1) 向心圆柱滚子轴承间隙过大； (2) 装配积累误差过大	(1) 调整向心圆柱滚子轴承间隙； (2) 重新拆装主轴部件	CJ-5
6	主轴锥孔轴线的径向跳动 (相互位置精度)	(a) 0.01 (b) 0.02/300	(1) 主轴后止推轴承间隙过大； (2) 装配积累误差过大	(1) 调整主轴后止推轴承间隙； (2) 重新拆装主轴部件	CJ-6
7	主轴轴线对溜板移动的平行度 (a) 垂直平面内 (b) 水平面内 (相互位置精度)	(a) 0.02/300 (只允许向上偏) (b) 0.015/300 (只允许向前偏)	(1) 主轴箱水平安装基面与主轴轴线不平行； (2) 主轴箱垂直定位基面与导轨不平行	(1) 刮研主轴箱水平安装基面以确保 a)； (2) 刮研主轴箱垂直定位基面 C 以确保 b)	CJ-7
8	顶尖的跳动 (相互位置精度)	0.015	前轴承间隙过大	调整主轴前轴承间隙	CJ-8
9	床头和尾座两顶尖的等高度 (尺寸精度)	0.04 (只允许尾座高)	出现误差属正常现象	刮研尾座底板的 V 形槽和平面	CJ-9
10	尾座套筒锥孔轴线对溜板移动的平行度 (a) 垂直平面内 (b) 水平面内 (相互位置精度)	(a) 0.03/300 (只允许向上偏) (b) 0.03/300 (只允许向前偏)	尾座体底面与尾座垫板定位面在垂直和水平方向存在误差	刮研尾座底面和尾座底板定位面	CJ-10
11	小刀架移动在垂直面内对主轴轴线的平行度（相互位置精度）	0.018	小刀架拖板导轨与主轴轴线在垂直平面内不平行	刮研小刀架拖板导轨平面	CJ-11
12	横刀架横向移动对主轴轴线的垂直度 (相互位置精度)	0.02/300 偏差方向 $\alpha \geqslant 90°$	中拖板导轨与主轴轴线在水平面内不垂直	刮研中拖板导轨平面	CJ-12
13	丝杆的轴向窜动 (传动精度)	0.015	刮研小刀架拖板导轨平面	调整或重装进给箱丝杆输出端止推轴承	CJ-13

6.3.2 对应列表中检测项的检测方法及操作步骤

1. 导轨调平

（1）检测示意图见图 CJ－1。

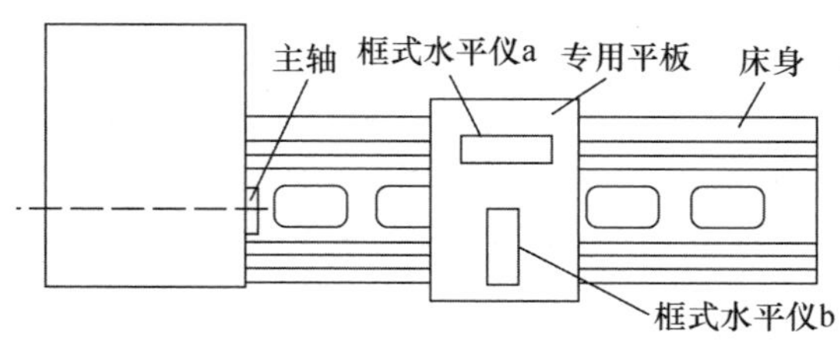

图 CJ－1 导轨调平检测

（2）检测方法与步骤。

① 将机床置于可调垫铁上，安装上专用测量平板，在某一固定位置将机床导轨用框式水平仪 a、b 调平。

② 将专用测量平板移动至床身最左端，记下两水平仪读数；再将专用测量平板移动至床身中间和最右端，每两个读数差即为误差值。(两水平仪分别计算)

2. 溜板移动在水平面内的直线度

（1）检测示意图见图 CJ－2。

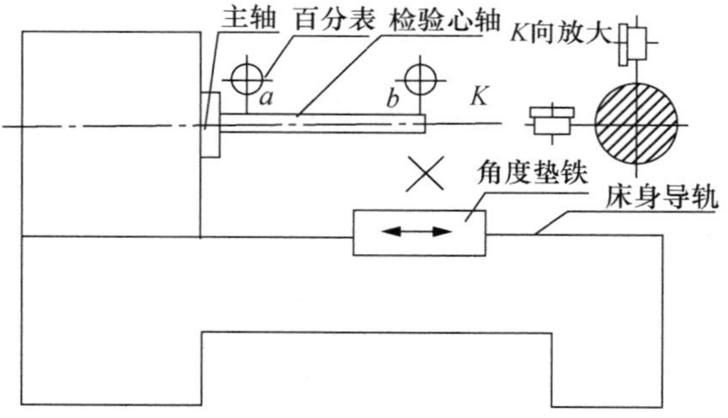

图 CJ－2 溜板移动在水平面内的直线度检测

（2）检测方法与步骤。

① 将检验心轴置于两顶尖间，松紧程度适当，锁紧尾座主轴。

② 将百分表及磁性表座置于溜板上，百分表触头与检验心轴侧母线接触，从左至右移动溜板，百分表读数差即为该项误差值。

3. 尾座套筒轴线对溜板移动的平行度

（1）检测示意图见图 CJ－3。

（2）检测方法与步骤。

① 将尾座套筒摇出尾座孔大于 2/3 并锁紧。

② 将百分表及磁力表座置于机床溜板上，与 a 点接触，移动溜板，百分表读数差即为尾座套筒在垂直平面内的误差；再将百分表触头置于 b 点，按同样的方法可测得水平面上的误差。

4. 主轴的轴向窜动和主轴轴肩支承面的跳动

（1）检测示意图见图 CJ－4。

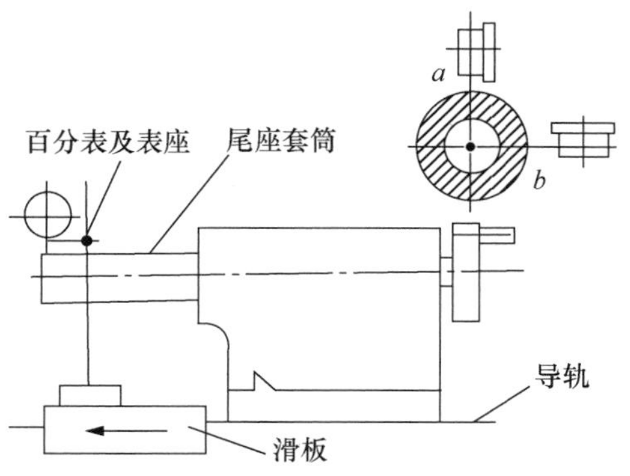

图 CJ－3　尾座套筒轴线对溜板移动的平行度检测

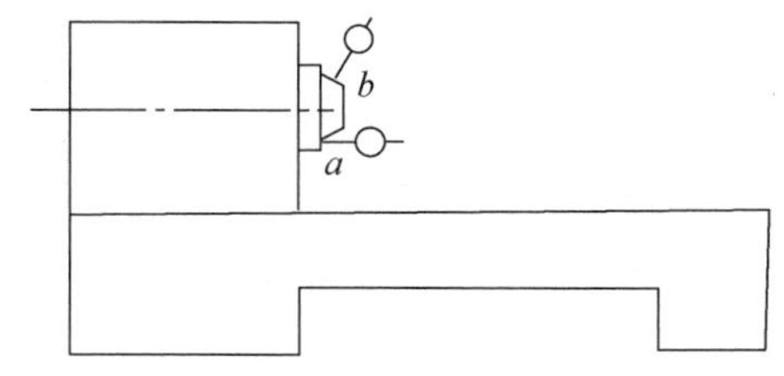

图 CJ－4　主轴的轴向窜动和主轴轴肩支承面的跳动检测

（2）检测方法与步骤。

① 百分表触头与机床主轴轴端面 a 和轴肩 b 接触。

② 旋转主轴一周，各点百分表读数之差即为该点的误差值。

5. 主轴定心轴颈的径向跳动

（1）检测示意图见图 CJ－5。

（2）检测方法与步骤。

① 如图 CJ－5 所示安装百分表。

② 旋转机床主轴一周，百分表读数差即为该项误差。

6. 主轴锥孔轴线的径向跳动

（1）检测示意图见图 CJ－6。

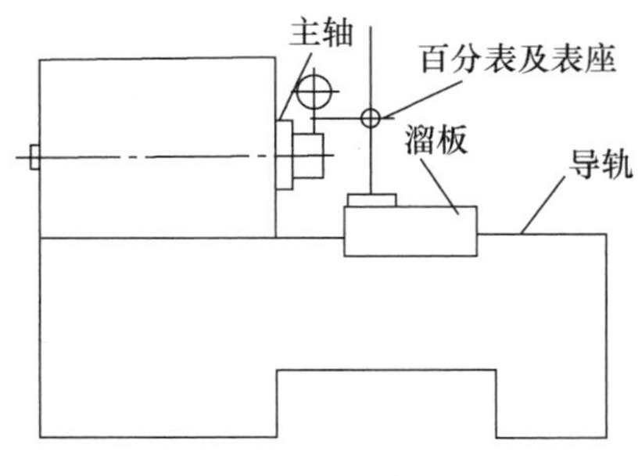

图 CJ－5　主轴定心轴颈的径向跳动检测

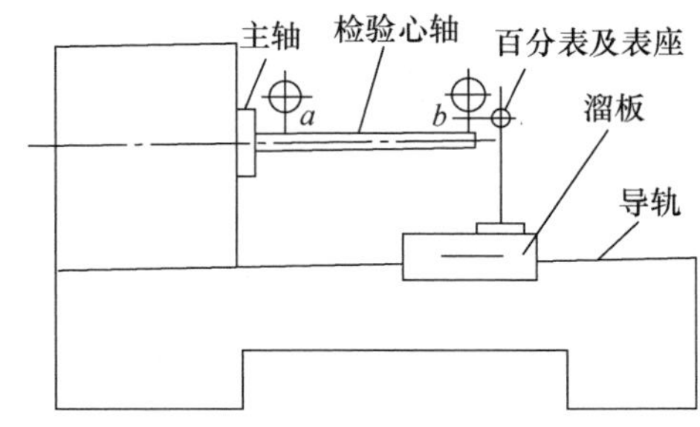

图 CJ－6　主轴锥孔轴线的径向跳动检测

（2）检测方法与步骤。

① 将带有莫氏锥柄的检验心轴置于主轴锥孔内。多次旋转主轴，并重复安装心轴，使 a 点处读数最小，则心轴安装正确。此时百分表读数差即为 a 点的跳动误差。

② 将溜板移至 b 点，旋转机床主轴，此时百分表读数差即为 b 点的跳动误差。

7. 尾座套筒轴线对溜板移动的平行度

（1）检测示意图见图 CJ－7。

（2）检测方法与步骤。

① 将带有莫氏锥柄的检验心轴置于主轴锥孔内。多次旋转主轴，并重复安装心轴，使心轴近主轴端读数最小，则心轴安装正确。此时记住 a_1 点百分表读数最大值；将溜板右移，使百分表触头接触检验心轴最右端，记住 a_2 点百分表最大读数。两读数差即为垂直面内的跳动误差，且 a_2 应大于 a_1。

② 将百分表移至检验心轴侧母线 b_1 处，重复上述方法测得水平面内误差，且 b_2 应大于 b_1。

8. 顶尖的跳动

（1）检测示意图见图 CJ－8。

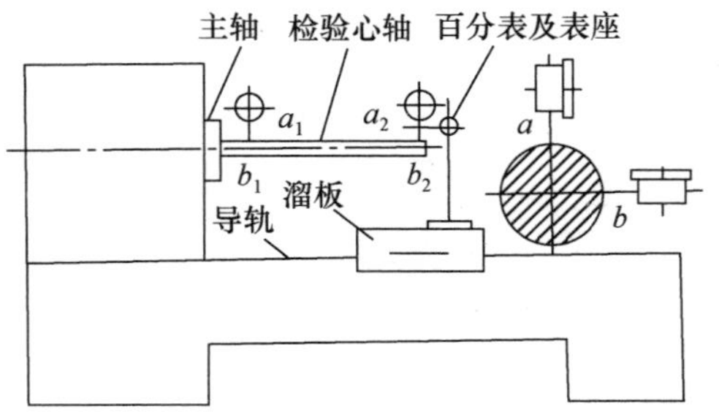

图 CJ－7　尾座套筒轴线对溜板移动的平行度检测

图 CJ－8　顶尖的跳动检测

（2）检测方法与步骤。

① 如图 CJ－8 所示安装百分表，注意百分表测量杆应垂直于锥面。

② 旋转机床主轴，百分表读数差即为该项误差。

9. 床头和尾座两顶尖的等高度

（1）检测示意图见图 CJ－9。

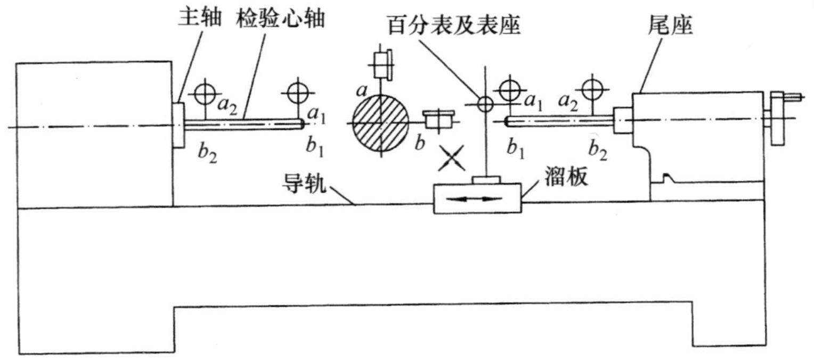

图 CJ－9　床头和尾座两顶尖的等高度检测

（2）检测方法与步骤。

① 将检验心轴置于两顶尖间。

② 将溜板移至主轴端适当位置，再移动百分表与检验心轴上母线接触，找到最高点，记下 a 点百分表最高点读数。

③ 再将溜板移至尾座端，并移动百分表与检验心轴上母线接触，找到最高点，记下 b 点百分表最高点读数。

④ a、b 之差即为该项误差值，且 b_1 应大于 b_2。

10. 尾座套筒锥孔轴线对溜板移动的平行度

（1）检测示意图见图 CJ－10。

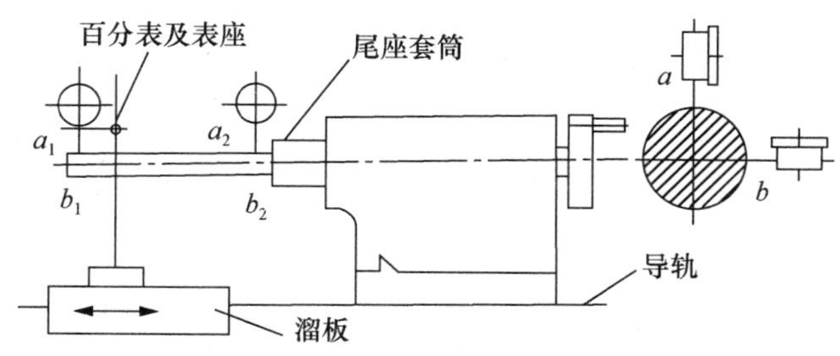

图 CJ－10　尾座套筒锥孔轴线对溜板移动的平行度检测

（2）检测方法与步骤。

① 将带有莫氏锥柄的检验心轴置于尾座套筒锥孔内，并重复安装心轴，使心轴近套筒端读数最小，则心轴安装正确。

② 如图 CJ－10 所示安装百分表，找到检验心轴上母线和侧母线最高点，记住读数 a_1 和 b_1。

③ 扳动至近尾座端，重复以上操作，获得 a_2 和 b_2。

④ a、b 之差即为该项误差，且 $a_1 > a_2$；$b_1 > b_2$。

11. 小刀架移动在垂直面内对主轴轴线的平行度

（1）检测示意图见图 CJ－11。

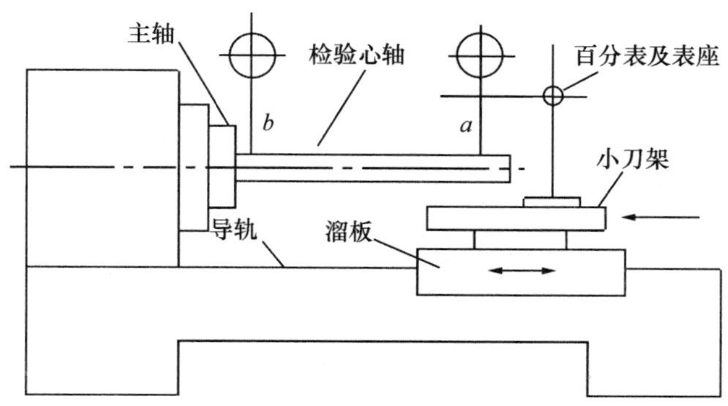

图 CJ－11　小刀架移动在垂直面内对主轴轴线的平行度检测

（2）检测方法与步骤。

① 将带有莫氏锥柄的检验心轴装入主轴锥孔，并多次装卸使 b 点读数最小，则检验心

轴安装正确。

② 用百分表触头接触心轴侧母线，移动小刀架调整小刀架转盘，使百分表读数误差最小，然后锁紧小刀架转盘。

③ 将百分表移至图 CJ－11 所示位置，找到上母线最高点，移动小刀架，a、b 两点读数差即为该项误差值。

12. 横刀架横向移动对主轴轴线的垂直度

（1）检测示意图见图 CJ－12。

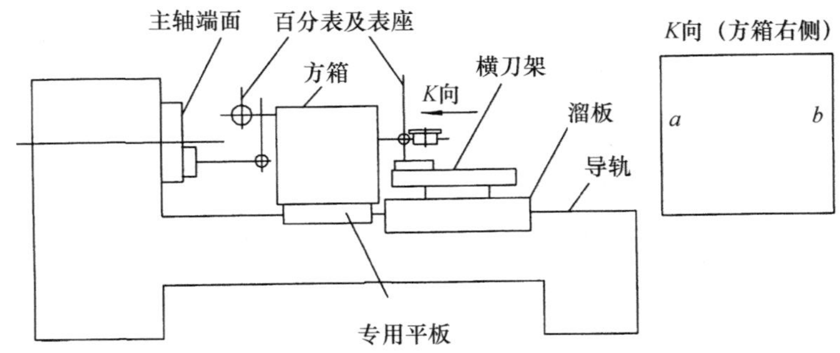

图 CJ－12　横刀架横向移动对主轴轴线的垂直度检测

（2）检测方法与步骤。

① 将百分表固定在主轴端面上，百分表触头与方箱左侧面接触。旋转主轴，使回转半径尽量大，校正方箱，百分表读数误差在横向最小时表示方箱已校正。

② 将百分表固定在横刀架上，使百分表触头与方箱右侧接触。摇动横向进给手柄，使百分表沿横向移动，百分表在方箱长度范围内的读数差即为该项误差值，且 $b>a$。

13. 丝杆的轴向窜动

（1）检测示意图见图 CJ－13。

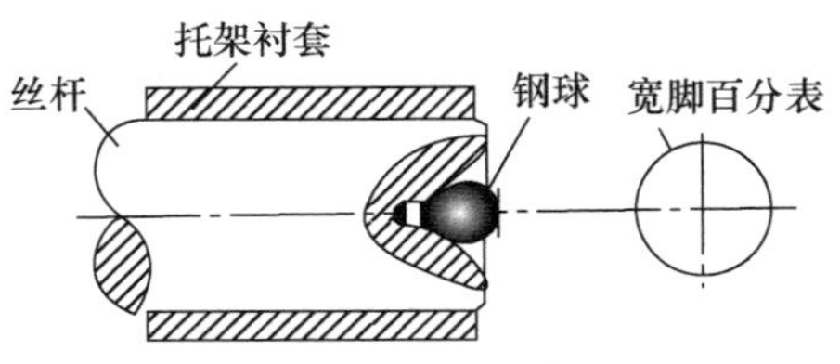

图 CJ－13　丝杆的轴向窜动检测

（2）检测方法与步骤。

① 丝杆装配完毕后，在顶尖孔内涂抹少许清洁的黄油，将一颗直径适当的 0 级精度钢球置于顶尖孔内，用黄油粘住，并使其紧贴顶尖孔 60°锥面。

② 将百分表固定在机床床身导轨上，触头与钢球顶部接触。

③ 接通螺纹传动链，丝杆旋转一周后百分表的读数差即为该项误差值。

6.3.3　车床的验收（几何精度）检测

1. 检验车床主轴轴线对刀架移动平行度

检验车床主轴轴线对刀架移动平行度时，在主轴锥孔中插入一检验棒，把百分表固定在刀架上，使百分表测头触及检验棒表面，如图 6-11 所示。

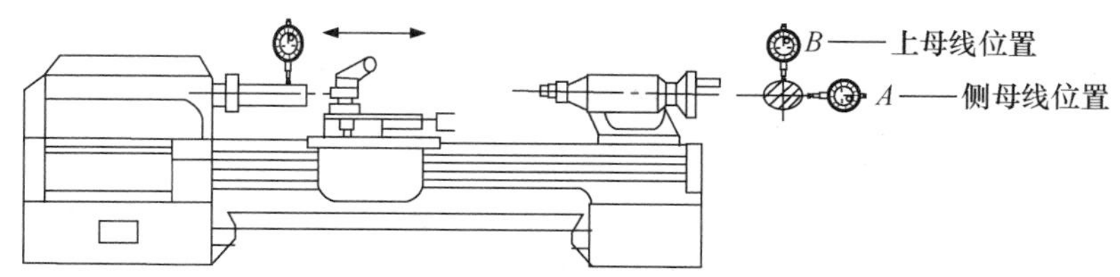

图 6-11　主轴轴线对刀架移动的平行度检验

移动刀架，分别对侧母线 A 和上母线 B 进行检验，记录百分表读数的最大差值。为消除检验棒轴线与旋转轴线不重合对测量的影响，必须旋转主轴 180°后，再同样检验一次 A、B 的误差分别计算，两次测量结果的代数和之半就是主轴轴线对刀架移动的平行度误差。要求水平面内的平行度允差只许向前偏，即检验棒前端偏向操作者；垂直平面内的平行度允差只许向上偏。

2. 检验刀架移动在水平面内直线度

检验刀架移动在水平面内直线度时，将百分表固定在刀架上，使其测头顶在主轴和尾座顶尖间的检验棒侧母线上（见图 6-12 位置 A），调整尾座，使百分表在检验棒两端的读数相等。然后移动刀架，在全行程上检验。百分表在全行程上读数的最大代数差值，就是水平面内的直线度误差。

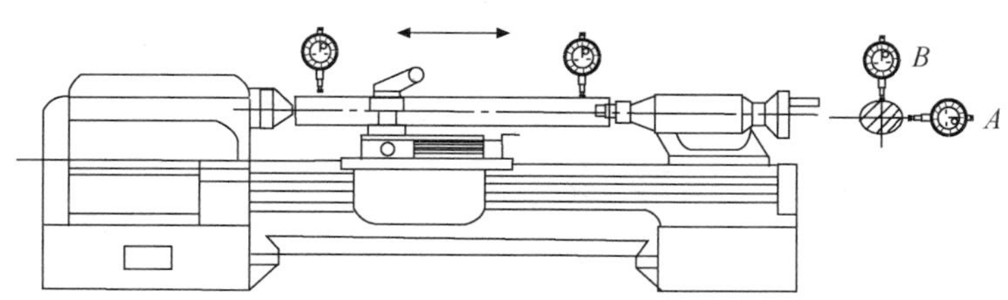

图 6-12　刀架移动在水平面内的直线度检验

3. 检验车床主轴轴向窜动量

检验车床主轴轴向窜动量时，在主轴锥孔内插入一根短锥检验棒，在检验棒中心孔放一颗钢珠，将千分表固定在车床上，使千分表平测头顶在钢珠上（图 6-13 位置 A），沿主轴轴线加一力 F，旋转主轴进行检验。千分表读数的最大差值，就是主轴轴向窜动的误差。

4. 车床主轴轴肩支承面跳动

进行车床主轴轴肩支承面跳动的检验时，将千分表固定在车床上，使其测头顶在主轴轴肩支承面靠近边缘处（见图 6-13 位置 B），沿主轴轴线加一力 F，旋转主轴进行检验。千分表的最大读数差值，就是主轴轴肩支承面的跳动误差。

5. 床身导轨在纵向垂直平面内直线度

进行床身导轨在纵向垂直平面内直线度的检验时，将方框水平仪纵向放置在刀架上，并靠近前导轨处（见图 6-14 位置 A），从刀架处于主轴箱一端的极限位置开始，从左向右移动刀架，每次移动距离应近似等于水平仪的边框尺（200 mm）。依次记录刀架在每一测量长度位置时的水平仪读数。

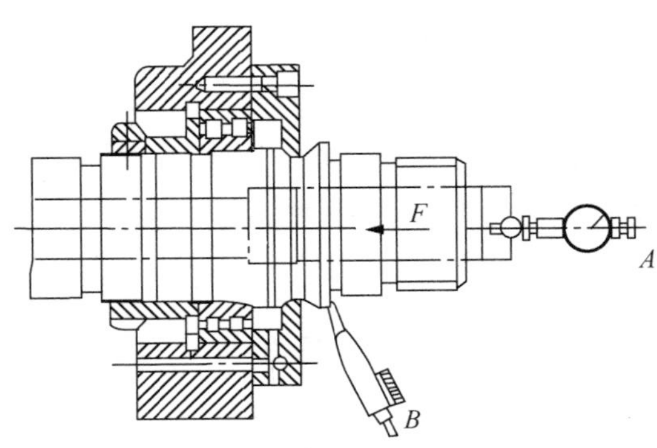

图 6-13　主轴轴向窜动和轴肩支承面跳动检验

将这些读数依次排列，用适当的比例画出导轨在垂直平面内的直线度误差曲线。水平仪读数为纵坐标，刀架在起始位置时的水平仪读数为起点，由坐标原点起作一折线段，其后每次读数都以前折线段的终点为起点，画出应折线段。各折线段组成的曲线，即为导轨在垂直平面内的直线度曲线。

曲线相对其两端连线的最大坐标值，就是导轨全长的直线度误差；曲线上任一局部测量长度内的两端点，相对曲线两端点的连线坐标差值，就是导轨的局部误差。

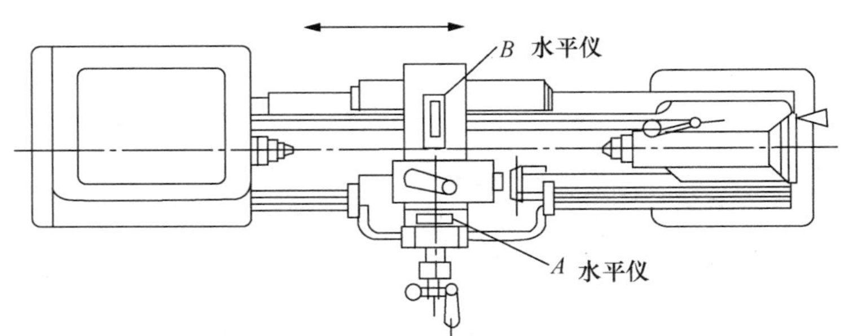

图 6-14　纵向导轨在垂直平面内的直线度检验

6. 机床工作台面的平面度

进行机床工作台面的平面度检验时，工作台及床鞍分别置于行程的中间位置，在工作台面上放一桥板，其上放水平仪，分别沿图示各测量方向移动桥板，每隔桥板跨距 d 记录一次水平仪读数。通过工作台面上 A、B、D 三点建立基准平面，根据水平仪读数求得各测点平面的坐标值。

误差以任意 300 mm 测量长度上的最大坐标值计。标准规定允差参见表 6-5。

表 6-5　工作台面的平面度允差　　单位：mm

工作台平面	≥500	>500～630	>630～1 250	>1 250～2 000
在任意 300 mm 测量长度的允差值	0.02	0.025	0.03	0.035

7. 测量大型机床的垂直度

测量大型工件的垂直度时，用水平仪粗调基准表面到水平。分别在基准表面和被测表面上用水平仪分段逐步测量，并用图解法确定基准方位；然后求出被测表面相对于基准的垂直度误差（如图 6-15 所示）。

测量小型工件时，先将水平仪放在基准表面上，读气泡一端的数值，然后用水平仪的一侧紧贴垂直被测表面，气泡偏离第一次（基准表面）的读数值，即为被测表面的垂直度误差。

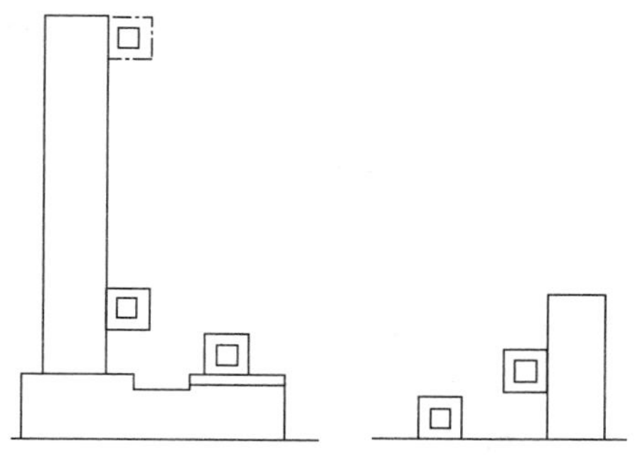

图 6-15　水平仪垂直度测量

6.4　升降台式铣床装配精度检测

6.4.1　升降台式铣床检测内容

1. 升降台式铣床外形结构

升降台式铣床外形结构如图 6-16 所示。

图 6-16　升降台式铣床外形结构

2. 升降台式铣床装配要求

升降台式铣床的总体装配调试过程，必须是在铣床床身各导轨平面度、直线度、平行度均合格的基础上进行。

3. 升降台式铣床装配检测内容

在机床的总装配过程中，按照国家规定的质量标准进行逐项检测，对不合格项找出超差原因并进行调整。

普通升降台铣床装配精度检测项目及误差分析参见表 6-6（表中图 XJ-1～图 XJ-13 排在本书 221～225 页）。

表 6-6　普通升降台铣床装配精度检测项目及误差分析

序号	检测项目	允差/mm	超差原因	改进	图号
1	工作台纵向和横向移动的垂直度（相互位置精度）	0.02/300	机床纵向与横向工作台拖板导轨不垂直	刮研导轨	XJ－1
2	工作台纵向移动对工作台面的平行度（相互位置精度）	全程：0.035	工作台导轨面与工作台台面不平行	刮研导轨	XJ－2
3	工作台横向移动对工作台面的平行度（相互位置精度）	全程：0.025	工作台导轨面与工作台台面不平行	刮研导轨	XJ－3
4	工作台中央T形槽侧面对工作台纵向移动的平行度（相互位置精度）	0.04/200	中央T形槽侧面对工作台导轨不平行	刮研导轨	XJ－4
5	主轴轴肩支承面的跳动（传动精度）	0.020	主轴止推轴承间隙过大	调整轴承间隙	XJ－5
6	主轴锥孔中心线的径向跳动（传动精度）	(a) 0.015 (b) 0.04/300	主轴后轴承间隙过大	调整后轴承	XJ－6
7	主轴定心轴颈的径向跳动（传动精度）	0.015	前轴承间隙过大	调整前轴承	XJ－7
8	主轴回转中心线对工作台中央T形槽的垂直度（卧铣）（相互位置精度）	0.015	机床工作台纵向导轨与主轴轴线不垂直	刮研导轨	XJ－8
9	主轴回转中心线对工作台面的平行度（卧铣）（相互位置精度）	0.005～0.025	机床工作台纵向导轨与主轴轴线不平行	刮研导轨	XJ－9
10	升降台移动对工作台面的垂直度（相互位置精度）	0.05/200	立柱导轨前后倾斜	刮研导轨	XJ－10
11	悬梁导轨对主轴中心线的平行度（卧铣）（相互位置精度）	在垂直平面内悬梁前高0.005～前低0.02； 在水平平面内为0.02	悬梁导轨支承面与主轴轴线垂直方向不平行； 悬梁导轨支承面与主轴轴线水平方向不平行	刮研悬梁导轨支承面	XJ－11
12	刀杆支架孔对主轴中心线的同轴度（卧铣）（相互位置精度）	0.025	加工刀杆支架时产生定位误差或其他原因产生的积累误差	刮研支架与悬梁导轨支承面或采用“就地加工法”镗支架孔	XJ－12
13	主轴回转中心线对工作台面的垂直度（相互位置精度）	(a) 纵向：0.05/200 (b) 横向：0.05/200 工作台外侧只许向上偏	此项误差轴积累所致	刮研工作台面	XJ－13
14	铣头或主轴套筒上下移动对工作台面的垂直度（相互位置精度）	全程： 纵向：0.02 横向：0.03 工作台外侧只许向上偏	此项误差轴积累所致	刮研工作台面	

续表

序号	测验项目	允差/mm	超差原因	改进	图号
加工综合检测	(1) 已加工面的平面度; (2) 上表面对基面的平行度; (3) 两侧面对基面的垂直度; (4) 两侧面间的垂直度	(1) 0.02/150, 0.04/300; (2) 0.02/150, 0.04/300; (3) 0.02/150; (4) 0.02/150, 0.03/300			

6.4.2　对应列表中检测项的检测方法及操作步骤

1. 工作台纵向和横向移动的垂直度

(1) 检测示意图见图 XJ－1。

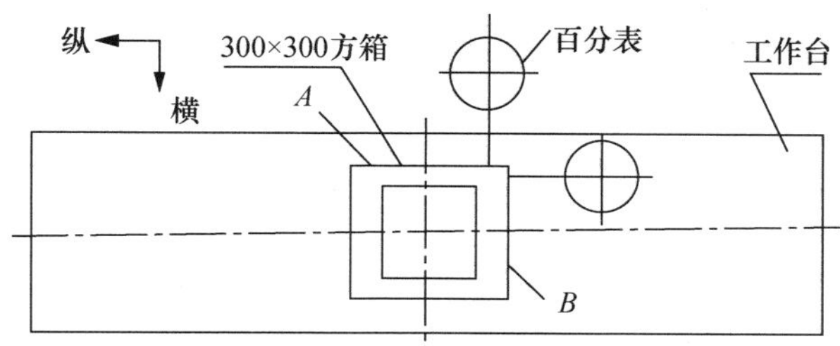

图 XJ－1　工作台纵向和横向移动垂直度检测

(2) 检测方法与步骤。

① 将机床工作台置于机床的中间位置，将方箱置于工作台中央。将百分表固定在机床立柱上，接通快速纵向进给，找正方箱 *A* 平面。

② 将百分表触头与方箱 *B* 平面接触，接通快速横向进给，百分表读数差即为该项误差值。

2. 工作台纵向移动对工作台面的平行度

(1) 检测示意图见图 XJ－2。

(2) 检测方法与步骤。

选用足够长的平尺，分别置于两块等高垫铁上，百分表固定在立柱上。接通纵向进给运动，百分表读数差即为该项误差值。

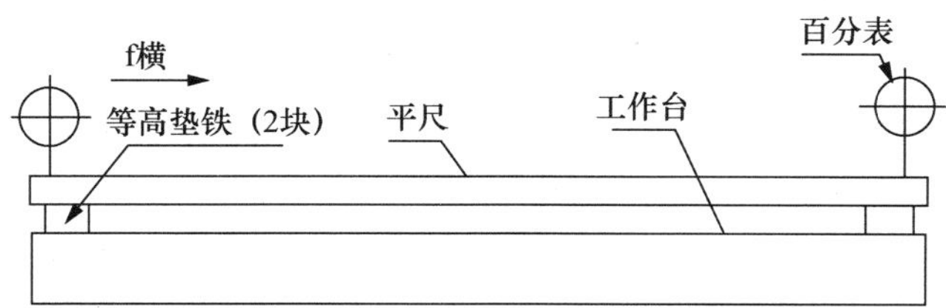

图 XJ－2　工作台纵向移动对工作台面的平行度检测

3. 工作台横向移动对工作台面的平行度

(1) 检测示意图见图 XJ－3。

(2) 检测方法与步骤（同工作台纵向移动对工作台面的平行度检测）。

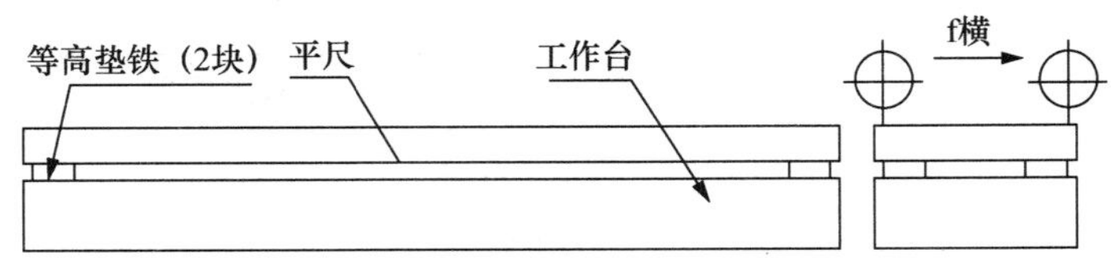

图 XJ－3　工作台横向移动对工作台面的平行度检测

4. 工作台中央 T 形槽侧面对工作台纵向移动的平行度

（1）检测示意图见图 XJ－4。

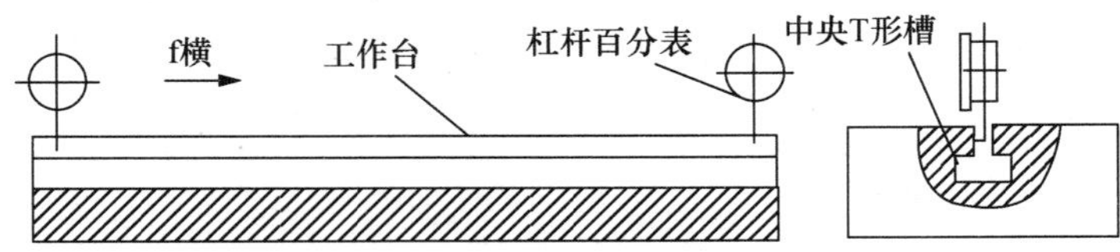

图 XJ－4　工作台中央 T 形槽侧面对工作台纵向移动的平行度检测

（2）检测方法与步骤。

① 将杠杆式百分表固定在立柱上，触头与 T 形槽工作表面接触。

② 接通纵向快速进给运动，百分表读数差即为该项误差值。

5. 主轴轴肩支承面的跳动

（1）检测示意图见图 XJ－5。

（2）检测方法与步骤。

① 将百分表固定在机床工作台上，触头与主轴轴肩支承面外缘接触。

② 置主轴于空挡，回转铣床主轴一周，百分表读数差即为该项误差值。

6. 主轴锥孔中心线的径向跳动

（1）检测示意图见图 XJ－6。

（2）检测方法与步骤。

① 将百分表固定在工作台上，在主轴锥孔中插入带锥柄检验心轴，多次安装并旋转主轴，测得 a 点处读数最小时，证明心轴安装正确。

② 旋转主轴，测出 a 点读数差，即为 a 点误差值。

③ 将百分表触头置于 b 点，旋转主轴，测得 b 点读数差，即为 b 点误差值。

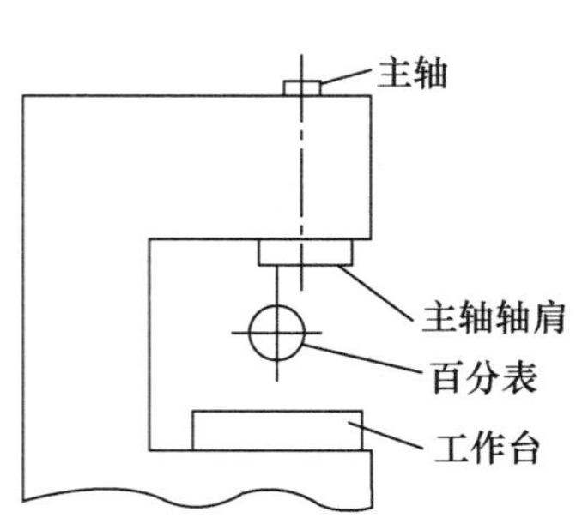

图 XJ－5　主轴轴肩支承面的跳动检测

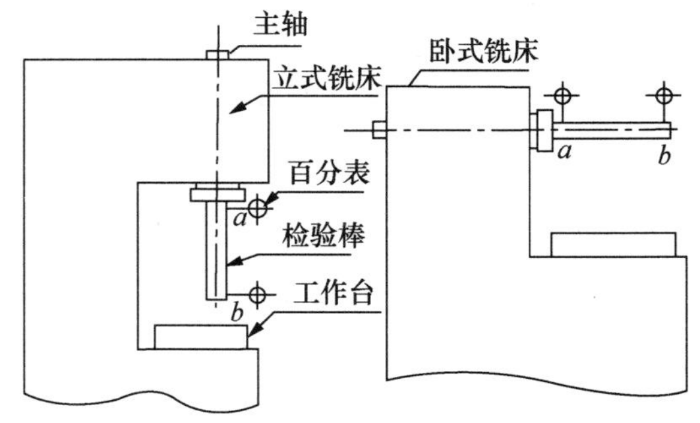

图 XJ－6　主轴锥孔中心线的径向跳动检测

7. 主轴定心轴颈的径向跳动

(1) 检测示意图见图 XJ－7。

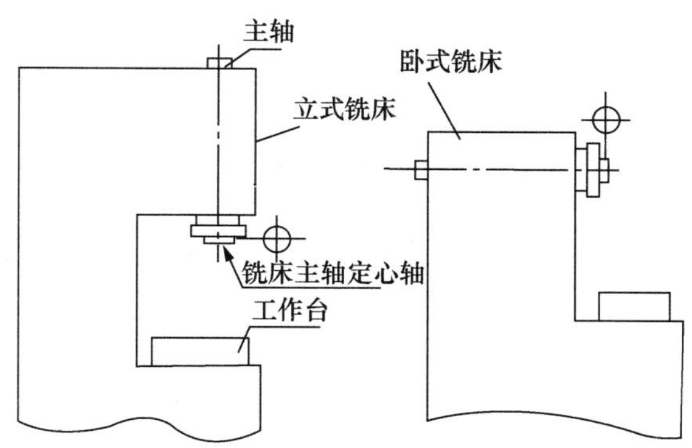

图 XJ－7　主轴定心轴颈的径向跳动检测

(2) 检测方法与步骤。

将百分表固定于工作台或立柱上，触头与主轴支承轴颈接触，主轴旋转一周，百分表读数差即为该项误差值。

8. 主轴回转中心线对工作台中央 T 形槽的垂直度

(1) 检测示意图见图 XJ－8。

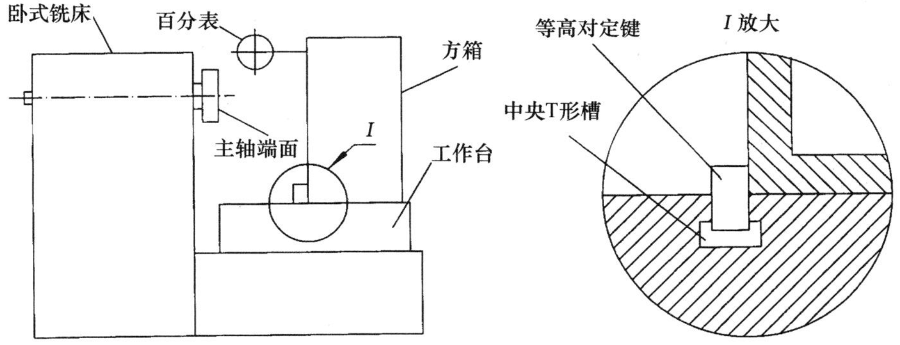

图 XJ－8　主轴回转中心线对工作台中央 T 形槽的垂直度检测

(2) 检测方法与步骤。

① 将百分表固定在机床主轴端面上，触头与方箱工作面接触（如果是万能铣床，必须先找正中央 T 形槽）。

② 将两块等高对定键插入工作台中央 T 形槽中，要求无间隙配合，相隔距离等于方箱长度。方箱工作表面紧贴对定键工作表面。

③ 将机床主轴回转一周，回转半径尽量大，百分表最大、最小读数差即为该项误差值。

9. 主轴回转中心线对工作台面的平行度

(1) 检测示意图见图 XJ－9。

(2) 检测方法与步骤。

① 多次反复校正检验心轴，使其 a 点读数为最小值，说明检验心轴安装正确。

② 在工作台面上移动百分表，检测心轴上母线 a、b 两点读数，读数差即为该项误差值。

10. 升降台移动对工作台面的垂直度

（1）检测示意图见图 XJ－10。

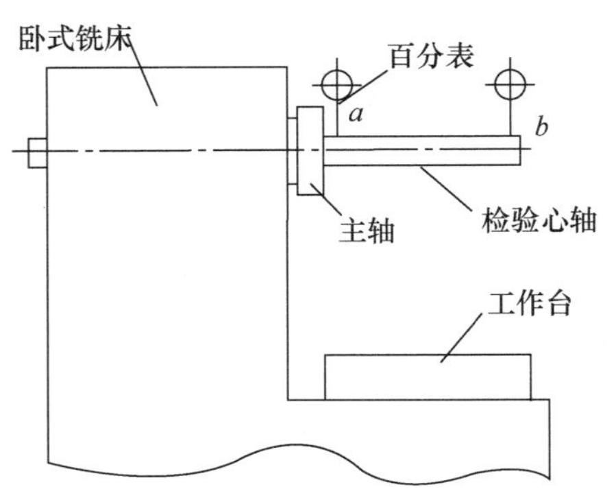

图 XJ－9　主轴回转中心线对工作台面的平行度检测

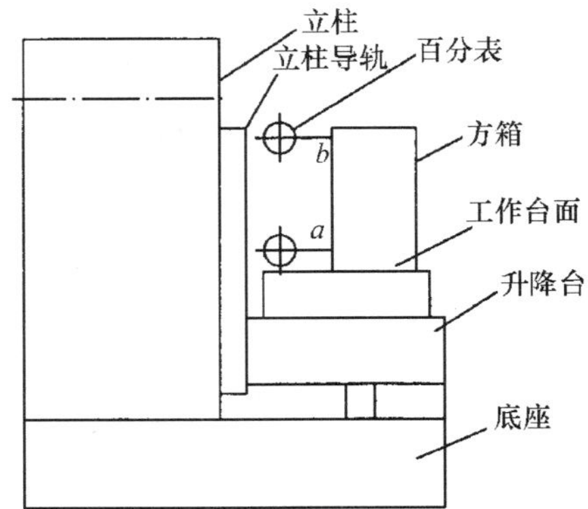

图 XJ－10　升降台移动对工作台面的垂直度检测

（2）检测方法与步骤。

① 将百分表固定在立柱导轨上，方箱固定在工作台上，百分表触头与方箱工作面接触。

② 接通升降台快速移动，使百分表从 a 点移至 b 点，百分表读数差即为该项误差值。

11. 悬梁导轨对主轴中心线的平行度

（1）检测示意图见图 XJ－11。

（2）检测方法与步骤。

① 将检验心轴装入主轴锥孔中，反复重装和测量 a 点，获得最小值时表明检验心轴安装合格。

② 将百分表固定在横梁上，触头分两次与检验心轴上母线和侧母线接触。

③ 转动横梁移动手轮，使横梁左右移动，a、b 两点的读数差即为垂直面上该项误差的误差值；c、d 两点的读数差即为水平面上该项误差的误差值。

12. 刀杆支架孔对主轴中心线的同轴度

（1）检测示意图见图 XJ－12。

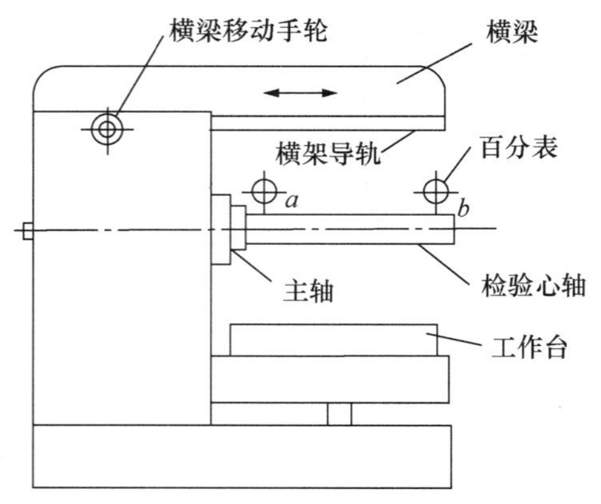

图 XJ－11　悬梁导轨对主轴中心线的平行度检测

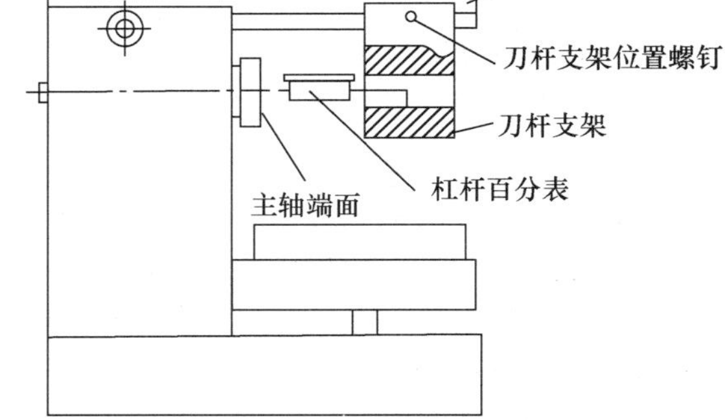

图 XJ－12　刀杆支架孔对主轴中心线的同轴度检测

（2）检测方法与步骤。

① 将横梁和刀杆支架固定在适当位置并锁紧。

② 杠杆百分表固定在主轴端面上，触头与刀杆支架内孔接触。

③ 旋转主轴一周，杠杆百分表读数差即为该项误差的误差值。观察读数不方便时可使用镜子反光。

13. 主轴回转中心线对工作台面的垂直度

(1) 检测示意图见图 XJ－13。

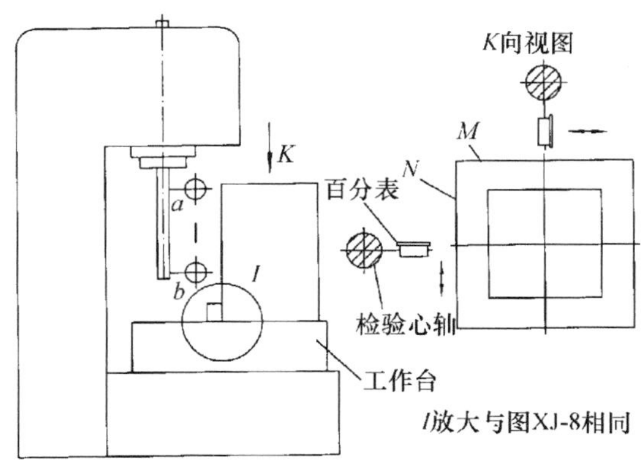

图 XJ－13　主轴回转中心线对工作台面的垂直度检测

(2) 检测方法与步骤。

① 将等高对定键插入工作台中央 T 形槽中，要求无间隙配合。方箱工作表面紧贴对定键工作表面。将方箱稍作压紧。

② 百分表安装在活动表架上，表架在方箱 M 和 N 工作面作上下前后移动，触头与检验心轴母线接触。

③ 在 M 面上移动测得的 a、b 两点读数差为主轴回转中心线对工作台面的纵向垂直度误差值；在 N 面上移动测得的 a、b 两点读数差为主轴回转中心线对工作台面的横向垂直度误差值。

也可用角尺对检验心轴进行透光检查。

14. 铣头或主轴套筒上下移动对工作台面的垂直度

铣头或主轴套筒上下移动对工作台面的垂直度，其检测原理与图 XJ－13 相同。但此时不使用检验心轴，将主轴套筒下移即可。

6.4.3　数控铣床的验收（几何精度）检测

数控铣床几何精度检验又称其静态精度检验，可综合反映机床关键零部件经组装后的综合几何形状误差，是进行数控铣床验收的一项重要工作。

需要注意的是，几何精度的检测必须在机床精调后一次完成，而不允许调整一项检测一项，因为几何精度有些是互相联系、相互影响的。同时还要注意检测工具和测量方法造成的误差，例如因表架的刚性、测微仪的重心、检测心轴自身的振摆和弯曲等影响而造成的误差。

几何精度的检测项包含以下 9 项：

① 安装水平；

② 工作台面的平面度；

③ 主轴锥孔轴线的径向跳动；

④ 主轴轴线对工作台面的垂直度；

⑤ 主轴竖直方向移动对工作台面的垂直度；
⑥ 主轴套筒竖直方向移动对工作台面的垂直度；
⑦ 工作台 X 向或 Y 向移动对工作台面的平行度；
⑧ 工作台 X 向移动对工作台 T 形槽的平行度；
⑨ 工作台 X 向移动对 Y 向移动的工作垂直度。

1. 安装水平

（1）检验工具。精密水平仪。

（2）检验方法。如图 6-17(a) 所示，将工作台置于导轨行程的中间位置，将两个水平仪分别沿 X 和 Y 坐标轴置于工作台中央，调整机床垫铁高度，使水平仪水泡处于读数中间位置；分别沿 X 和 Y 坐标轴全行程移动工作台，观察水平仪读数的变化，调整机床垫铁的高度，使工作台沿 Y 和 X 坐标轴全行程移动时水平仪读数的变化范围小于 2 格，且读数处于中间位置即可。

2. 工作台面的平面度

（1）检测工具。百分表、平尺、可调量块、等高量块、精密水平仪。

（2）检验方法。如图 6-17(b) 所示，首先在检验面上选 ABC 点作为零位标记，将三个等高量块放在这三点上，这三个量块的上表面就确定了与被检面作比较的基准面。将平尺置于点 A 和点 C 上，并在检验面点 E 处放一可调量块，使其与平尺的下表面接触。此时，量块的 ABCE 的上表面均在同一表面上。再将平尺放在点 B 和点 E 上，即可找到点 D 的偏差。在 D 点放一可调量块，并将其上表面调到由已经就位的量块上表面所确定的平面上。将平尺分别放在点 A 和点 D 及点 B 和点 C 上，即可找到被检面上点 A 和点 D 及点 B 和点 C 之间的各点偏差。至于其余各点之间的偏差可用同样的方法找到。

3. 主轴锥孔轴线的径向跳动

（1）检验工具。检验棒、百分表。

（2）检验方法。如图 6-17(c) 所示，将检验棒插在主轴锥孔内，百分表安装在机床固定部件上，百分表测头垂直触及被测表面。旋转主轴，记录百分表的最大读数差值，在 a、b 处分别测量。标记检验棒与主轴的圆周方向的相对位置，取下检验棒，同向分别旋转检验棒 90°、180°、270°，然后重新插入主轴锥孔，在每个位置分别检测。取 4 次检测的平均值，即为主轴锥孔轴线的径向跳动误差。

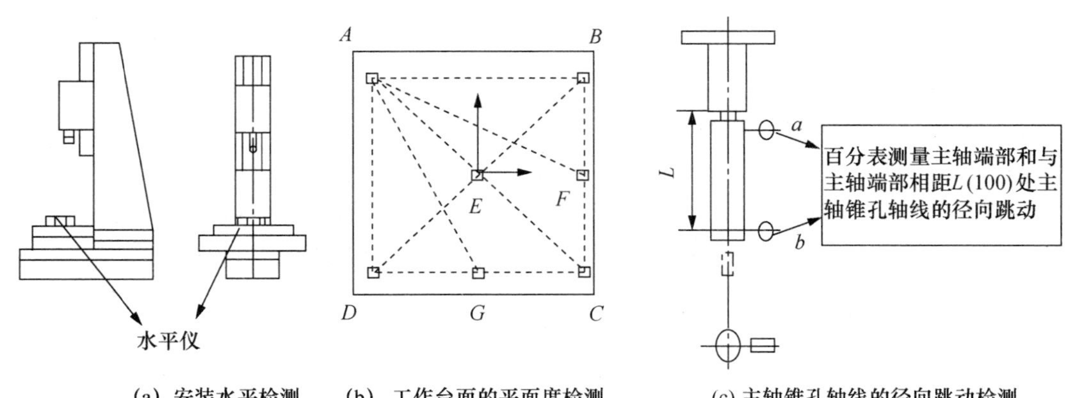

(a) 安装水平检测　(b) 工作台面的平面度检测　(c) 主轴锥孔轴线的径向跳动检测

图 6-17　检测水平、平面度、跳动

4. 主轴轴线对工作台面的垂直度

（1）检验工具：平尺、可调量块、百分表、表架。

（2）检验方法：如图6-18(a)所示，将带有百分表的表架装在轴上，并将百分表的测头调至平行于主轴轴线，被测平面与基准面之间的平行度偏差可以通过百分表测头在被测平面上摆动的检查方法测得。主轴旋转一周，百分表读数的最大差值即为垂直度偏差。分别在 *X*—*Z*、*Y*—*Z* 平面内记录百分表在相隔 180 °的两个位置上的读数差值。为消除测量误差，可在第一次检验后将验具相对于主轴转过 180 °再重复检验一次。

5. 主轴竖直方向移动对工作台面的垂直度

（1）检验工具：等高量块、平尺、角尺、百分表。

（2）检验方法：如图6-18(b)所示，将等高量块沿 *Y* 轴方向放在工作台上，平尺置于等高量块上；将角尺置于平尺上（在 *Y*—*Z* 平面内），指示器固定在主轴箱上，指示器测头垂直触及角尺；移动主轴箱，记录指示器读数及方向，其读数最大差值即为在 *Y*—*Z* 平面内主轴箱垂直移动对工作台面的垂直度误差。同理，将等高量块、平尺、角尺置于 *X*—*Z* 平面内重新测量一次，指示器读数最大差值即为在 *X*—*Z* 平面内主轴箱垂直移动对工作台面的垂直度误差。

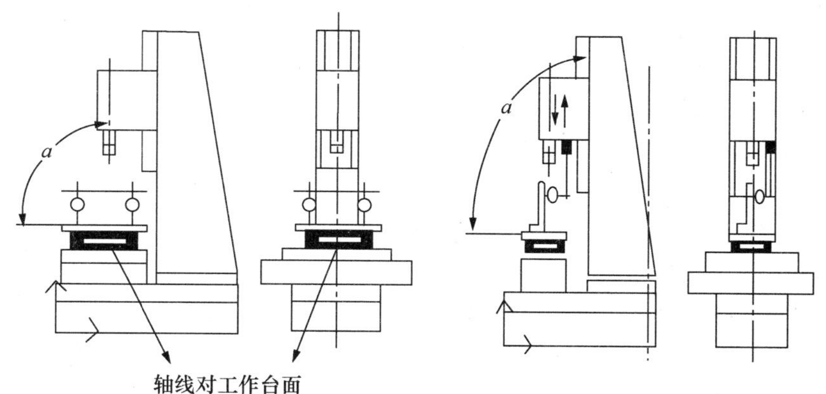

(a) 主轴轴线对工作台面的垂直度　(b) 主轴竖直方向移动对工作台面的垂直度

图6-18　测垂直度

6. 主轴套筒竖直方向移动对工作台面的垂直度

（1）检验工具：等高量块、平尺、角尺、百分表。

（2）检验方法：如图6-19(a)所示，将等高量块沿 *Y* 轴方向放在工作台上，平尺置于等高量块上；将圆柱角尺置于平尺上，并调整角尺位置，使角尺轴线与主轴轴线同轴；百分表固定在主轴上，百分表测头在 *Y*—*Z* 平面内垂直触及角尺；移动主轴，记录百分表读数及方向，其读数最大差值即为在 *Y*—*Z* 平面内主轴垂直移动对工作台面的垂直度误差。同理，百分表测头在 *X*—*Z* 平面内垂直触及角尺重新测量一次，百分表读数最大差值为在 *X*—*Z* 平面内主轴箱垂直移动对工作台面的垂直度误差。

7. 工作台 *X* 向或 *Y* 向移动对工作台面的平行度

（1）检验工具：等高量块、平尺、百分表。

（2）检验方法：如图6-19(b)所示，将等高量块沿 *Y* 轴方向放在工作台上，平尺置于等高量块上，把指示器测头垂直触及平尺，*Y* 轴方向移动工作台，记录指示器读数，其读数最大差值即为工作台 Y 轴向移动对工作台面的平行度；将等高量块沿 X 轴方向放在工作台上，X 轴方向移动工作台，重复测量一次，其读数最大差值即为工作台 X 轴向移动对工作台面的平行度。

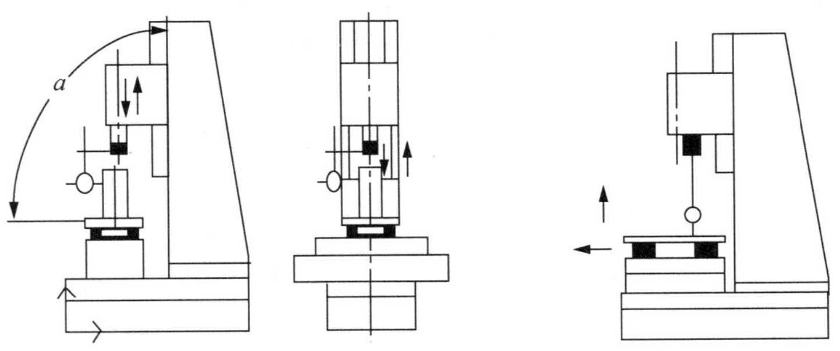

(a) 主轴套筒竖直移动对工作台面垂直度　(b) 工作台X或Y向移动对工作台面平行度

图 6-19　测垂直度、平行度

8. 工作台 X 向移动对工作台 T 形槽的平行度

（1）检验工具：百分表。

（2）检验方法：如图 6-20(a) 所示，把百分表固定在主轴箱上，使百分表测头垂直触及基准（T 形槽），X 轴向移动工作台，记录百分表读数，其读数最大差值即为工作台沿 X 坐标轴轴向移动对工作台面基准（T 形槽）的平行度误差。

9. 工作台 X 向移动对 Y 向移动的工作垂直度

（1）检验工具：角尺、百分表。

（2）检验方法：如图 6-20(b) 所示，将工作台处于行程中间位置，将角尺置于工作台上，把百分表固定在主轴箱上，使百分表测头垂直触及角尺（Y 轴向），Y 轴向移动工作台，调整角尺位置，使角尺的一个边与 Y 轴轴线平行，再将百分表测头垂直触及角尺另一边（X 轴向），X 轴向移动工作台，记录百分表读数，其读数最大差值即为工作台 X 坐标轴向移动对 Y 轴向移动的工作垂直度误差。

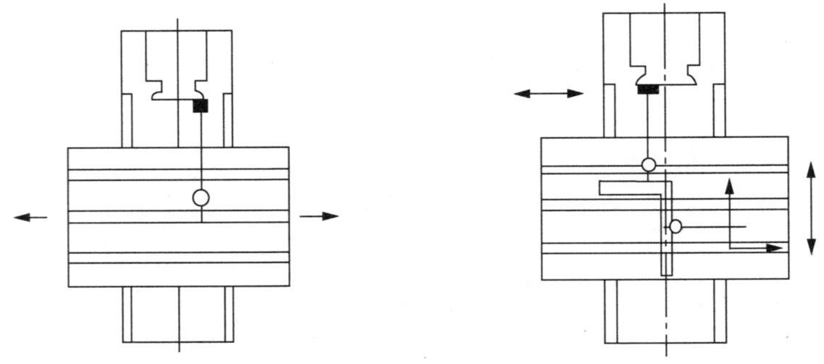

(a) 工作台X向移动对工作台T形槽的平行度　(b) 工作台X向移动对Y向移动的工作垂直度

图 6-20　测工作台移动平行度、垂直度

6.5 加工中心装配精度检测

6.5.1 立式加工中心检测内容

1. 加工中心外形结构

XK7120数控铣床和XH7132加工中心外形结构见图6-21。

图6-21 XK7120数控铣床和XH7132加工中心外形结构

2. 加工中心装配要求

加工中心、数控铣床的总体装配调试过程，必须是在机床床身各导轨平面度、直线度、平行度均合格的基础上进行。

3. 加工中心装配检测内容

XK7120数控铣床和XH7132加工中心装配精度检测项目及误差分析参见表6-7（表中图XH-1～图XH-6排在本书230～232页）。

表6-7 XK7120数控铣床和XH7132加工中心装配精度检测项目及误差分析

序号	检验项目	允差/mm	超差原因	改　进	图　号
1	工作台面对主轴箱垂直移动的垂直度（位置误差）	(a) 横向0.025/300; (b) 纵向0.025/300	(1) 立柱导轨运动副间隙过大; (2) 机床安装精度低或立柱变形	(1) 调整运动副间隙; (2) 精调机床并检查和调整立柱	XH－1
2	工作台面的平面度（形状误差）	0.04/1000 任意0.02/300	工作台变形或有损伤	仔细检查，认真刮研	XH－2
3	工作台面对工作台（或立柱、滑枕）移动的平行度（位置精度）	(a) 在任意0.025/300; (b) 在任意0.025/300	积累误差所致	重新拆装相关部件	XH－3
4	主轴的轴向窜动（传动误差）	0.01	止推轴承间隙偏大或装配积累误差	调整止推轴承间隙或重新精细装配	XH－4
5	主轴锥孔轴线的径向跳动	(a) 0.01; (b) 0.02	径向圆柱滚子轴承间隙偏大或装配积累误差	调整径向圆柱滚子轴承间隙或重新精细装配	XH－5

续表

序号	检验项目	允差/mm	超差原因	改进	图号
6	主轴旋转轴线对工作台面的垂直度（位置误差）	(a) 0.04/300; (b) 0.04/300	(1) 机床安装精度低; (2) 主轴组件装配精度低; (3) 主轴轴承磨损严重; (4) 工作台导轨磨损不均匀	(1) 精调机床; (2) 精细装配主轴部件; (3) 调整轴承间隙或更换轴承; (4) 检查并局部刮研机床导轨	XH－6
7	工作台横向移动对工作台纵向移动的垂直度（位置精度）	0.02/300	(1) 工作台导轨间隙过大; (2) 机床纵向—横向工作台导轨变形	(1) 调整导轨间隙; (2) 精调机床或重新刮研导轨	同XJ－1

6.5.2 对应列表中检测项的检测方法及操作步骤

1. 工作台面对主轴箱垂直移动的垂直度

(1) 检测示意图见图XH－1。

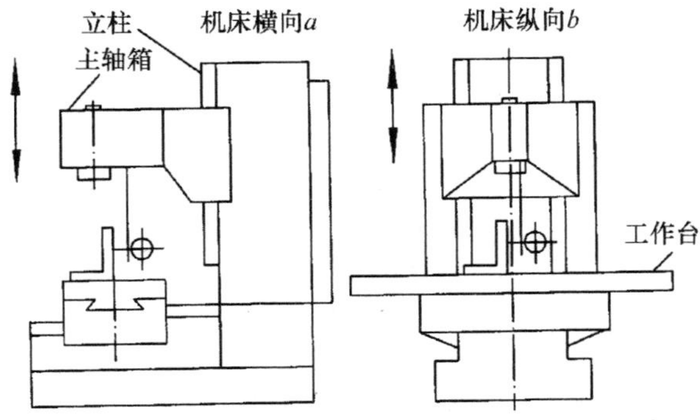

图XH－1　工作台面对主轴箱垂直移动的垂直度检测

(2) 检测方法与步骤。

① 将标准角铁安装在工作台面上，基本校正；百分表固定在主轴箱下端。

② 上下移动主轴箱，测得的百分表读数差即为该项误差值。

2. 工作台面的平面度

(1) 检测示意图见图XH－2。

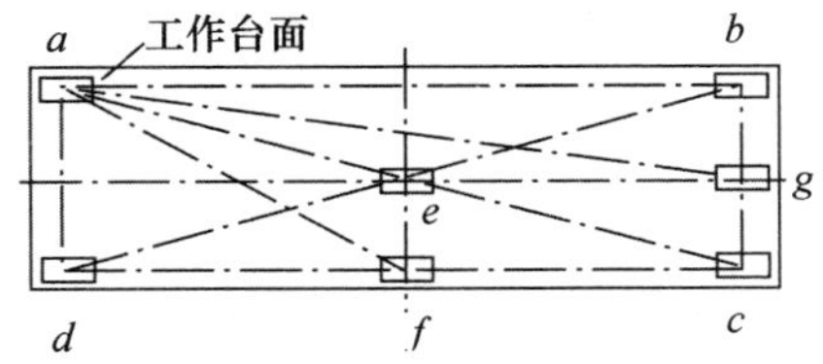

图XH－2　工作台面的平面度检测

(2) 检测方法与步骤。

① 用桥型平尺、刀口尺沿点画线所示部位进行检查，用光隙和塞尺确定具体误差值。

② 以 a 点为基准，低于 a 点记负，高于 a 点记正，高低点之差的最大绝对值即为该项误差值。

3. 工作台面对工作台移动的平行度

（1）检测示意图见图 XH－3。

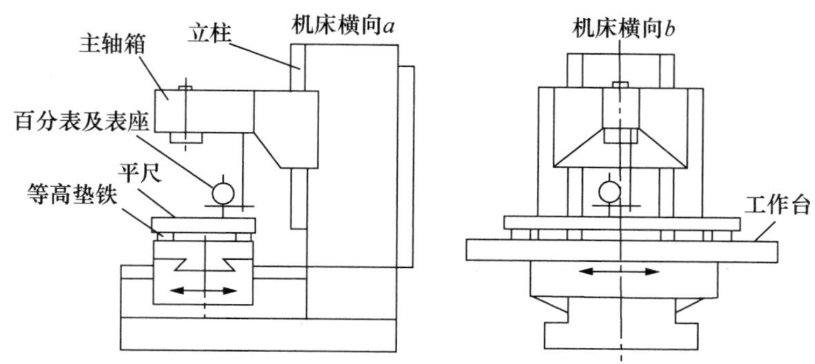

图 XH－3　工作台面对工作台移动的平行度检测

（2）检测方法与步骤。

① 等高垫铁放在工作台面上，平尺安装在等高垫铁上并与之良好接触；百分表固定在主轴箱底部。

② 启动横向快速进给运动，可获得 a 值，a 值的最大值与最小值之差即为横向误差值。

③ 启动纵向快速进给运动，可获得 b 值，b 值的最大值与最小值之差即为纵向误差值。

4. 主轴的轴向窜动

（1）检测示意图见图 XH－4。

（2）检测方法与步骤。

① 将百分表固定在工作台面上，触头与机床主轴端面接触。

② 旋转主轴一周，百分表读数差即为该项误差值。

5. 主轴锥孔轴线的径向跳动

（1）检测示意图见图 XH－5。

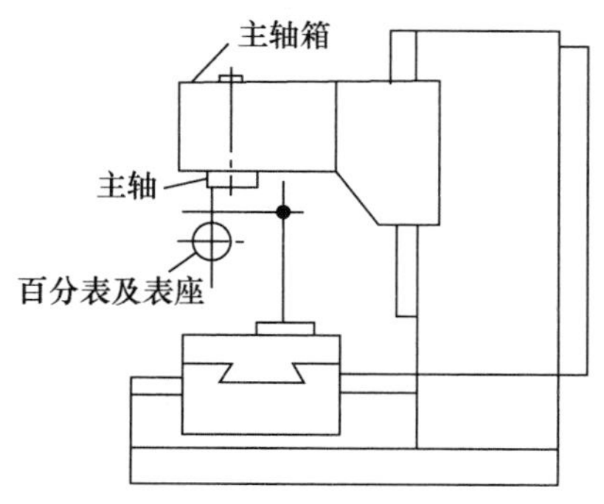

图 XH－4　主轴的轴向窜动检测

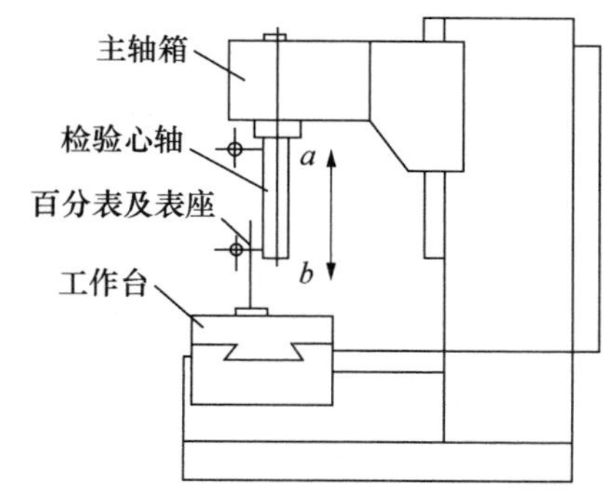

图 XH－5　主轴锥孔轴线的径向跳动检测

（2）检测方法与步骤。

① 将带有锥柄的检验心轴置于主轴锥孔内。多次旋转主轴，并重复安装心轴，使 a 点处读数最小，则心轴安装正确。此时百分表读数差即为 a 点的跳动误差。

② 将百分表移至 b 点，旋转机床主轴，百分表读数差即为 b 点的跳动误差。

6. 主轴旋转轴线对工作台面的垂直度

（1）检测示意图见图 XH－6。

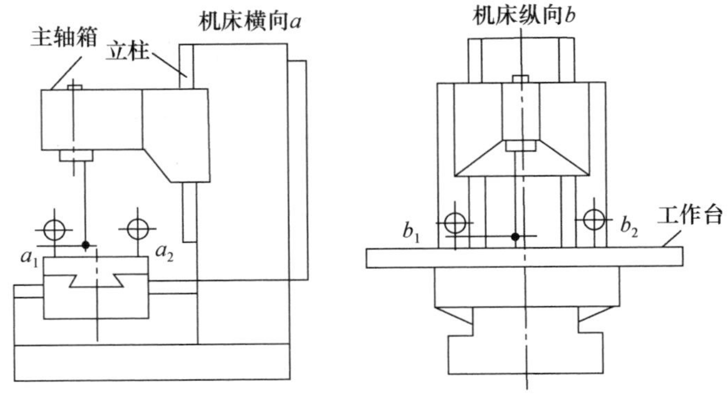

图 XH－6　主轴旋转轴线对工作台面的垂直度检测

（2）检测方法与步骤。

① 将百分表固定在主轴端面上，触头与工作台面接触。

② 在 a_1 处得读数 a_1，将主轴旋转 180°得 a_2，两数之差即为横向垂直度误差。

③ 用同样的方法可获得纵向垂直度误差。

7. 工作台横向移动对工作台纵向移动的垂直度

（1）检测示意图同图 XJ－1。

（2）检测方法与步骤。

① 将方箱置于机床工作台面上，百分表固定在机床立柱上。

② 移动纵向工作台，找正平面 A，尽量提高找正精度。

③ 方箱不动，将百分表移至方箱 B 面，移动横向工作台，在 B 平面上百分表的最大、最小读数差即为该项误差值。

6.6　数控机床的订购与验收

6.6.1　数控机床的订购与招标

数控机床由控制系统和机械本体两大部分组成，其中控制系统由专业厂家生产，机床厂家按客户要求将控制系统与自己生产的机械本体进行装配。这两部分的功能和档次决定了一台数控机床的综合性能。

根据数控机床的组成和工作特点，其选择包括机械和系统两大部分。

1. 数控机床的订购（机械部分）

根据典型加工工件确定数控机床的机械部分，一般具体包括以下几个方面。

(1) 主参数。

对于数控车床而言，机床的回转直径和加工长度决定加工对象的尺寸范围。对于数控铣床而言，主参数主要指工作台尺寸和行程、主电动机功率等。

(2) 精度。

无论是零件的尺寸精度、形状精度还是位置精度，其内部都受到机床因素和工艺因素的影响。在数控机床选型时，机床精度往往成为用户最关心的问题。

(3) 刚度。

机床刚度是指机床在外力作用下抵抗变形的能力，它直接影响到生产率和加工精度。机床刚度包括静态刚度和动态刚度。其中，机床的动态刚度还与伺服系统的驱动能力有关。

(4) 机床运转可靠性。

机床运转可靠性包括在使用寿命期内故障尽可能少和机床连续运转稳定可靠两方面。

(5) 噪音和造型。

噪音包括由机械摩擦和高频电源引起的噪音等，它直接影响到操作者的身心健康。

2. 数控机床的订购（数控系统）

根据零件的组成结构和加工工艺特点来选择合适的数控系统，选择数控系统可从系统的档次和功能上进行考虑。

(1) 根据机床类型进行选择。

数控系统由专业厂家生产，车床配车床系统，铣床配铣床系统，加工中心配加工中心系统，其基本原则是运动轴数和控制轴数一致。

(2) 根据功能进行选择。

一个数控系统具有许多功能，有的属于基本功能，有的属于选择功能，选择功能需要用户特别订购。

3. 数控机床的招标

(1) 招标方法。

招标购买数控机床，是规范市场秩序的一种方法。

(2) 招标书。

编写购买数控机床的标书时，一定要充分进行市场调研和了解生产的实际需要；招标书上的标的物要数量准确、规格明确；计划购买几台机床，各是什么型号，各配备什么系统，都有什么特殊要求等，均要写清楚。

(3) 注意事项。

在购买数控机床的整个过程中，不但要关心机床的整机情况，还要注意以下几点：

① 具体备品（刀具、夹具、工具等）的规格和数量；

② 随机资料的名称和数量；

③ 人员培训的数量和时间；

④ 售后服务响应时间等。

6.6.2 数控机床的安装

从技术角度来说，数控机床的安装包括机械和电气两方面，其复杂程度随机床的档次不同而不同。但一般来说，数控机床安装的基本工作都包括安装准备、开箱验收、机床的吊装与就位、机床的连接、参数确认。

1. 安装准备

根据制造厂提供的机床安装地基图进行施工。在安装前要考虑机床重量和重心位置，与机床连接的电线、管道的铺设，预留地脚螺栓和预埋件的位置等。

地基平面尺寸不应小于机床支承面积的外廓尺寸，并考虑安装、调整和维修所需尺寸。

机床的安装位置应远离各种干扰源。应避免阳光照射和热辐射的影响，其环境温度和湿度应符合说明书的规定。另外，机床旁应留有足够的工件运输和存放空间。机床与机床、机床与墙壁之间应留有足够的通道。

对于大型机床，要在安装地脚螺栓的部位做好预留孔；对于一般的数控机床，采用减振垫铁就可以了，但要使每个垫铁都受力后再调机床水平。

2. 开箱验收

应在机床厂家在场的情况下，进行开箱验收，并应注意从下几点：

① 包装箱外观是否完好，机床外观有无明显损坏，是否锈蚀、脱漆；

② 技术资料是否齐全；

③ 附件品种、规格、数量；

④ 备件品种、规格、数量；

⑤ 工具品种、规格、数量；

⑥ 安装附件，如垫铁、地脚螺栓等的品种、规格、数量。

3. 吊装与就位

机床的起吊应严格按说明书上的吊装方法进行。注意机床的重心和起吊位置以及人身和设备安全。

4. 清洗与连接

机床连接组装前，要先进行清洗工作。连接工作包括两部分。

（1）机床解体的零件连接及电缆、油管和气管的连接。

（2）机床数控系统的连接，内容包括：

① 数控系统的开箱检查；

② 外部电缆的连接；

③ 电源线的连接。

5. 参数确认

（1）输入电源电压和频率确认。

我国供电制式是交流380V，三相；交流220V，单相；频率为50Hz。

（2）电源电压波动范围的确认。

检查用户的电源电压波动范围是否在数控系统允许的范围之内。一般数控系统允许电压波动范围为额定值的85%～110%。

6.6.3 数控机床的调试

1. 调试前的准备

机床调试前，应首先去除各安装面、导轨和工作台等上面的防锈油，调整机床床身水平，然后按照机床说明书的要求加装润滑油、液压油、切削液，接通外接电源、气源等。

2. 机床通电试车

采用各部件分别通电试车后，再作全面供电试验。根据机床说明书检查机床主要部件功能是否正常齐全，机床各部件尽可能手动操作运动。

3. 机床精度和功能的调试。

（1）主要使用框式水平仪等检测工具，通过调整垫铁的方式调整机床导轨、工作台的水平，使机床几何精度达到允许公差范围。

（2）对自动换刀装置，调整好刀库、机械手位置、行程参数等，再用指令进行动作检验，要求准确无误。

（3）机床调整完毕后，仔细检查系统中的参数设定是否符合随机指标中规定的数据，然后试验各主要操作功能、安全措施、常用指令执行情况等。

（4）检查机床辅助功能及附件的正常工作情况。

6.6.4 数控机床的试运行

（1）试运行的概念。

试运行是指数控机床在带有负载的情况下，经过较长时间（一个班次或更长）的自动运行，全面地检查机床功能及工作可靠性的过程。

（2）考机程序。

试运行过程中采用的程序叫考机程序。考机程序中一般应包括：

① 每个坐标的运动；

② 数控系统的主要功能；

③ 主轴的最高、最低及常用转速；

④ 快速及常用的进给速度；

⑤ 装满刀具的刀库选刀及换刀动作；

⑥ 其他要求完成的功能（如通信、辅助功能、特殊功能等）。

（3）考机须知。

① 运行考机程序，数控车16小时，加工中心32小时；

② 执行不应发生除操作失误引起的任何故障。程序因故障中断后，需重新开始计时。

6.6.5 数控机床的验收

（1）验收的概念。

数控机床的验收是指使用各种高精度仪器、仪表，对机床的机、电、液、气等各部分及整机单项性能和静态精度、动态精度的检测以及综合性能的测试，并与合同要求的各项指标进行对比的过程。

（2）验收步骤。

数控机床的验收一般分两个阶段进行：一是以开箱检验外观检查为主要形式的预验收；二是以检验机床性能、数控功能、精度为主要内容的最终验收。最终验收要按合同和国家有关标准来进行。

① 机床性能的验收：主轴、进给、换刀、机床噪音、电气装置、数控装置、气动液压装置、附属装置的运行是否达到设计要求或出厂说明书要求。

② 数控功能的验收：由考机程序体现出系统性能，如运动指令功能、准备指令功能、操作功能、显示功能等。

注意：验收数控机床的几何精度要在机床精调后一次完成，不允许调整一项检测一项。

6.6.6 数控机床的验收内容

数控机床的验收具体应包括三个方面的检验内容：几何精度、定位精度、切削精度。

1. 几何精度检验

数控机床的几何精度反映机床的关键机械零部件及其安装后的几何形状误差，又称静态精度。

（1）几何精度检验内容。

① 直线进给运动的平行度、垂直度；

② 回转运动的轴向及径向跳动；

③ 主轴与工作台的位置精度等。

（2）常用的检验工具。

精密水平仪、精密方箱、直角尺、平尺、千分表、测微仪、高精度检验棒。

（3）普通立式加工中心几何精度检验。主要项目包括以下几点。

① 工作台面的平面度；

② 各坐标方向移动的相互垂直度；

③ X、Y 坐标方向移动时相对工作台面的平行度；

④ 工作台 X 坐标方向移动时相对工作台面 T 形槽侧面的平行度；

⑤ 主轴的轴向窜动；

⑥ 主轴孔的径向跳动；

⑦ 主轴箱沿 Z 坐标方向移动时相对主轴轴心线的平行度；

⑧ 主轴回转轴心线对工作台面的垂直度；

⑨ 主轴箱在 Z 坐标方向移动的直线度。

2. 定位精度

（1）定位精度检验的概念。

定位精度是指机床各坐标轴在数控装置控制下运动所能达到的位置精度。定位精度取决于数控系统和机械传动误差，是数控机床验收的一项重要内容。

比如，通过激光干涉仪或其他仪器进行下列内容的检测验收：定位精度检测要求在坐标全行程上按照一定距离（如300 mm）设置定位点，并用G00编写程序使机床往返运动5次，记录每个定位点的实测值。在任意300 mm测量长度上，定位精度的普通级为0.02 mm，精密级为0.01 mm；重复定位精度的普通级为0.016 mm，精密级为0.01 mm。

（2）定位精度检验的内容。

① 各直线运动轴的定位精度及重复定位精度；

② 各回转运动轴（回转工作台）的定位精度和重复定位精度；

③ 各直线运动轴机械原点的复归精度；

④ 各回转运动轴原点的复归精度；

⑤ 各直线运动轴的反向误差；

⑥ 各回转运动轴的反向误差。

(3) 检测工具。

双频激光干涉仪、测微仪和成组块规、标准刻度尺、光学读数显微镜。

3. 切削精度

(1) 切削精度的概念。

切削精度是数控机床的几何精度和定位精度在切削条件下的一项综合精度。切削精度不仅反映机床的几何精度和定位精度，同时还包括了试件的材料、环境温度、刀具性能以及切削条件等各种因素造成的误差和计量误差。

要想保证切削精度，首先要求机床的几何精度和定位精度的实际误差要比允许误差小。

(2) 切削精度检验项目。包括：

① 单项加工精度检验；

② 加工一个标准的综合性试件精度检验。

(3) 切削精度检测验收的内容。

卧式加工中心切削精度检验包括：

① 孔加工精度——镗孔精度（圆度、圆柱度）；

② 平面加工精度——端铣刀铣平面精度（平面度、阶梯差）；

③ 平面加工精度——端铣刀铣侧面精度（垂直度、平行度）；

④ 镗孔孔距精度——（*X* 轴方向、*Y* 轴方向、对角线方向、孔径偏差）；

⑤ 直线加工精度——立铣刀铣四周面精度（直线度、平行度、厚度差、垂直度）；

⑥ 斜面加工精度——两轴联动铣削直线精度（直线度、平行度、垂直度）；

⑦ 圆弧加工精度——立铣刀铣削圆弧精度（圆度）。

第 7 章　综合练习题

7.1　轴

1. 零件图

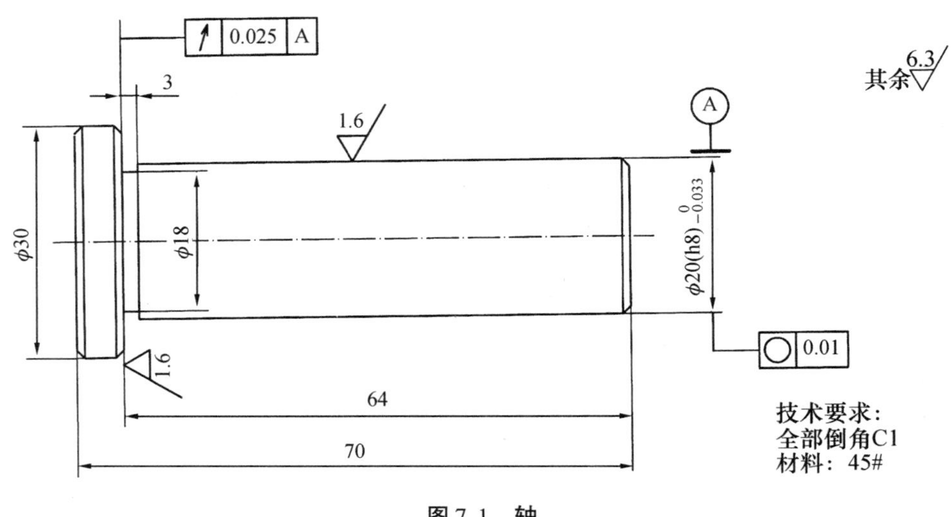

图 7-1　轴

2. 按下列要求回答问题，并仿照实例进行加工设计

(1) 设计切槽刀和切断刀，试比较这两把刀的相同、不同之处（提示：了解砂轮越程槽的结构）。

(2) 如何检测圆度公差值和跳动公差?

(3) 45 号钢的切削加工性如何?

(4) 怎样才能稳定保证 φ20h8 外圆尺寸精度和表面粗糙度?

7.2 长 销

1. 零件图

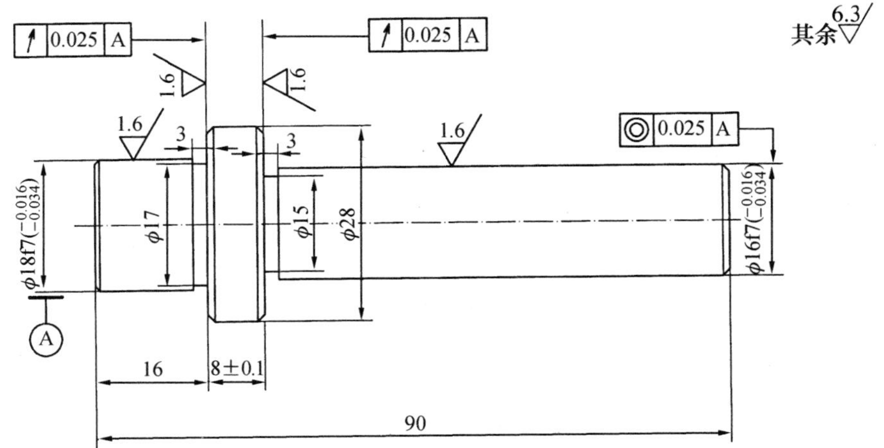

技术要求：
1. 淬火：46～54HRC
2. 全部倒角C1
材料：45#

图7-2 长销

2. 按下列要求回答问题，并仿照实例进行（普通或数控）加工设计

（1）热处理淬火工序如何安排？热处理前后工件的性质有哪些不同？对切削加工有何影响？

（2）工件是否要打中心孔？淬火后中心孔如何处理？中心孔对工件的质量有何影响？

（3）了解轴类零件磨削时的装夹。

（4）如何检测同轴度误差？

7.3 锥度心轴

1. 零件图

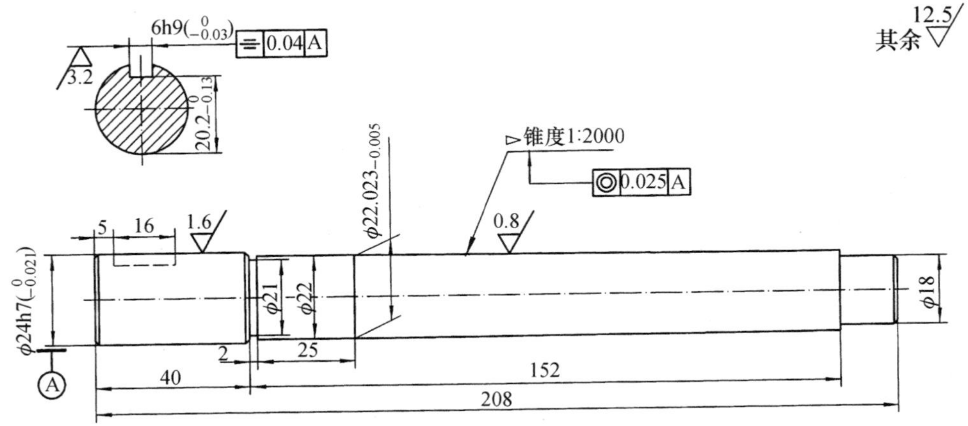

技术要求:
1. 全部倒角C1
2. 淬火58～62HRC（φ24h7外径不淬火）
材料：45#

图 7-3 锥度心轴

2. 按下列要求回答问题，并仿照实例进行加工设计

（1）车、磨 1∶2000 锥度时各采取什么方法？

（2）已知锥度和大端直径，求半锥角。

（3）如何检查锥度是否合格？

（4）如何检测对称度？

7.4　滑　动　轴

1. 零件图

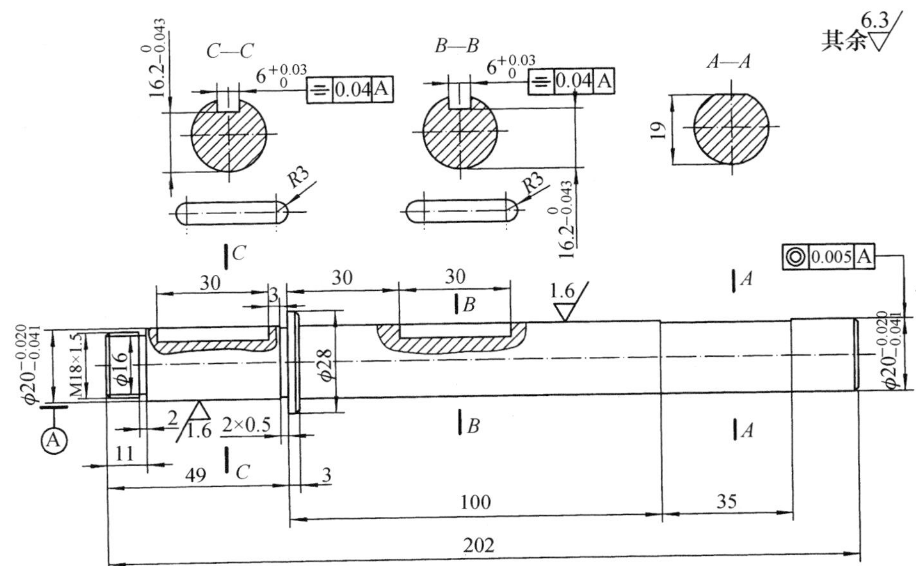

图 7-4　滑动轴

2. 按下列要求回答问题，并仿照实例进行（普通或数控）加工设计

(1) 此轴的 M18×1.5 螺纹采用何种方法加工？

(2) 零件是细长轴吗？如何防止零件变形？

(3) 中批生产加工尺寸 19 mm 时，应选择何种刀具和加工方法？

(4) 此零件的热处理调质是否可以安排毛坯调质？

7.5 定 位 销

1. 零件图

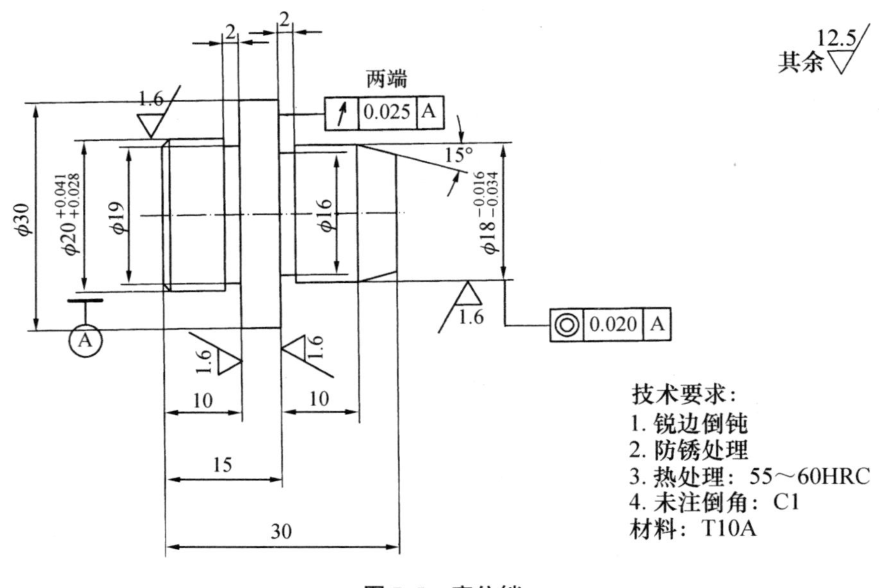

图 7-5 定位销

2. 按下列要求回答问题，并仿照实例进行（普通或数控）加工设计

（1）查阅有关手册，了解材料 T10A 的物理机械性能，并说明切削加工中应注意的事项。

（2）试叙述此零件如何划分加工阶段，并说明热处理工序如何安排？

（3）如何保证此零件的两种位置公差？

（4）如何检测此零件的两种位置公差值？

7.6　传　动　轴

1. 零件图

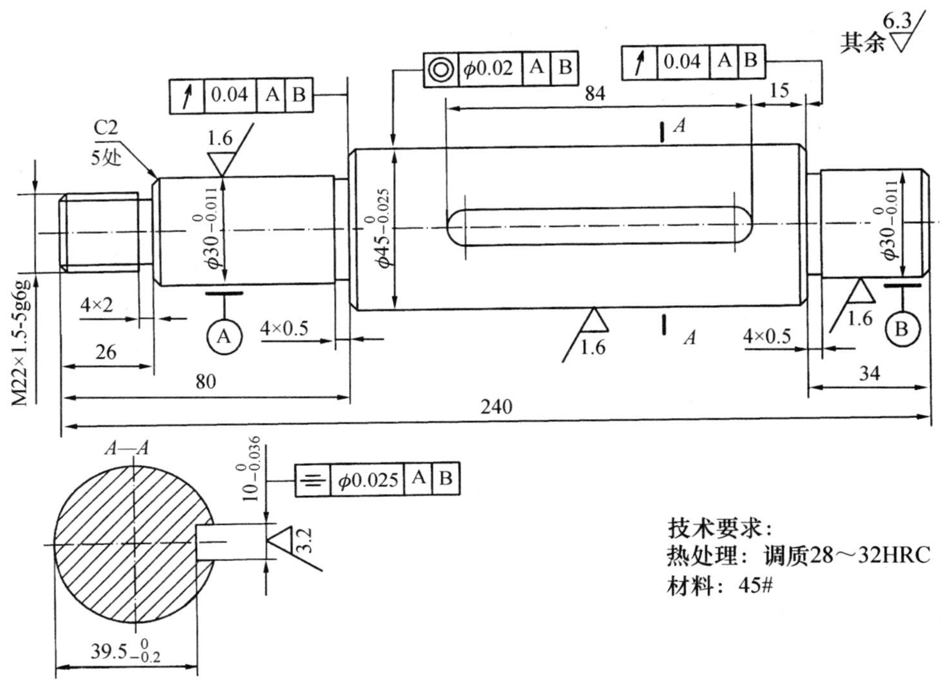

图 7-6　传动轴

2. 按下列要求回答问题，并仿照实例进行（普通或数控）加工设计

(1) 如何安排热处理调质工序？

(2) 此零件的加工阶段如何划分？

(3) 如何保证键槽的对称度？如何测量对称度公差？

(4) 设计该零件螺纹退刀槽的切槽车刀。

7.7 尾座主轴

1. 零件图

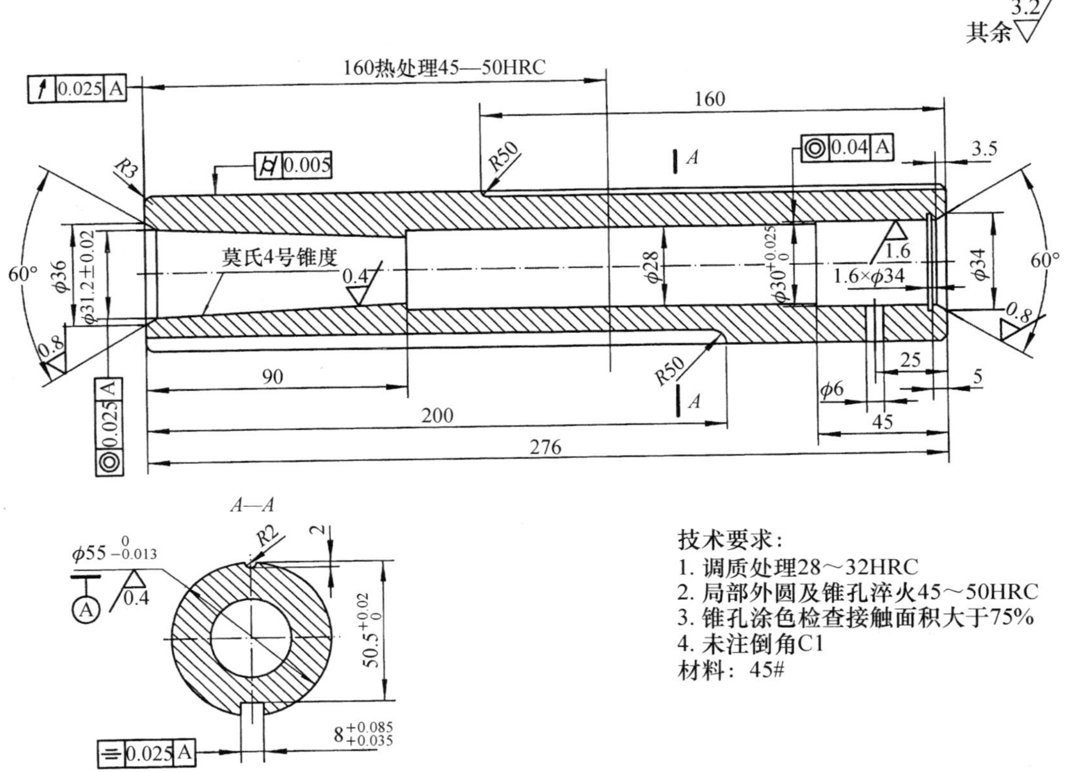

图 7-7 尾座主轴

2. 按下列要求回答问题，并仿照实例进行（普通或数控）加工设计

（1）在无标准刀具时如何钻、扩此零件通孔？

（2）如何运用“互为基准”原则保证此零件的位置精度？

（3）前后堵头如何设计和运用？画出草图。

（4）如何检测圆柱度？

7.8　套

1. 零件图

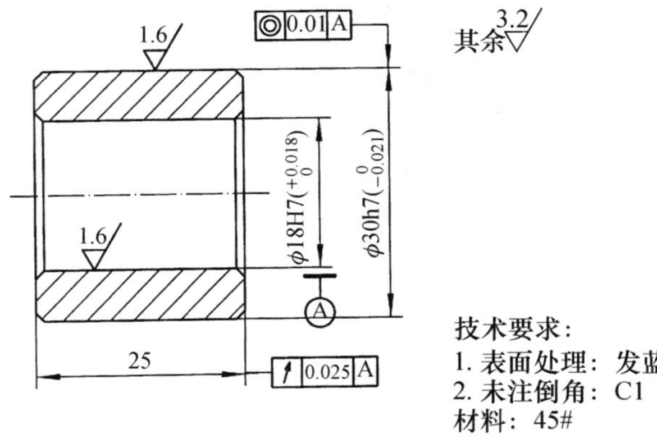

图 7-8　套

2. 按下列要求回答问题，并仿照实例进行（普通或数控）加工设计

（1）如果此零件采用“一坯多件”的备料方法，试计算按一坯 20 件下料时的坯料长度。

（2）查阅有关资料，了解孔用光滑极限量规的结构、尺寸和使用方法。

（3）如何检查跳动公差和同轴度公差？

（4）选择孔的加工方法，试用两种方法进行，并比较其优缺点。

7.9 固 定 套

1. 零件图

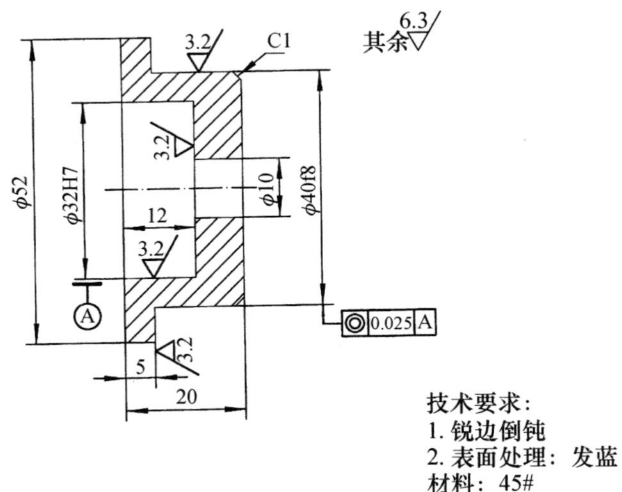

图 7-9 固定套

2. 按下列要求回答问题，并仿照实例进行加工设计

（1）小批量生产时如何选择毛坯制造方法？

（2）能否设计一把车刀，使其既能车端面，又能车外圆，还能车内孔？

（3）如何保证同轴度？

（4）发蓝工序如何安排？

7.10　衬　　套

1. 零件图

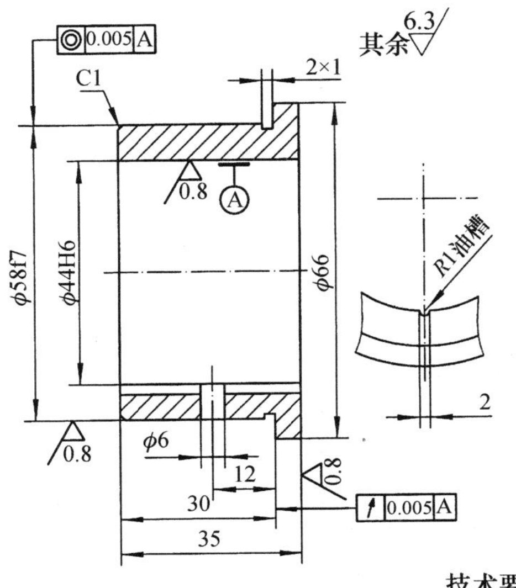

图 7-10　衬套

2. 按下列要求回答问题，并仿照实例进行（普通或数控）加工设计

（1）如何保证薄壁零件不变形?

（2）内孔直油槽有哪些加工方法?

（3）黄铜的切削加工性如何? 针对黄铜，如何设计刀具的几何参数?

（4）黄铜不宜进行磨削加工，用何种方法才能达到其精度和表面粗糙度要求? 详细说明其加工方法。

7.11 定 位 套

1. 零件图

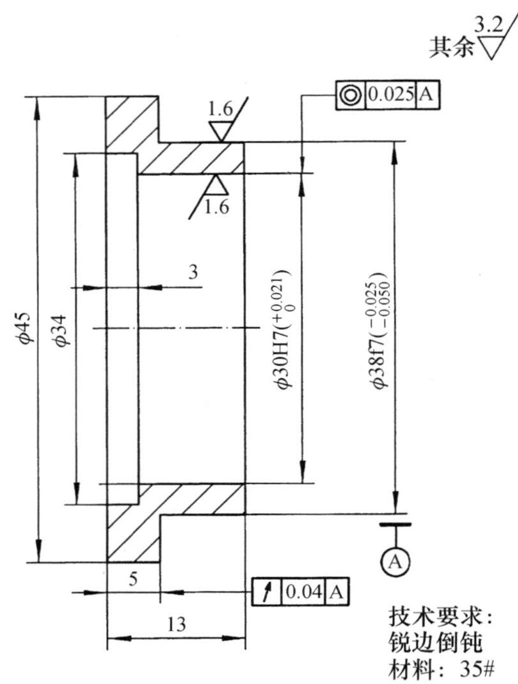

图 7-11 定位套

2. 按下列要求回答问题，并仿照实例进行（普通或数控）加工设计

（1）试比较两种工艺路线：（a）先左后右进行加工；（b）先右后左进行加工。

（2）说明 35 号钢的切削加工性。

（3）此零件如何选择毛坯类型？比较不同毛坯的优缺点。

（4）选择两种孔加工方案，并比较其优缺点。

7.12 带键衬套

1. 零件图

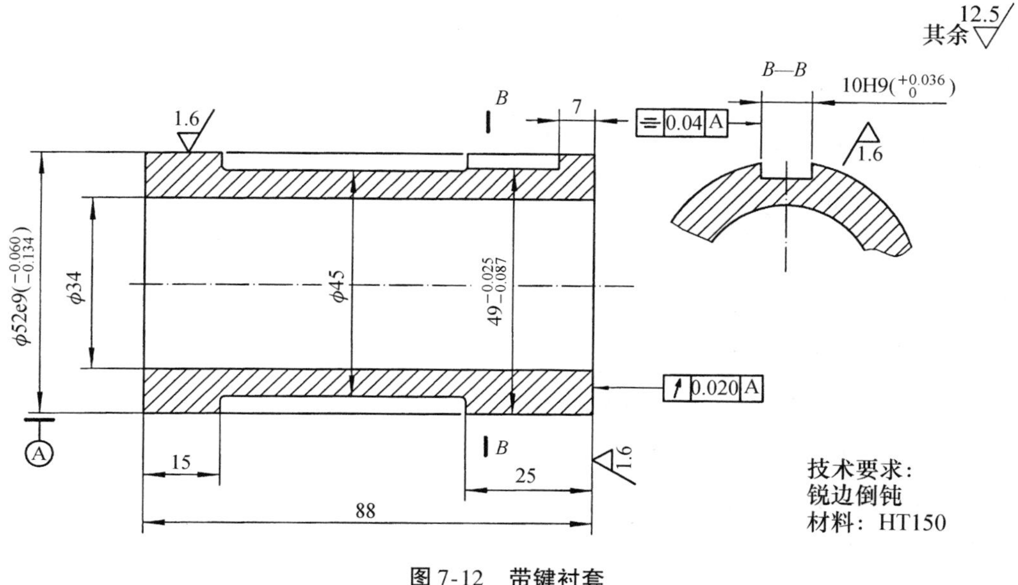

图 7-12 带键衬套

2. 按下列要求回答问题，并仿照实例进行（普通或数控）加工设计

（1）画出此零件的毛坯图。

（2）试设计出精车 $\phi52e9$ mm 外圆车刀。

（3）铣键槽时如何装夹工件？如何检测键槽对称度？

（4）$\phi45$ 外圆如何加工？需要什么刀具？

7.13 锥孔法兰盘

1. 零件图

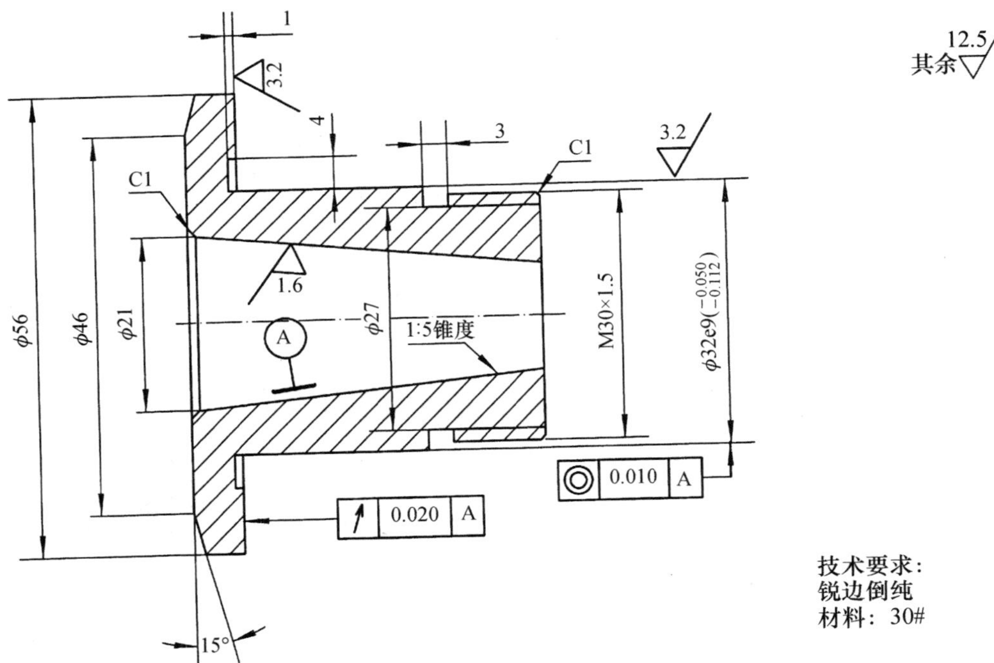

图 7-13　锥孔法兰盘

2. 按下列要求回答问题，并仿照实例进行（普通或数控）加工设计

（1）锥孔的加工方法有哪些？

（2）试设计检查 1 ∶ 5 锥度的检具。

（3）设计此零件加工外圆时的定位心轴。

（4）试计算普车锥孔时小刀架应旋转的角度。

7.14　外　　套

1. 零件图

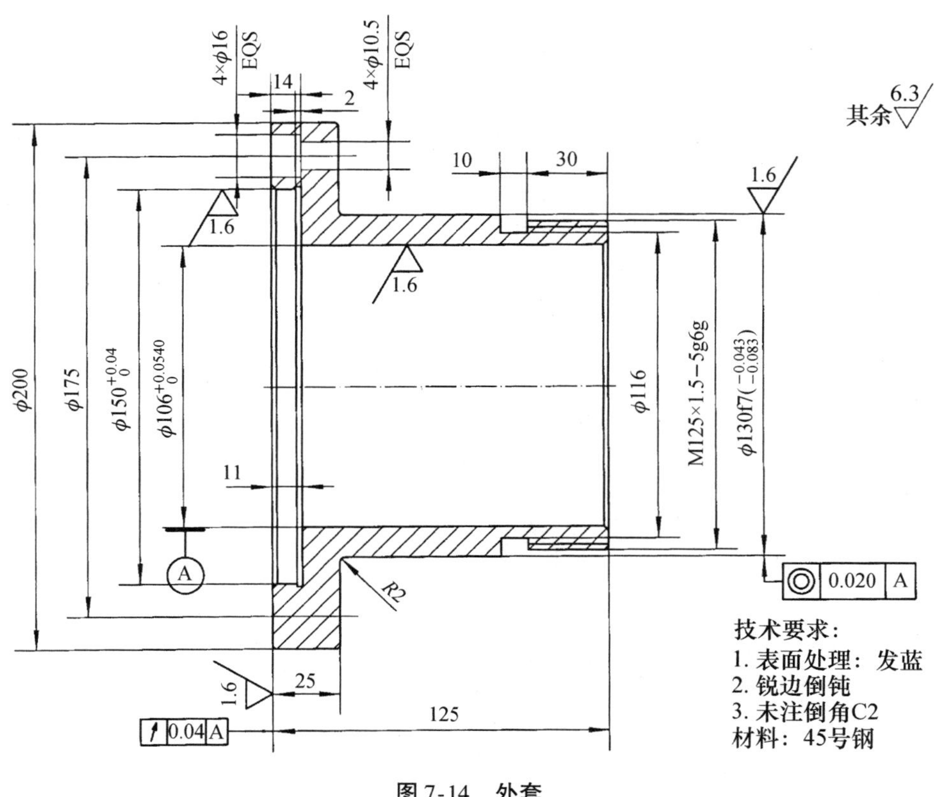

图 7-14　外套

2. 按下列要求回答问题，并仿照实例进行（普通或数控）加工设计

（1）此零件毛坯的种类如何选择？设计两个方案进行对比。

（2）如何保证同轴度和跳动？

（3）如何防止薄壁零件变形？

（4）设计钻 4ϕ16 和 4ϕ10.5 孔的钻床夹具。

7.15 分 度 盘

1. 零件图

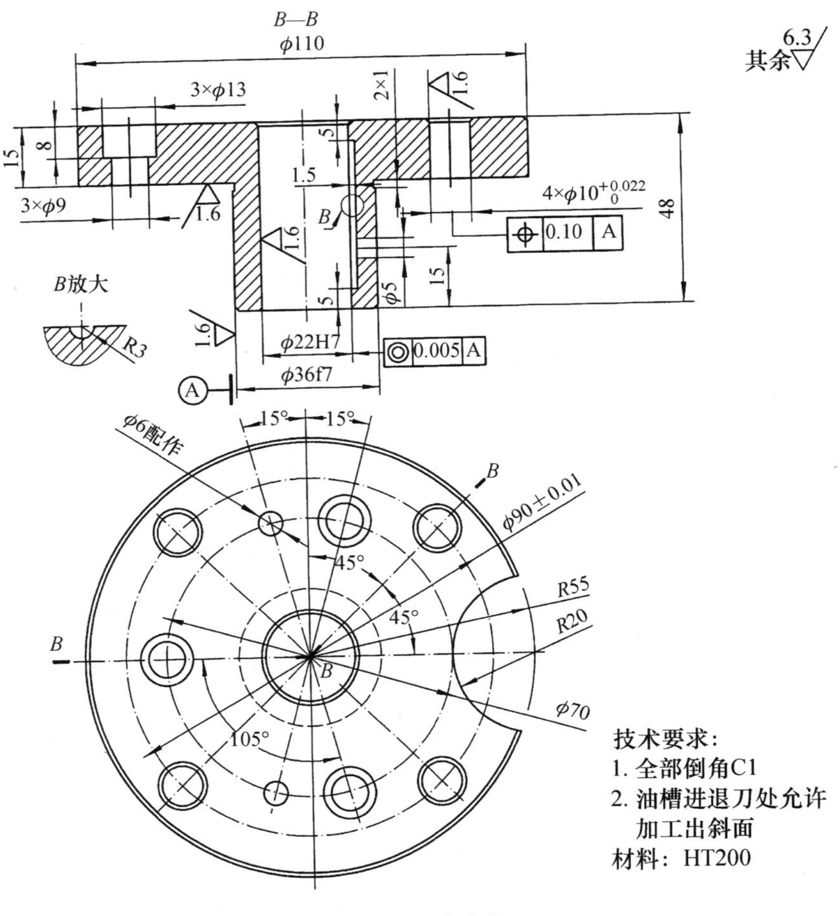

图 7-15 分度盘

2. 按下列要求回答问题，并仿照实例进行（普通或数控）加工设计

（1）试叙述 *R*20 圆弧的加工方法，并画出有关示意图。

（2）叙述内孔处油槽的加工方法，并画出有关示意图。

（3）*ϕ*110 大端面上有多少个孔需要加工？设计钻模时如何确定这些孔的位置？列表并计算出这些孔的坐标尺寸。

（4）如何检测位置度误差？

7.16　动　　块

1. 零件图

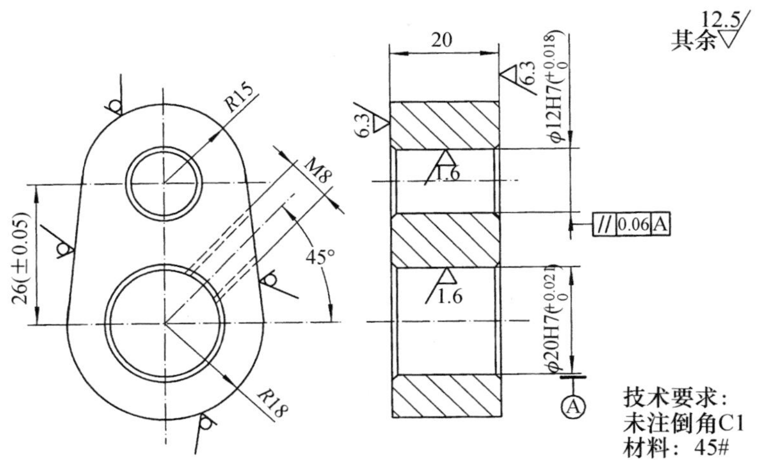

图 7-16　动块

2. 按下列要求回答问题，并仿照实例进行加工设计

(1) 设计出此零件的机械加工工艺过程卡和工序卡。

(2) 设计钻、攻 M8 螺孔工装。

(3) 试叙述此零件单件生产和中批生产时毛坯的选择。

(4) 如何检测螺孔倾斜的角度？

7.17 夹　　板

1. 零件图

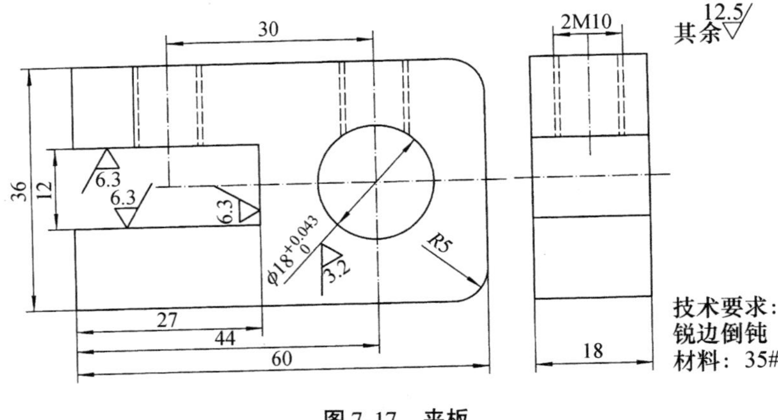

图 7-17　夹板

2. 按下列要求回答问题，并仿照实例进行（普通或数控）加工设计

(1) 零件有较好的刚性，如何实现多件加工?

(2) 钻螺纹底孔时如何选择钻头直径?

(3) 先加工 12 mm 缺口还是先加工 ϕ18 mm 孔? 为什么?

(4) 此零件加工所有孔和缺口时，是选择夹具安装还是选择按画线找正?

7.18 拨　　杆

1. 零件图

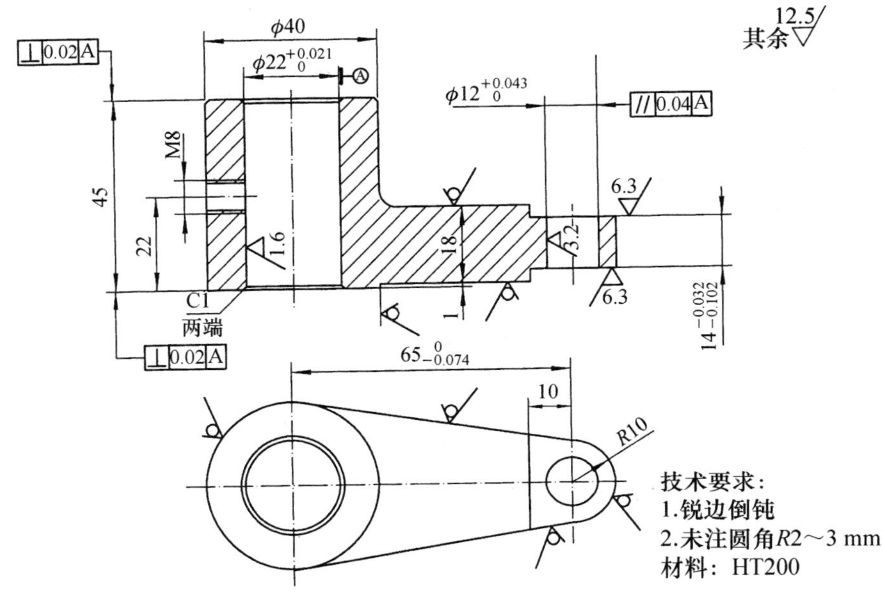

图 7-18　拨杆

2. 按下列要求回答问题，并仿照实例进行加工设计

（1）此零件的粗基准（径向和轴向）如何选择？

（2）加工尺寸 14 mm 时选用何种方法？

（3）加工 φ22 mm 孔时有哪些加工方法？选择两种方法进行对比。

（4）设计此零件的机械加工工艺过程卡和工序卡。

7.19 丝　　杆

1. 零件图

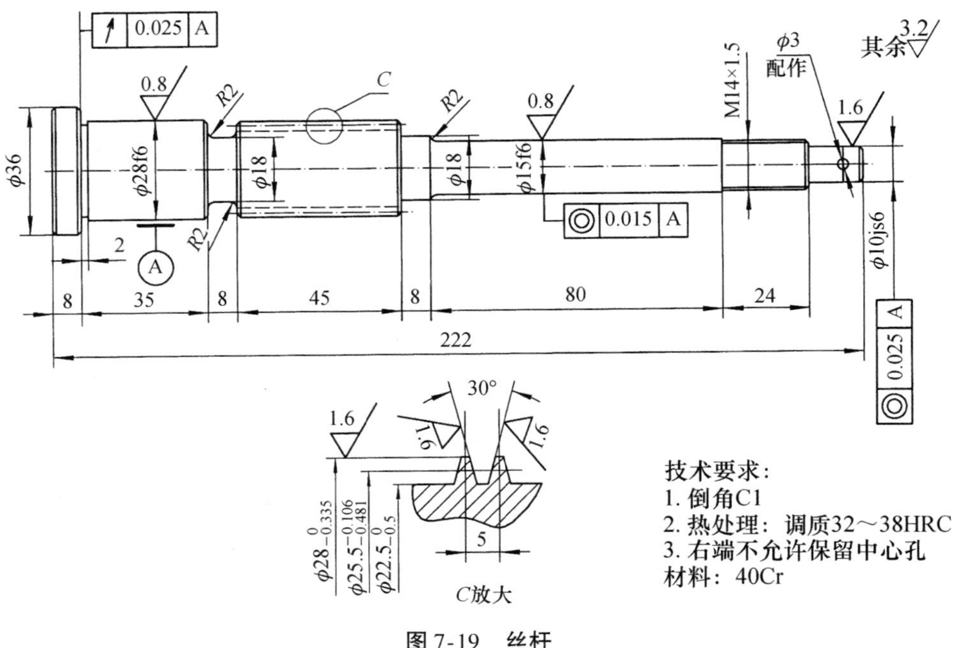

图 7-19　丝杆

2. 按下列要求回答问题，并仿照实例进行（普通或数控）加工设计

（1）设计出丝杆梯形螺纹的检测方案。

（2）结合本题试叙述梯形螺纹的加工方法。

（3）如何保证各项位置公差？

（4）材料 40Cr 的切削加工性如何？

（5）试设计该零件的加工工艺过程卡。

7.20　气门摇臂轴支座

1. 零件图

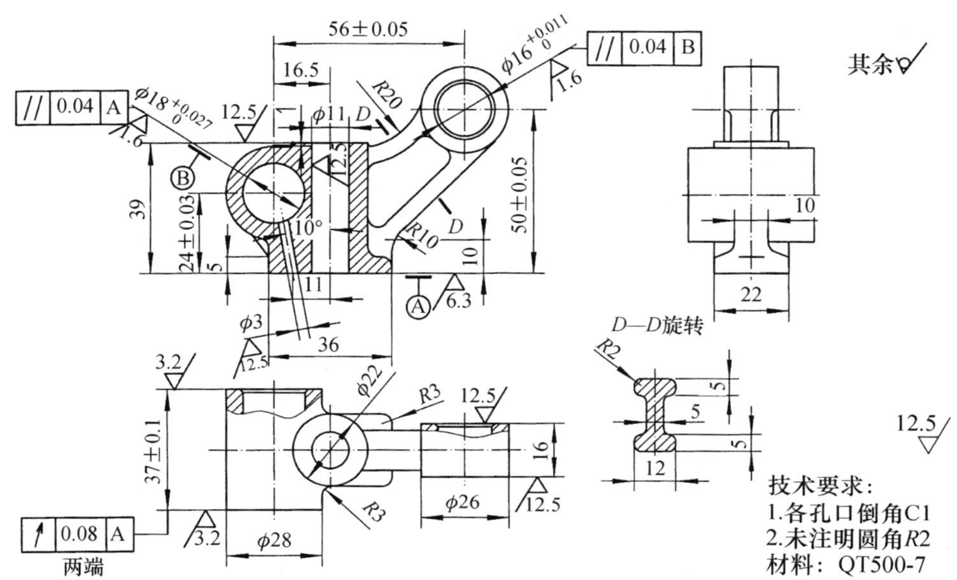

图 7-20　气门摇臂轴支座

2. 按下列要求回答问题，并仿照实例进行加工设计

(1) 如何保证和检测两个平行度公差?

(2) 如何加工 $\phi3$ 斜孔?

(3) 如何检测斜孔倾斜角度?

(4) 如何检测跳动公差和平行度公差?

7.21 推 动 架

1. 零件图

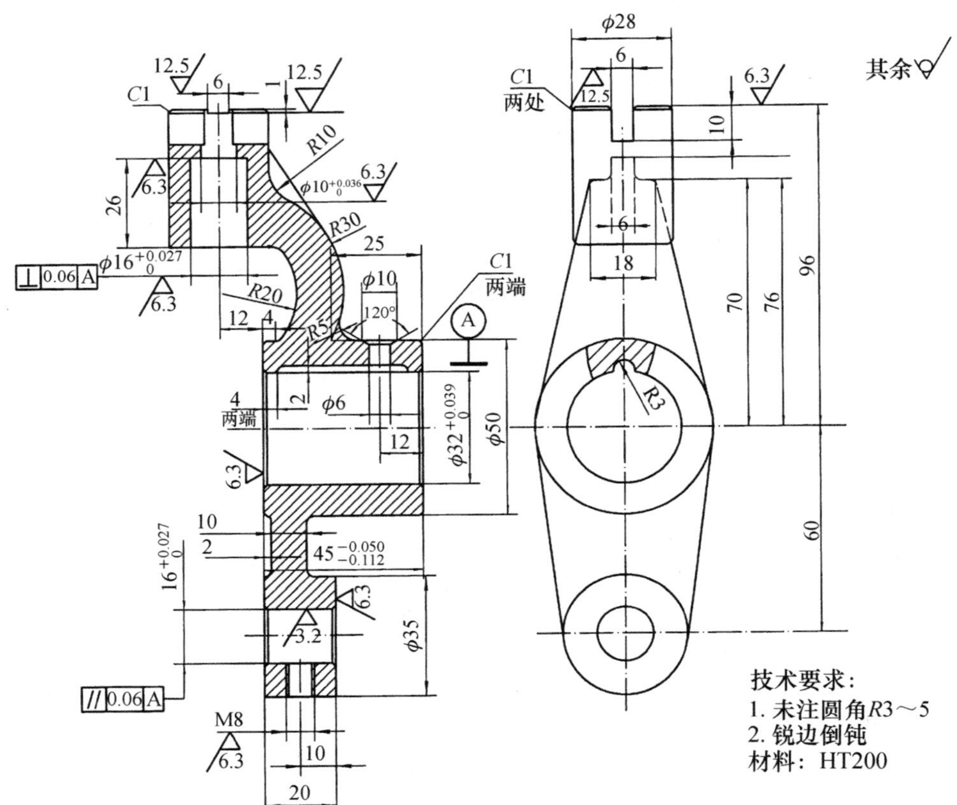

图 7-21 推动架

2. 按下列要求回答问题，并仿照实例进行加工设计

（1）如何检测垂直度公差？

（2）如何检测平行度公差？

（3）如何检测 $\phi 16^{+0.027}_{0}$ 孔轴线到基准孔 A 端面的尺寸 12 mm？

（4）6 mm 缺口如何加工？如何检测？

7.22　角型轴承箱

1. 零件图

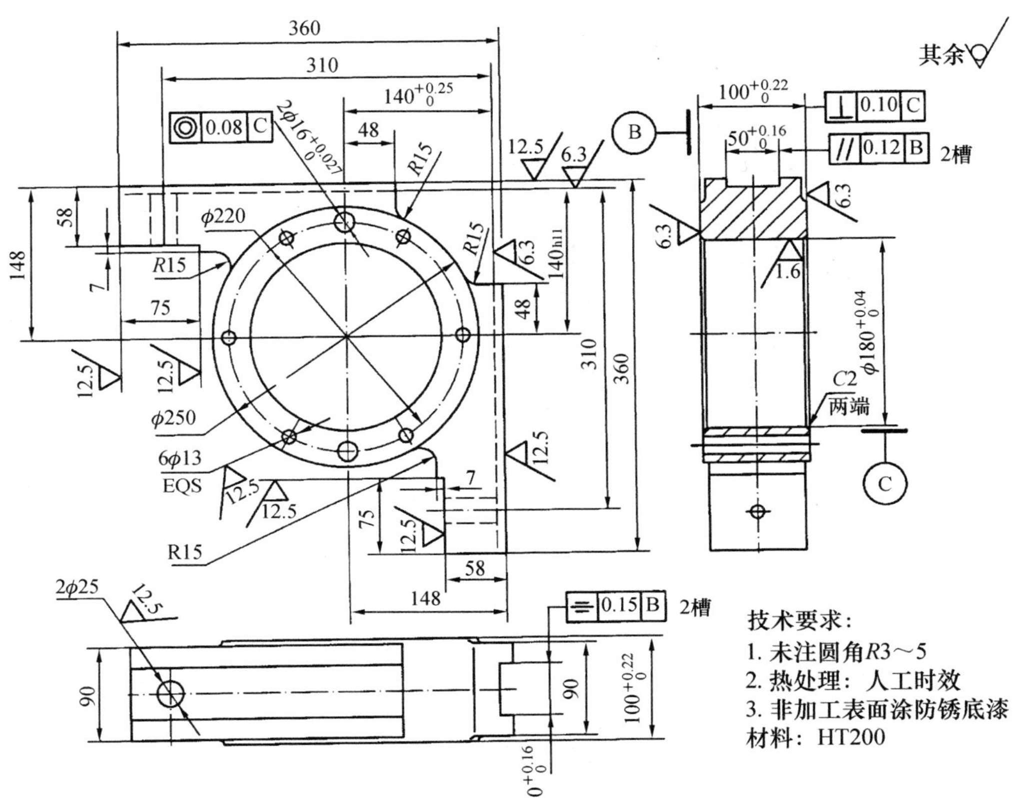

图 7-22　角型轴承箱

2. 按下列要求回答问题，并仿照实例进行加工设计

（1）如何保证平行度和垂直度？

（2）如何检测平行度和垂直度？

（3）如何保证对称度和检测对称度？

（4）如何检测尺寸 140$^{+0.25}_{0}$mm？

7.23　轴　承　座

1. 零件图

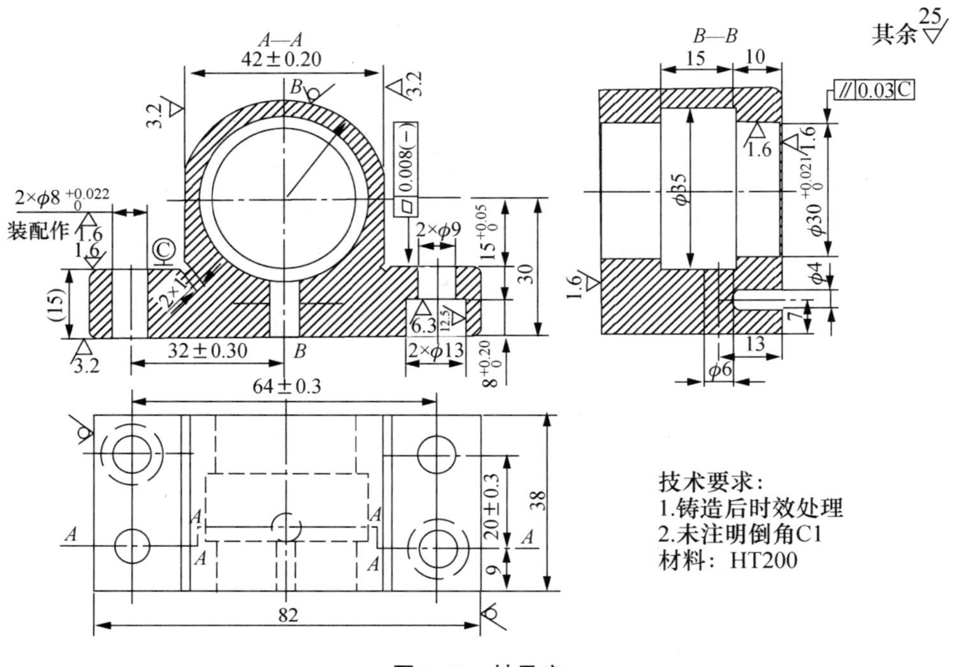

图 7-23　轴承座

2. 按下列要求回答问题，并仿照实例进行（普通或数控）加工设计

（1）查阅相关手册和本书第 4 章，找出铸造毛坯的主要缺陷内容及检验方法。

（2）查阅相关资料，说明铸件热处理后容易出现的质量问题及检验方法。

（3）该零件的阶梯孔都有哪些加工方法？如何检测阶梯孔的加工精度？

（4）如何检测该零件的平行度和平面度？

7.24 弹簧套筒

1. 零件图

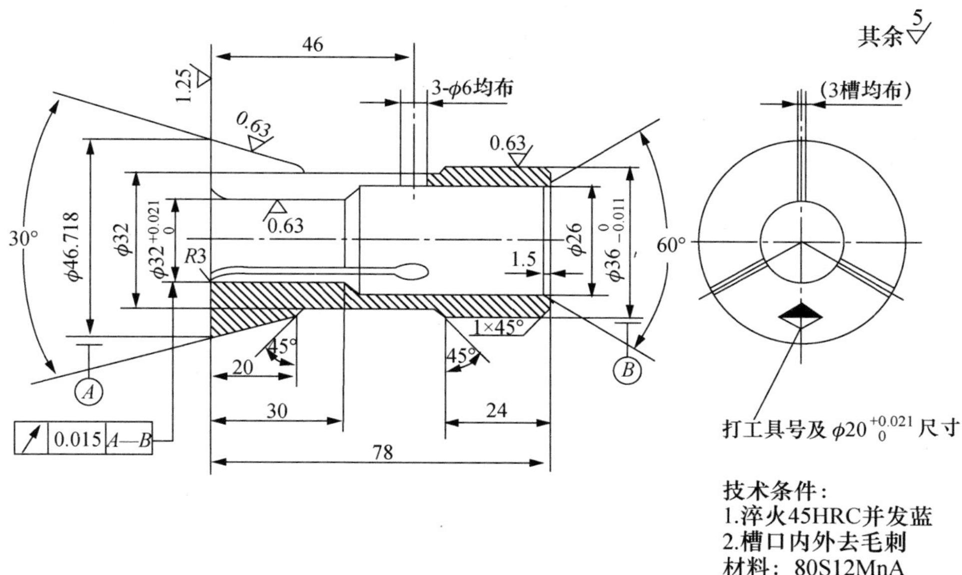

图 7-24 弹簧套筒

2. 按下列要求回答问题，并仿照实例进行（普通或数控）加工设计

（1）试分析弹簧套筒零件的使用性和加工性，列出零件的机械加工工艺过程卡。

（2）在何工种上加工三个均布槽比较经济实用？怎样考虑装夹定位加工操作更方便？

（3）分析说明0.63粗糙度都有哪些检测的方法？因批量的不同是否影响检具的选用？

（4）根据加工批量的不同类型分析，试设计出检测30°角、0.63粗糙度（或20尺寸）、φ46.718尺寸的综合检测用具。

7.25 薄板支架

1. 零件图

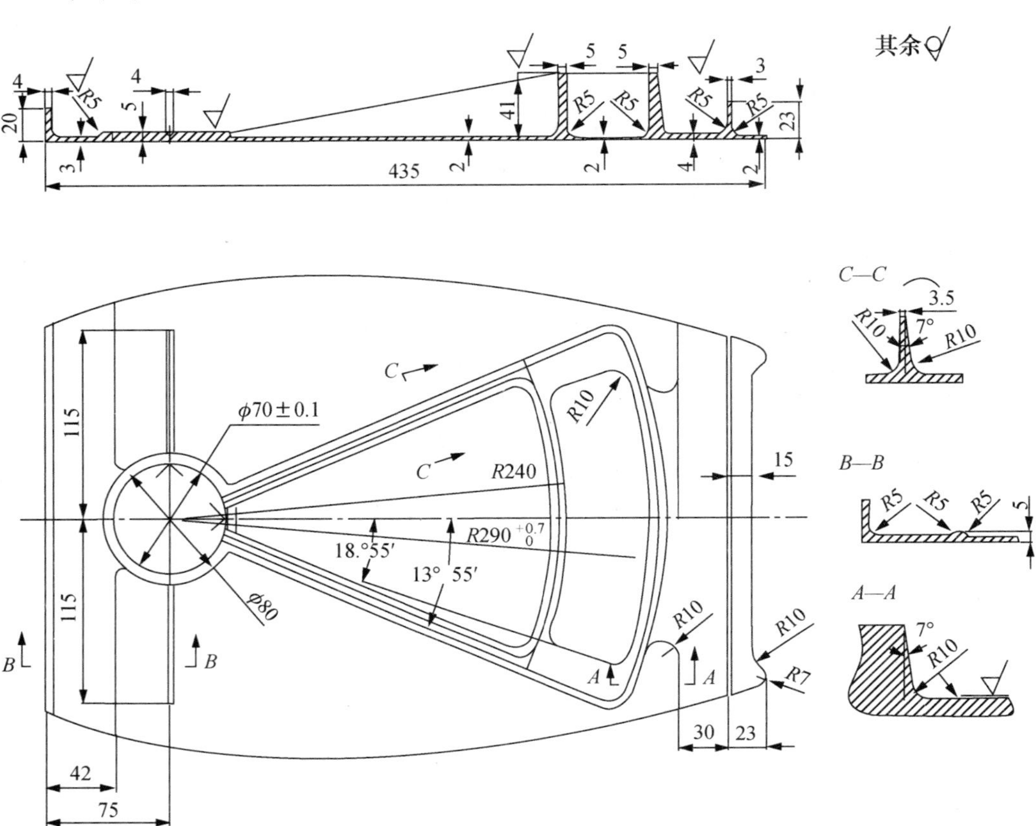

图 7-25 薄板支架

2. 按下列要求回答问题，并仿照实例进行（普通或数控）加工设计

(1) 列出 2A50（旧标准 LD5）铝材超薄板零件加工质量的主要控制方法和手段。

(2) 铝材工件在铣削加工中如何控制尺寸精度？主要应该注意哪些方面的问题？

(3) 两侧的大圆弧（列表曲线）用什么方法加工对质量控制最有利？

(4) 在加工铝材零件过程中，如何避免切削热对尺寸稳定性的影响？

参 考 文 献

[1] 徐茂功. 公差配合与技术测量 [M]. 北京：机械工业出版社，2012.

[2] 黄云清. 公差配合与技术测量 [M]. 北京：机械工业出版社，2005.

[3] 陈隆德，赵福令. 互换性与测量技术基础 [M]. 大连：大连理工大学出版社，1997.

[4] 机械工业职业技能鉴定指导中心. 初级车工技术 [M]. 北京：机械工业出版社，1999.

[5] 机械工业职业技能鉴定指导中心. 中级车工技术 [M]. 北京：机械工业出版社，1999.

[6] 李维荣. 五金手册 [M]. 2 版. 北京：机械工业出版社，2004.

[7] 徐鸿本. 实用五金大全 [M]. 武汉：湖北科学技术出版社，2004.

[8] 机械（金属切削）加工检验标准及规范（内部资料）.

[9] 机械加工质量检验技能培训手册（内部资料）.

[10] 中小机械加工公司检验手册——机械/仪表（内部资料）.

[11] 梁国明，张保勤. 常用量具的使用和保养 270 问 [M]. 2 版. 北京：国防工业出版社，2007.

[12] 北京第一通用机械厂. 机械工人切削手册 [M]. 北京：机械工业出版社，2005.

[13] 王茂元. 机械制造技术 [M]. 北京：机械工业出版社，2004.

[14] 赵如福. 金属机械加工工艺人员手册 [M]. 上海：上海科学技术出版社，2006.

[15] 梁子午. 检验工实用技术手册 [M]. 南京：江苏科学技术出版社，2004.

[16] 检验员岗位基本知识培训教材（内部资料）

[17] 王启义，李文敏. 几何量测量器具使用手册 [M]. 北京：机械工业出版社，1997.

[18] 何兆凤. 公差配合与技术测量 [M]. 北京：中国劳动社会保障出版社，2001.

[19] 张保勤. 常用量具检定和使用 150 问 [M]. 北京：机械工业出版社，1996.

[20] 陈瑞阳，毛智勇. 机械工程检测技术 [M]. 北京：高等教育出版社，2005.

[21] 安改娣，格日勒. 机械测量入门 [M]. 北京：化学工业出版社，2007.

[22] 易幸育. 机修钳工工艺学 [M]. 北京：中国劳动社会保障出版社，2005.

[23] 张泰昌. 常用机械式量具量仪使用问答 [M]. 北京：化学工业出版社，2008.

[24] 宗国成，赵学跃. 数控铣工技能鉴定考核培训教程 [M]. 机械工业出版社，2006.